灰度图像阈值分割法

范九伦 著

西安邮电大学学术专著出版基金资助

科学出版社

北 京

内 容 简 介

图像阈值化是图像分割中的重要技术，本书结合作者的研究成果，从数学机理和算法角度，基于灰度直方图统计信息，较为系统地阐述了灰度图像阈值分割的几个主要方法，包括 Otsu 法（也称为最大类间方差法或最小类内方差法）、最小交叉熵法、最大熵法、最小误差法以及基于灰度共生矩阵的阈值法和其他方法。

本书可供图像处理、智能信息处理、模式识别等领域的科技工作者阅读和参考，也可作为相关专业研究生的参考书。

图书在版编目(CIP)数据

灰度图像阈值分割法/范九伦著. —北京: 科学出版社, 2019.11
ISBN 978-7-03-063039-1

I. ①灰… II. ①范… III. ①图象分割-研究 IV. ①TN911.73

中国版本图书馆 CIP 数据核字 (2019) 第 246228 号

责任编辑: 宋无汗/责任校对: 郭瑞芝
责任印制: 张 伟/封面设计: 陈 敬

*科学出版社*出版
北京东黄城根北街 16 号
邮政编码: 100717
http://www.sciencep.com

北京中石油彩色印刷有限责任公司 印刷
科学出版社发行 各地新华书店经销
*
2019 年 11 月第 一 版 开本: 720×1000 B5
2020 年 4 月第二次印刷 印张: 14
字数: 282 000
定价: **98.00** 元
(如有印装质量问题, 我社负责调换)

前　　言

图像分割在图像处理和图像分析中占据重要位置，它将图像划分成一致的若干区域，以便抽取感兴趣的对象。图像分割对图像的后续处理影响很大，如对象分类、景物解释等。图像分割是计算机视觉中具有挑战性的课题，用于图像分割的方法很多，相关文章也很多，一直是学术界关注的热点话题。

大致上讲，图像分割方法可归为三类：基于区域的方法、基于边界 (边缘) 的方法及基于阈值的方法。对于图像阈值化技术，根据图像信息的不同，也产生了很多信息利用方式，如利用图像直方图的统计信息、利用图像的模糊信息、利用图像的粒度 (粗糙) 信息等。基于图像直方图统计信息的阈值分割是图像分割中最早被研究并至今仍在研究的一类技术，其最大的特点是实现简单、计算量小、易于硬件化。基于图像直方图统计信息的阈值分割不仅可大量压缩数据，减少存储量，而且能大大简化其后的分析和处理步骤，在强调运行效率的应用场合得到了广泛的使用。

本书研究基于图像直方图统计信息的阈值化方法，从数学机理上，依据模式识别和信息论，讲述了四大类阈值分割方法。第一类是基于模式识别的判别分析，涵盖了经典的 Otsu 法 (也称为最大类间方差法或最小类内方差法) 和最小交叉熵法，给出了等价描述、迭代算法及在二维和三维直方图上的表述。第二类是基于信息论的信息熵，依据广延熵和非广延熵，分别叙述了基于 Shannon 熵、Renyi 熵、Tsallis 熵、Arimoto 熵及其他广义熵的阈值选取准则。第三类是基于图像直方图的 "模型匹配"，在直方图与假设模型之间匹配程度最好的要求下，采用信息论的相对熵，讨论相关的阈值分割准则。第四类是基于灰度共生矩阵，描述相关的阈值选取过程。

为了使叙述聚焦于阈值分割方法的原理和产生过程，本书只是描述了基于灰度直方图信息的相关阈值化方法，没有对彩色图像、深度图像、视频图像等进行叙述，也没有对多阈值方法 (包括快速递推算法、智能优化算法) 进行展开研究，有兴趣的读者可基于本书的讨论并查阅相关文献进行更深入的了解。

本书得到了国家自然科学基金项目 (61671377、61571361) 的资助，一些实验示例得到了雷博、赵凤、张弘等的帮助。科学出版社的编辑们为本书的出版付出了辛勤汗水，在此表示感谢。

限于作者水平，书中不足之处在所难免，敬请各位读者提出宝贵意见。

目　　录

第 1 章　绪　　论

数字图像处理又称为计算机图像处理 [1-3]，是指将图像信号转换成数字信号并利用计算机对其进行处理的过程。数字图像处理技术是随着社会的发展而产生的，它包括数据的输入/输出、处理、表示、传输、存储等。

数字图像处理最早出现于 20 世纪 50 年代，当时的电子计算机已经发展到一定水平，人们开始利用计算机来处理图形和图像信息。20 世纪 60 年代是数字图像处理作为一门学科的开端，它起源于美国对月球照片的图像处理。20 世纪 70 年代是数字图像处理的发展期，借助数字信号处理技术，以计算机断层成像 (computed tomography，CT) 技术为代表，各种数字图像处理技术被研究和应用，并取得了重大的开拓性成就，数字图像处理逐渐成为一门引人注目、前景远大的新型学科。20 世纪 80 年代是数字图像处理的普及和多样化时期，各种图像处理软件和系统被开发并进入实用化阶段。20 世纪 90 年代是数字图像处理大众、高科技化时期，伴随着互联网的发展，图像存储、视频图像、虚拟现实、图像版权保护等技术有了长足的进展。进入 21 世纪后，随着计算机视觉理论、方法和技术的进步，结合人工智能技术，数字图像处理在图像处理环境、成像技术、处理软件智能化等方面蓬勃发展，我们正在进入一个全新的"图像处理"时代 [2]。

1.1　图　像　分　割

早期图像处理的基本目的是改善图像的质量，它以人为对象，以改善人的视觉效果为目的。在图像处理中，输入的是质量低的图像，输出的是改善质量后的图像，常用的图像处理方法有图像变换、增强、滤波、复原、编码、压缩、重建等。从 20 世纪 70 年代中期开始，随着计算机技术和人工智能、思维科学研究的迅速发展，数字图像处理向更高、更深层次发展。人们开始研究如何用计算机系统解释图像，实现类似人类视觉系统理解外部世界的效果，这被称为图像理解或计算机视觉 [1-3]。

作为图像理解和分析的首要一步，必须将图像中有意义的特征部分提取出来，凸显出感兴趣的目标。这是进一步进行图像识别 (分类)、分析和理解的基础。在观察现实图像时，通常先将其划分成若干区域，这些区域要么对应于具体的实际物体，要么对应于物体的某些有意义的局部。当用机器模仿人的这个功能时，希望机器能够实现类似于人眼的视觉功能，这就需要给机器赋予相应的能力来对数字图像进行类似的处理, 这一处理过程称为景物分割。

景物分割的结果可用于更高层次的处理以进行解释和识别, 景物分割的主要困难来自于下列事实: 人们通常对发现三维景物中实际物体的边界感兴趣, 但是通常只有眼睛可观测到二维图像信息, 因而只能得到图像分割而不是景物分割。根据"图像实际上是由信息与噪声组成, 因此可以确定某些无关成分的噪声"这一原理, 图像分割方法假设物体有光滑均匀的表面, 这些表面与图像中强度恒定或缓慢变化的区域相对应, 而在边界上强度发生突变。这些假设通常 (但并不一定) 成立, 在两个并不出现图像边界的类似表面之间可能实际存在边界, 而诸如表面标记等图像边界与实际边界并不对应, 表面纹理和噪声会引起更多的问题。

形式上, 图像分割可定义为 [4]: 对于一个图像 X, 用 $P(\ )$ 表示预先定义在由连通的像素组成的子集合上的均匀性 (同质性), 那么图像分割将图像 X 划分成连通子集合 (区域)$\{S_1, S_2, \cdots, S_K\}$, 使得

(1) $\bigcup_{i=1}^{K} S_i = X$ 且 $i \neq j$ 时, $S_i \cap S_j = \varnothing$;

(2) $\forall i$, $P(S_i)$为真;

(3) 当 S_i 和 S_j 相邻时, $P(S_i \cup S_j)$为假。

此处均匀性 (同质性) 是指该区域中的所有像素都满足基于灰度、纹理、色彩等特征的某种相似性准则; 连通性是指在该区域内存在连接任意两点的路径。在上述定义中, 依据性质 (3), 两个不相邻的子区域 S_i 和 S_j 可能属于同一目标或背景, 换句话说, 划分所得的子集合数 K 不小于实际的目标个数加 1 (此处 1 表示背景)。因此, 待分割完成后, 仍需结合相关知识对具有相同性质的子区域进行标记。

图像分割的研究可追溯到 20 世纪 60 年代, 随着计算机技术的发展, 从 20 世纪 70 年代末开始, 有关图像分割的方法和评价研究的论文层出不穷 [5-43]。到目前为止, 已提出了上千种图像分割方法, 仅就有关图像分割的综述文章来看, 各个综述文章对图像分割方法的分类和评价不尽相同。依据图像分割时使用的图像信息方式, 图像分割中最主要的方法为基于图像直方图的阈值选取法、基于图像邻域信息的边缘检测法和区域增长法。除此之外, 还有各种各样的其他分割方式, 如基于图像物理模型 (二分光反射模型) 的分割方法 [44,45]。

尽管已经提出了上千种图像分割算法, 但新的算法仍然不断提出。这一方面在于很多方法是针对某一类型图像或某一具体应用场合提出的; 另一方面在于图像类型太多、应用场合各异, 很难对现有的分割方法进行恰如其分的分类、比较、评价。到目前为止, 还不存在一种通用的方法, 也不存在一个判断分割是否成功的客观准则。因此, 图像分割不仅是图像处理中的重要问题, 也是计算机视觉研究中的一个经典难题, 被认为是计算机视觉中的一个瓶颈。

根据图像分割对象的属性, 图像分割可被分为灰度图像分割、彩色图像分割、

深度图像分割。根据图像分割的状态, 图像分割可被分为静态图像分割和动态图像分割。根据图像分割的应用领域, 图像分割可被分为自然图像分割 (如自然风光图像、遥感图像、地震图像等) 和非自然图像分割 (如工业图像、医学图像、文件图像、生物图像等)。

灰度图像是基本的和重要的图像信息表示形式, 基于灰度直方图信息的阈值选取法所基于的假设是照明场景比较均匀, 场景中的目标区域在亮度 (灰度级) 上明显不同于背景。一维灰度直方图是进行图像阈值分割的基础, 其具体描述如下: 对于一个大小为 $M \times N$, 像素在 L 个灰度级 $G = [0, 1, \cdots, L-1]$ 上取值的图像 X(习惯上 0 代表最暗的像素点, $L-1$ 代表最亮的像素点), 用 $f(x, y)$ 表示在点 $(x, y) \in M \times N$ 处的灰度值。图像在第 g 个灰度级的像素个数记作 $f(g)$, 那么整个图像的像素个数为 $f(G) = f(g_0) + f(g_1) + \cdots + f(g_{L-1})$。用 $h(g) = f(g)/f(G)$ 表示灰度 g 出现的频数, 为了便于讨论, 将原图像的灰度统计信息用一个概率分布

$$P = \{h(0), \cdots, h(g), \cdots, h(L-1)\}$$ 来表示, 显然有 $h(g) \geqslant 0, \sum_{g=0}^{L-1} h(g) = 1$。该概率

分布称为一维灰度直方图。图 1.1 给出一幅米粒灰度图像及其对应的一维灰度直方图。

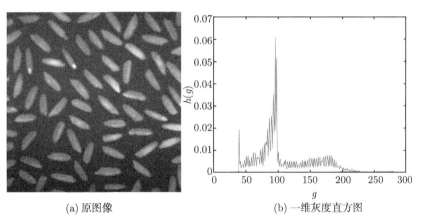

(a) 原图像　　　　　　　　　　(b) 一维灰度直方图

图 1.1　米粒图像

设 $t \in G$ 为分割阈值, 记 $\overline{X} = \{l_0, l_1\}$, 这里 $l_0, l_1 \in G$, 于是与阈值 t 对应的分割图像 $\overline{X}$, 在点 $(x, y) \in M \times N$ 处的灰度值定义为 $f_t(x, y)$, 即

$$f_t(x, y) = \begin{cases} l_0, & f(x, y) \leqslant t \\ l_1, & f(x, y) > t \end{cases} \tag{1.1}$$

图 1.2 给出了三种阈值分割法对于米粒图像的分割结果, 阈值分别为 $t = 126$、$t = 119$、$t = 133$, 可见不同阈值对应的分割结果有一定的差异, 因此如何

选取最佳的阈值是一个重要的问题。

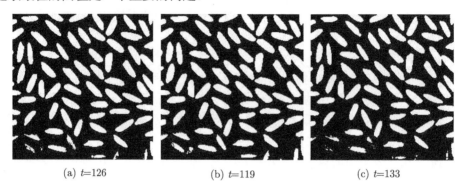

(a) $t=126$ (b) $t=119$ (c) $t=133$

图 1.2 三种方法对于米粒图像分割结果

形式上, 阈值运算 T 可定义成

$$f_T(x,y) = T[(x,y), p(x,y), f(x,y)] \tag{1.2}$$

对于原始灰度图像 X, $p(x,y)$ 表示像元 (x,y) 处的一些局部性质 (如 (x,y) 处的邻域灰度平均值, (x,y) 处的邻域灰度中值, (x,y) 处的邻域灰度方差), $f_T(x,y)$ 为阈值结果图像在 (x,y) 处的灰度值。如果 T 仅是 $f(x,y)$ 的函数, 即它仅利用灰度值, 那么阈值称为全局阈值; 如果 T 是 $f(x,y)$ 和 $p(x,y)$ 在像元 (x,y) 处的函数, 那么阈值称为局部阈值。全局阈值选取根据整幅图像信息来确定阈值, 局部阈值选取则将给定的图像划分成若干个子图像, 然后针对每个子图像再使用全局阈值法确定相应的阈值。两种方法没有本质上的差别, 只是作用域不同, 因此本书只对全局阈值选取方法进行介绍。

如果 T 中元素只有一个, 则称之为单阈值; 如果 T 中元素多于一个, 则称之为多阈值。对于多阈值, 若有 $K-1$ 个目标和一个背景, 则 $T = \{t_1, t_2, \cdots, t_{K-1}\}$, 这里 $0 < t_1 < t_2 < \cdots < t_{K-1} < L-1$, 那么多阈值的结果图像定义为

$$f_T(x,y) = \begin{cases} l_0, & f(x,y) \leqslant t_1 \\ l_1, & t_1 < f(x,y) \leqslant t_2 \\ \vdots \\ l_i, & t_i < f(x,y) \leqslant t_{i+1} \\ \vdots \\ l_{K-1}, & f(x,y) > t_{K-1} \end{cases} \tag{1.3}$$

对于一个具有较好照明的灰度图像, 其直方图一般具有较为明显的峰和谷, 而阈值通常选在谷底。对于单阈值分割问题, 最好的方式是假设灰度直方图是双峰

的，然后找到一个阈值点将两个峰分离开。如果直方图具有两个明显的分离的峰，找到位于两个峰之间的阈值点是一件很简单的事情。然而，现实中当目标与背景相比太小 (太大) 或目标和背景具有比较宽的相互重叠的灰度范围时，直方图将不再是双峰的甚至是单峰的。另外，利用图像像素估计直方图时，像元点数具有的小样本特性使得估计是含噪的，加之对直方图进行展宽/均衡化会使得直方图具有梳状结构，所有这些使得在实际的应用中，基于灰度直方图进行分割面临很多困难，为此人们给出了各种各样的解决办法。

一维灰度直方图能够较好地反映出灰度直方图的灰度统计信息，但其存在的明显不足是没有利用图像像元的空间信息。图像像元在空间上是有密切关联的，而一维灰度直方图不能反映出这一点，这可能导致两幅不同的图像将会具有完全相同的灰度直方图，图 1.3 给出了一个示例说明。

图 1.3　两幅具有相同灰度直方图的不同图像

由此可见，仅用灰度直方图进行阈值选取有其局限性，特别是对那些像元的类内位置比像元之间的灰度值更具支配地位的图像，一维灰度直方图阈值法的分割性能会变得很不理想。为了能够利用图像的空间信息，可以考虑构造高维空间上的灰度直方图 (如二维、三维或更高维)，在考虑像元的灰度直方图信息的基础上，同时也考虑到像元的局部空间信息，这个局部信息可以是像元的邻域灰度平均值、邻域灰度中值、邻域灰度方差、像元梯度值、邻域繁忙度等，这种方式在 20 世纪70 年代末被研究者采用 [46-48]。利用图像的局部信息直接构造二维灰度直方图并用于阈值选取是 Abutaleb[49] 提出来的。

最常用的高维灰度直方图是二维灰度直方图，将灰度图像每一点的邻域信息考虑进来，由灰度信息和邻域信息构造二维灰度直方图。为了进一步说明，下面介绍由像元的灰度值和其邻域灰度平均值构造的二维灰度直方图。

对于一幅 $M \times N$ 的数字图像，相对于图像上坐标为 (x, y) 的像素点的灰度值 $f(x, y)$，用 $g(x, y)$ 表示图像上坐标为 (x, y) 的像素点的 $k \times k$ 邻域平均灰度值 $(k$

一般取奇数), $g(x, y)$ 的定义如下:

$$g(x, y) = \frac{1}{k^2} \sum_{m=-k/2}^{k/2} \sum_{n=-k/2}^{k/2} f(x+m, y+n) \qquad (1.4)$$

从 $g(x, y)$ 的定义可以看出, 如果图像的灰度级为 L, 那么相应的像素邻域平均灰度的灰度级也为 L。把 $f(x, y)$ 和 $g(x, y)$ 组成的二元组 (i, j) 定义为二维灰度直方图。该二维直方图定义在一个 $L \times L$ 大小的正方形区域内, 其横坐标表示图像像元的灰度值, 纵坐标表示像元的邻域平均灰度值。直方图任意一点的值定义为 p_{ij}, 它表示二元组 (i, j) 发生的频率。p_{ij} 由下式确定:

$$p_{ij} = \frac{c_{ij}}{M \times N} \qquad (1.5)$$

式中, c_{ij} 是 (i, j) 出现的频数, $0 \leqslant i, j \leqslant L-1$, $\sum_{i=0}^{L-1} \sum_{j=0}^{L-1} p_{ij} = 1$。

图 1.4(a) 是一个航拍图片, 图 1.4(b) 是其一维灰度直方图, 可见其直方图几乎为单峰的。图 1.4(c) 为其对应的二维灰度直方图, 已经能够明显地看到两个峰之间有一个谷, 这为阈值选取提供了很大的便利。由此可以想象, 利用二维灰度直方图进行分割常常能够获得更好的结果。

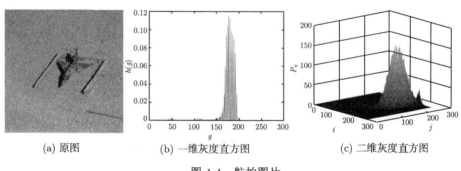

(a) 原图　　　　　　　(b) 一维灰度直方图　　　　　　(c) 二维灰度直方图

图 1.4　航拍图片

阈值的选取常常基于人们的观察和脑海中对场景与应用的期望, 较科学的做法是基于对图像的了解及通过分割能有效地做什么。阈值选取常用的方式是通过优化某个准则函数来选取阈值, 该函数与灰度值有关, 反映了被分割图像的某些性质或与图像有关的, 如灰度直方图之类的分布。阈值法是一种简单有效的图像分割方法, 其最大的特点是实现简单、计算量小、易于硬件化。阈值分割不仅可大量压缩数据, 减少存储量, 而且能大大简化其后的分析和处理步骤, 在强调运行效率的应用场合得到了广泛的使用。

在机器视觉、文字识别、指纹识别、光学条纹识别、细胞识别、军事上的自动目标识别等实际领域，图像可视为具有不同灰度级的两类区域 (目标和背景) 组成，此时可从灰度级图像出发，选取一个合适的阈值，以确定每一个像素应属于目标还是背景区域，这样可产生相应的二值图像，这一过程对应于灰度图像的单阈值分割，也称为二值化。更一般的，当背景中含有多个目标时，如式 (1.3) 所示，可选择多个阈值点，把整个图像的灰度级划分成几个段，这一过程对应于灰度图像的多阈值分割。常见的有二阈值分割、三阈值分割、四阈值分割等。一般情况下，很容易将单阈值分割方法推广到多阈值分割，在考虑到运行效率时，人们常考虑结合智能优化算法进行多阈值选取 [50]。为了使叙述简洁明了，本书重点对灰度图像的单阈值分割问题叙述各种阈值选取方法的基本原理，有兴趣的读者可参阅相关文献对多阈值情形下的描述。

1.2　灰度图像模型

本书只描述灰度图像及其阈值选取方法。一般认为图像中的各个像素点的灰度值可看成是具有一定概率分布的随机变量，观察到的图像是对实际物体做了某种变换并加入噪声的结果，其数学模型可写为 [1–3]

$$f(x,y) = \psi[\varphi(\overline{f}(x,y))] \oplus w(x,y) \tag{1.6}$$

式中，$\overline{f}(x,y)$ 是像素 (x,y) 处的真实灰度值；φ 表示涂污 (blur)；ψ 是非线性变换；$w(x,y)$ 是噪声；$\oplus$ 表示加入噪声的方式，可以是加性噪声、乘性噪声等。对于常见的图像类型，通常认为观察到的图像噪声是加性高斯噪声。对于特定应用领域的图像，其噪声类型会是其他噪声。例如，对于合成孔径雷达图像，其噪声是相干斑乘性噪声 [51]。

常规假设中认为，灰度图像中的目标和背景服从高斯分布 (或广义高斯分布)[52,53]，图像中的灰度值是几个高斯概率分布按一定比例的混合，这是目前最普遍被认可的假设模型。但这并非是图像模型假设的唯一形式。Pal 等 [54] 依据 Dainty 等 [55] 的理想图像模型观点，认为灰度图像模型也可以是泊松分布。进一步，针对合成孔径雷达图像，目前普遍认可的模型是瑞利分布模型 (或伽马分布、Weibull 分布等)[51,56,57]。

这里对泊松分布模型进行简单介绍。按照 Dainty 等 [55] 的观点，一个理想的图像设备可以认为是一个由具有相同性能的光子接收器和计数器组成的空间阵列。明显的，图像的空间分辨率取决于接收器的维数。假设每个接收器都能接收光子并且每个接收器不受邻近接收器的影响，接收器的状态完全由该接收器所接收到的和记录到的光子数目决定，每个接收器的状态只能是有限个可能状态之一。既然接收器的状态是有限的，当接收器达到最终状态，它将不再记录增加的光子。换句话说，接收器达到饱和状态。

当认为整个图像设备的曝光阶段是均匀的，Dainty 等发现假设接收到的光子服从泊松分布能有效地描述接收器的状态。如果均匀曝光层使得每个接收器平均接收 λ 个光子，那么

$$p_r = 接收器接收到的 r 个光子$$
$$= \lambda^r \frac{\mathrm{e}^{-\lambda}}{r!} \tag{1.7}$$

式中，λ 是计数器接收到的光子的平均数；$r = 0, 1, \cdots, \lambda, \cdots$

如果接收到的光子数超过饱和层 (S)，则超出的光子数将不影响记录值。事实上，在任何成像过程中，除了上限值 S 外，还对应有一个记录光子数的下限值 T。换句话说，如果到来的光子数低于阈值 T，则不记录这些光子。第 T 个到来的光子被记录为 1。光子被记录的过程见图 1.5。

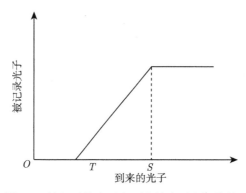

图 1.5 被记录的光子和到来的光子之间的关系

尽管出现的光子数服从均值为 λ 的泊松分布，但记录到的光子数的平均值与 λ 并不相等，这是由于上限 S 和下限 T 的影响所致。被记录到的光子数的平均值 a 为

$$a = \sum_{x=0}^{\infty} x' \frac{\mathrm{e}^{-\lambda} \lambda^x}{x!} \tag{1.8}$$

这里 $x' = \begin{cases} 0, & x < T \\ x - T + 1, & T \leqslant x < S \\ S - T + 1, & x \geqslant S \end{cases}$，但 $\lambda = \sum_{x=0}^{\infty} x \dfrac{\mathrm{e}^{-\lambda} \lambda^x}{x!}$，显然 $a \neq \lambda$。不过，假定

$\sum\limits_{r=0}^{T} p_r$ 和 $\sum\limits_{r=S}^{\infty} p_r$ 非常小时，被记录的光子可以近似服从带有参数 λ 的泊松分布。

对于数字图像, 每一个像元可看成是一个接收器。与理想的图像系统类似, 空间分辨率也取决于像元的空间数目, 并且每个像元只有有限个状态且具有一个饱和层。所观察到的一个像元的灰度值正是相应的接收器接收到的光子的效果。接收到的光子数越大, 灰度值越大。为了简化问题的叙述, 假设记录到的光子数小于阈值 T 且大于饱和层 S 的概率很小, 可以忽略不计。在这一假设之下, 记录到的光子数的平均值 a 将近似等于均值 λ。这样, 记录到的光子数近似服从均值为 λ 的泊松分布。

Pal 等基于理想图像模型, 考虑一个由理想目标和理想背景组成的景物, 理想目标意味着整个目标表面具有一致特征 (即恒定的反射系数、恒定的温度分布、由同样的材料制成等); 类似的, 理想背景也具有一致的特征, 但明显不同于目标相应的特征。当对这一理想景物用均匀光进行成像时, 景物本身可看成是图像系统的光源。尽管对整个景物的照明是均匀的, 鉴于目标和背景具有不同的特征值, 目标和背景的曝光层具有两个完全不同的特征。如果忽略掉由目标发射的光子和由背景发射的光子的相互影响, 可以认为被记录的均匀图像具有两个均匀的照明, 一个对应于目标, 另一个对应于背景。假设灰度值等于相应的图像系统的接收器记录的光子数, 即均匀照明意义下的灰度值服从泊松分布。例如, 对于具有背景和一个目标的图像, 其数字图像的灰度直方图是由均值分别为 λ_o 和 λ_b 的泊松分布组成的混合分布。

值得强调的是, 在上述的三个概率分布中, 高斯分布和瑞利分布对亮度的变化比较敏感, 而泊松分布能更好地适应这种变化。但泊松分布只有一个参数 (即均值), 相比高斯分布和瑞利分布具有较多的形状参数而言, 泊松分布适合于灰度区域具有特定形状的图像。从混合模型的角度来说, 高斯分布和瑞利分布比泊松分布的匹配效果要好, 高斯分布和瑞利分布能更好地体现原有概率分布的信息。不过, 从忽略这个信息的角度来说, 泊松分布能够很好地隔离出感兴趣的区域。另一方面, 由于泊松分布只有一个参数, 它能够几乎完全忽略野点 (outliers), 而高斯分布对野点的存在非常敏感。瑞利分布与高斯分布相比, 在某种程度上能够更好地处理野点, 但与泊松分布相比对野点更敏感。

1.3　灰度图像分割质量评价准则

目前, 尽管人们从各种角度, 基于各种理论和观点提出了众多的分割方法, 但还没有一个通用的分割方法, 也没有在实际应用时选择合适方法的标准。因此, 对各种各样的分割方法进行评价, 获得分割方法的性能, 为实际应用和新方法的提出打下良好的基础显得非常有必要。分割评价是改进和提高现有方法性能、改善分割质量和指导提出新方法的重要手段。应用分割质量评价准则, 可对不同分割算法的分割效果进行自动排序, 也可在预先给定的框架下给出一个分割算法中参数的最优集合。

人们在常规上是依据主观视觉效果来评价分割的性能。为了更好地评价各种分割方法, 按照是否需要参考图像, 可将灰度图像分割质量评价准则分为客观评价准则和主观评价准则。从国内外对图像分割方法已经发表的比较结果来看, 图像分割方法的性能受目标大小、均值差、对比度、目标方差和背景方差以及噪声等因素的影响。

1.3.1 主观评价准则

主观评价准则需要给出图像的理想 (标准、基准) 分割阈值和对应的理想 (标准、基准) 分割图像 [5], 理想分割图像可以是一人或多人给出的分割结果或预先处理好的参考图像。尽管这类评价方法符合实际需要, 然而在实际中, 由于目标图像的不可预知性以及进行人工分割的专家的经验和认识上的差异, 可供比较的理想分割图像样本很难得到并被统一认定, 因此这类方法在实用上局限性较大。在有理想分割结果的情况下, 常规做法是通过对分割所得的图像和理想图像的比较来对分割方法进行评价, 下面给出一些常用的主观评价标准, 其值越小, 表示分割的效果越好。

(1) 面积错分率 ME: Yasnoff 等 [40] 提出了面积错分率 ME, 反映了背景像元错分为目标及目标像元错分为背景的百分比。对于分割后图像 $f_t(x,y)$ 与理想分割图像 $f_{ideal}(x,y)$, 用 B_t 表示分割后图像中背景像元的集合, $|B_t|$ 表示其像元数; O_t 表示分割后图像中目标像元的集合, $|O_t|$ 表示其像元数。B_{ideal} 表示理想分割图像中背景像元的集合, $|B_{ideal}|$ 表示其像元数; O_{ideal} 表示理想分割图像中目标像元的集合, $|O_{ideal}|$ 表示其像元数。面积错分率 ME 定义如下:

$$ME = 1 - \frac{|B_{ideal} \cap B_t| + |O_{ideal} \cap O_t|}{|B_{ideal}| + |O_{ideal}|} \tag{1.9}$$

(2) 绝对误差率 r_{err}: Yasnoff 等 [40] 还提出了绝对误差率 r_{err}, 反映了分割后图像中目标像元数与理想分割图像中目标像元数之间在数量上的差异。绝对误差率 r_{err} 定义如下:

$$r_{err} = \frac{||O_t| - |O_{ideal}||}{M \times N} \times 100\% \tag{1.10}$$

(3) 概率错分率 $p(err)$: Lee 等从错分率角度考虑分割评价, 对于分割后图像和对应的理想分割图像, 通过理想分割图像可以计算出目标和背景的概率 $P(O)$、$P(B)$, 由图像分割方法获得阈值 t 后可计算出背景被错分为目标的概率 $P(O/B)$、目标被错分为背景的概率 $P(B/O)$, 由此可得概率错分率 $p(err)^{[16]}$:

$$p(err) = P(O)P(B/O) + P(B)P(O/B) \tag{1.11}$$

(4) 最终测量精度 UMA: 图像分析的一个基本问题是获取图像中目标特征值的精确测量, 这也是图像分析中分割和其他许多步骤的最终目标。因为特征的测量总是基于分割结果的, 所以测量的精度直接取决于分割的质量 [41,42]。反过来, 这个精度 (称为最终测量精度 UMA) 也反映了分割图像的质量, 并可以间接用来评判分割方法的性能。实际中, 为了描述目标的不同性质, 可使用不同的目标特征, 如几何特征、灰度特征、纹理特征等, 因此 UMA 可写成 UMA_f。如果用 R_f 表示从理想分割图像中获得的原始特征量值, S_f 表示从分割后图像中获得的实际特征量值, 它们的绝对差 $AUMA_f$ 和相对差 $RUMA_f$ 可由下式计算:

$$AUMA_f = |R_f - S_f| \qquad (1.12)$$

$$RUMA_f = (|R_f - S_f|/R_f) \times 100\% \qquad (1.13)$$

绝对差和相对差代表了实际分割结果与理想分割结果之间的差异, 也反映了所用方法的优劣, 特征量值的选择可根据实际情况进行确定。

为了刻画得更精细, 针对目标区域的面积特征, Sezgin 等 [32] 对上述公式进行了修改, 修改的公式称为相对目标区域误差, 具体表达式为

$$RAE = \begin{cases} (O_{object} - O_t)/O_{object}, & O_t < O_{object} \\ (O_t - O_{object})/O_t, & O_{object} < O_t \end{cases}$$
$$= \frac{|O_{object} - O_t|}{\max(O_{object}, O_t)} \qquad (1.14)$$

(5) 错分像素差 FOC: 分割图像 $f_t(x, y)$ 与理想分割图像 $f_{ideal}(x, y)$ 之间对应位置像素的灰度差衡量了两者之间的偏差, 据此 Strasters 等 [58] 给出了一个评价函数 FOC, 其定义如下:

$$FOC = \frac{1}{M \times N} \sum_{x=1}^{M} \sum_{y=1}^{N} \frac{1}{1 + \alpha |f_{ideal}(x, y) - f_t(x, y)|^{\beta}} \qquad (1.15)$$

式中, α 和 β 是尺度参数。

上述公式是依据柯西型函数给出的表述, 除此之外, 还可以给出基于绝对值和高斯函数的表述, 分别如下:

$$AFOC = \frac{\sum_{x=1}^{M} \sum_{y=1}^{N} |f_{ideal}(x, y) - f_t(x, y)|}{M \times N} \qquad (1.16)$$

$$GFOC = \frac{1}{M \times N} \sum_{x=1}^{M} \sum_{y=1}^{N} e^{-\alpha[f_{ideal}(x, y) - f_t(x, y)]^2} \qquad (1.17)$$

式中，α 是尺度参数。

(6) 基于 Hausdorff 距离的形状失真惩罚 MHD：Hausdorff 距离可以用来评价理想分割图像与分割后图像中目标形状的相似程度。对于理想分割图像的目标区域 O_{ideal} 和分割后图像的目标区域 O_{t}，它们之间的 Hausdorff 距离可定义为

$$H(O_{\text{ideal}}, O_{\text{t}}) = \max\{d_{\text{H}}(O_{\text{ideal}}, O_{\text{t}}), d_{\text{H}}(O_{\text{t}}, O_{\text{ideal}})\} \tag{1.18}$$

式中，$d_{\text{H}}(O_{\text{ideal}}, O_{\text{t}}) = \max\limits_{f_0 \in O_{\text{ideal}}} d(O_{\text{ideal}}, O_{\text{t}}) = \max\limits_{f_0 \in O_{\text{ideal}}} \min\limits_{f_t \in O_{\text{t}}} \|f_0 - f_{\text{t}}\|$，$\|f_0 - f_{\text{t}}\|$ 表示理想分割图像和分割后图像目标像素之间的欧几里得距离。考虑到"取大"运算对异常值比较敏感，Sezgin 等 [32] 给出的实际使用公式为

$$\text{MHD}(F_0, F_{\text{T}}) = \frac{1}{|F_0|} \sum_{f_0 \in F_0} d(f_0, F_{\text{T}}) \tag{1.19}$$

(7) 概率排序指标 PRI：如果与分割后图像进行比较的参考图像多于一个时，需要使用其他的评价表示方式，下面给出一个评价公式，更多地评价公式可参考有关文献。为了叙述方便，设含有 N 个像素的图像 $X = \{x_1, x_2, \cdots, x_N\}$ 的参考图像集为 $\{C_1, C_2, \cdots, C_R\}$，$C_{\text{test}}$ 为待比较的分割后图像。X 的第 i 个点 x_i 在分割后图像 C_{test} 中的标签记为 $l_i^{C_{\text{test}}}$，在人工分割图像 C_r 中的标签记为 $l_i^{C_r}$。假设 $l_i^{C_r}$ 可以在大小为 L_r 的离散范围内取值，$l_i^{C_{\text{test}}}$ 可以在大小为 L_{test} 的离散范围内取值。Unnikrishnan 等 [33,59] 给出的概率排序指标 PRI 用下式计算：

$$\text{PRI}(C_{\text{test}}, \{C_r\}) = \frac{1}{C_N^2} \sum_{i < j} [c_{ij} p_{ij} + (1 - c_{ij})(1 - p_{ij})] \tag{1.20}$$

式中，c_{ij} 表示两个像元在 C_{test} 中具有同样标签这一事件 (即 $l_i^{C_{\text{test}}} = l_j^{C_{\text{test}}}$)，$c_{ij} \in \{0,1\}$；$p_{ij}$ 表示在 $\{C_1, C_2, \cdots, C_R\}$ 中 $l_i^{C_k} = l_j^{C_k} (r = 1, \cdots, R)$ 这一事件的数学期望。有 PRI $\in [0,1]$，PRI $= 0$ 意味着 C_{test} 与 $\{C_1, C_2, \cdots, C_R\}$ 完全不同；PRI $= 1$ 意味着 C_{test} 与 $\{C_1, C_2, \cdots, C_R\}$ 完全一样。如何正确估计 p_{ij}，Unnikrishnan 等给出一个计算方法：$\bar{p}_{ij} = \frac{1}{R} \sum\limits_{r=1}^{R} II(l_i^{C_r} = l_j^{C_r})$，其中 $II(l_i^{C_r} = l_j^{C_r})$ 取值为 0 和 1。

1.3.2　客观评价准则

在没有获得理想图像或不需要理想图像来对分割方法进行评价时，所能获得的信息是图像具有的一些特征指标，依此对图像分割方法进行评价。这类方法的优点是不需要参考图像，但评价结果是否符合主观评价取决于具体应用对象。下面给出一些客观评价准则，其值越小，表示分割的效果越好。

(1) 均匀性测度 $U(t)$：设图像被阈值 t 分割成两个区域 R_0 和 R_1，均匀性测度 $U(t)$ 被定义为 [18]

$$U(t) = 1 - \frac{\sigma_1^2 + \sigma_2^2}{C} \tag{1.21}$$

式中，$\sigma_i^2 = \sum\limits_{(x,y) \in R_i} (f(x,y) - \mu_i)^2$，$\mu_i = \left[\sum\limits_{(x,y) \in R_i} f(x,y) \right] / A_i$，$A_i = R_i$ 中的像元个数，C 是一个取正值的正规化因子，$i = 1, 2$。

均匀性测度是一个经常使用的图像评价准则，但正如 Ng 等 [60] 指出的，在本质上该测度等价于第 2 章将要介绍的最大类间方差法。换句话说，均匀性测度是一个阈值选取准则，以该测度作为图像分割质量评价准则有其偏颇之处。

(2) 形状测度 $S(t)$：图像的形状也是一个值得考虑的重要因素。事实上，寻找一个图像的最优阈值问题与寻找图像的边缘或和图像形状相关的特征问题是对偶的，与形状有关的特征使得目标与背景能够区别。图像的形状 (边缘) 测度定义如下 [18]：

① 计算每一像元 (x,y) 的广义梯度值 $\Delta(x,y)$；

② 当像元 (x,y) 的灰度值 $f(x,y)$ 高于其邻域的平均灰度值 $\overline{f_{N(x,y)}}$ 时，给 $\Delta(x,y)$ 赋予正号，否则赋予负号 ($N(x,y)$ 表示 (x,y) 处的一个邻域)；

③用下式计算形状测度 $S(t)$：

$$S(t) = \frac{\sum\limits_{(x,y)} \mathrm{sgn}\left(f(x,y) - \overline{f_{N(x,y)}}\right) \Delta(x,y) \mathrm{sgn}\left(f(x,y) - t\right)}{C} \tag{1.22}$$

式中，C 是一个取正值的正规化因子；$\mathrm{sgn}(x)$ 是符号函数，即 $\mathrm{sgn}(x) = \begin{cases} 1, x \geqslant 0 \\ -1, x < 0 \end{cases}$。$\Delta(x,y)$ 按下式计算：

$$\Delta(x,y) = \left[\sum_{k=1}^{4} D_k^2 + \sqrt{2} D_1 (D_3 + D_4) - \sqrt{2} D_2 (D_3 - D_4) \right]^{\frac{1}{2}} \tag{1.23}$$

式中，$D_1 = f(x+1,y) - f(x-1,y)$；$D_2 = f(x,y-1) - f(x,y+1)$；$D_3 = f(x+1,y+1) - f(x-1,y-1)$；$D_4 = f(x+1,y-1) - f(x-1,y+1)$。

(3) 区域非一致性 NU：Sezgin 等 [32] 给出了顾及区域方差的评价准则，其定义如下：

$$\mathrm{NU} = \frac{|O_\mathrm{t}|}{|O_\mathrm{t} + B_\mathrm{t}|} \frac{\sigma_\mathrm{object}^2}{\sigma^2} \tag{1.24}$$

式中，σ^2 表示整个图像的方差；σ^2_{object} 表示分割后图像中目标的方差。NU 的值越小，分割效果越好，而 NU = 1 意味着从二阶矩的角度来看，目标和背景是不可辨识的。

1.3.3　测试用灰度图像

图像分割方法的性能评估依赖于测试图像。测试图像既可采用真实图像，也可采用合成图像或特定类型的灰度图像。此外，在对灰度直方图分布进行合理假设下，也可采用概率分布函数混合的方式来进行测试。

当采用真实图像时，选用的图像类型对测试结果有很大的影响，这些图像应是可获取的通用图像 (标准图像、基准图像)，并能够尽可能地反映客观世界的真实情况和实际应用特点，国际上常用的图像分割数据库之一是 The Berkeley Segmentation Dataset and Benchmark, 人们一般会选择图像尺寸不同、灰度级不同、目标大小各异、灰度直方图形状各异 (如具有较为明显的峰和谷的双峰灰度直方图、没有明显主峰的具有山脉形状的多峰灰度直方图、在一侧具有明显尖顶的灰度直方图、锯齿形灰度直方图、分布近似均匀的灰度直方图、大致为单峰的灰度直方图等) 的真实图像 [30,61−64] 进行测试。在特定情况下，也会选择工件图像、细胞图像、车牌图像、文件图像、合成孔径雷达图像等图像类型进行测试。

当采用专门设计的合成图像来检验分割算法的性能时，借助这些合成图像可有选择地研究不同图像内容和各种干扰因素对分割的影响。分割性能与目标大小、目标和背景的灰度对比度、方差、噪声等因素有关。可通过对合成图像进行扩大 (缩小) 背景改变目标大小，给基本图叠加噪声的合成图像组来测试不同图像特征对于阈值选取的影响 [20,41,42]。依据文献 [65] 的描述，下面给出两组测试用的合成图像。图 1.6 为基本图和分割结果图，图 1.7 为尺寸图像组，1.8 为噪声图像组。

(a) 基本图　　　　　　　　　　(b) 分割结果图

图 1.6　基本图与分割结果图

图 1.7 尺寸图像组

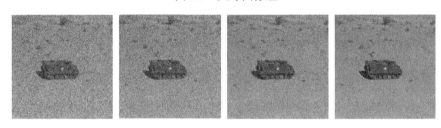

图 1.8 噪声图像组

通过对基本图扩大 (缩小) 背景图像, 减少 (增大) 目标大小 (目标大小 = 目标像素数/图像像素数 ×100%) 得到一组不同目标大小的尺寸图像, 对基本图叠加不同标准方差的噪声, 得到不同信噪比的图像, 这里 SNR = $(|\mu_0 - \mu_1|/\sigma)^2$, μ_0 和 μ_1 为目标和背景的平均灰度值, σ 为噪声的标准方差。

由于常规图像可以假设为目标和背景服从高斯分布 (或泊松分布、瑞利分布、柯西分布、Γ 分布) 等概率分布, 此时可通过人工合成具有不同均值、方差的混合概率分布来检测图像分割方法的性能。对于合成的混合概率分布, 具有最小错误概率的阈值点是可以计算出来的, 通过对比分析分割方法得到的阈值点和实际阈值点的差异, 可以对分割算法进行有效的评价。这样做的好处有两点: 一是理想的阈值结果可用来评价分割的精度; 二是以一种系统的方式通过修改图像参数来调整图像特征 [13,18,19,52,53,66]。值得一提的是, Cho 等 [52] 给出了用不同类型概率分布进行混合时的测试, Lewng 等 [19] 给出一般性的生成混合高斯分布所得的测试用混合概率分布, 方法如下。

假设有两个高斯分布 $p_0(g)$ 和 $p_1(g)$, 其均值、方差分别为 μ_0、μ_1 和 σ_0、σ_1。即

$$p_0(g) = \frac{1}{\sqrt{2\pi\sigma_0^2}} \exp\left[-\frac{(g-\mu_0)^2}{2\sigma_0^2}\right] \tag{1.25}$$

$$p_1(g) = \frac{1}{\sqrt{2\pi\sigma_1^2}} \exp\left[-\frac{(g-\mu_1)^2}{2\sigma_1^2}\right] \tag{1.26}$$

由 $p_0(g)$ 和 $p_1(g)$ 按照混合率 $\alpha(0 < \alpha < 1)$ 组成的概率分布为

$$p(g) = \alpha p_0(g) + (1-\alpha)p_1(g) \tag{1.27}$$

混合概率分布 $p(g)$ 含有五个参数 $(\alpha, \mu_0, \mu_1, \sigma_0, \sigma_1)$，通过对这五个参数赋值，可以获得理想的合成直方图。α 以步长 0.05 从 0.1 到 0.9 取值，σ_0 和 σ_1 分别以步长 5 从 10 到 50 取值。不失一般性，假定 $\mu_0 < \mu_1$ 且固定 $1/2(\mu_0 + \mu_1) = 128.5$，并使 μ_0 和 μ_1 分别以步长 6 从 51 到 105 取值。灰度值 g 的变化范围是 $0 \sim 255$，以等价于 8bit 分辨率的黑白图像。这样可以生成 7290 个理想的概率分布密度函数，排除掉最小错误率低于 0.01% 的概率分布密度函数 (注：这些概率分布密度函数的两个子分布几乎不相交，对其进行阈值选取是一件很容易的事情)，还剩下 7181 个理想的概率分布密度函数。在这 7181 个理想的概率分布密度函数中，2904 个是无模的，4277 个是双模的。如果以最小错误率作为标准，这 7181 个理想的概率分布密度函数中有 103 个使得最小错误率准则无效 (即将所有的灰度值归为一类)，既然已经认定图像中含有目标和背景两类，因此可以进行实际比较的测试用理想的概率分布密度函数个数为 7078 个。

上面仅仅介绍了一些与图像阈值分割相关的分割质量评价准则，这些准则没有充分利用目标的边界和形状等信息，在很多文献中给出了借助边界、形状等信息的图像分割评价准则 [7−9,22−23,25−26,28,32,41,60,67]，基于模型拟合的方法 [30,61−64]，基于交互的方法 [17]。另外，还有针对彩色图像的分割质量评价准则 [5,37,43,68]、针对视频图像的分割质量评价准则 [11,29]、针对深度图像的分割算法评价准则 [15]。

精度 (再现性)、准确性 (与真实情况一致) 和效率 (所花费的时间) 是评估分割方法质量需要考虑的三个因素。通常选择一个品质因数 (figure of merit，FOM) 来评估精度，考虑所有的变化来进行重复分割，通过统计分析确定 FOM 的变化情况。理论上讲，不可能得到真正的分割，为了评估准确性，需要选择一个真正分割的替代物 (理想图像)，并进行精确性判定。为了评估效率，需要对算法训练和运行的时间进行测量和分析。精度、准确性和效率是相互依赖的，在不影响其他因素的情况下，很难改进一个因素。必须根据这三个因素对分割方法进行比较，而每个因素的权重取决于应用需求。

在图像分割中，如何评价不同分割方法的优劣也是值得关注的话题。这里介绍一种采用信息熵对不同分割方法进行评价的准则：分割熵定量评价。

对于图像 X，采用分割方法 A 将其划分成 K 个子区域 $\{S_1, S_2, \cdots, S_K\}$。图像 X 的 Shannon 熵 [69] 记为 $H(X)$，第 i 个分割子区域 S_i 的 Shannon 熵记为 $H(S_i)$，$H(S_i)$ 值越小，表明子区域 S_i 越均匀 (一致)。对于分割方法 A，其分割熵定量评价 (segmentation entropy quantitative assessment，SEQA)$H(A)$ 定义为 [70]

$$H(A) = \frac{\displaystyle\sum_{i=1}^{K} H(S_i) - H(X)}{H(X)} \tag{1.28}$$

$H(A)$ 反映了分割过程中图像熵的变化情况。较好的分割区域是比较均匀的，因此应具有较小的区域熵，因而一个好的分割方法 A 会具有较小的 $H(A)$ 值。基于此，对图像 X 采用两个不同的分割方法 A 和 B，可计算出 $H(A)$ 和 $H(B)$，如果 $H(A) < H(B)$，则认为对图像 X 而言，分割方法 A 比分割方法 B 的分割性能要好一些。

经过几十年的发展，人们对图像分割问题有了更加符合实际的认识。鉴于图像分割面临的不适定问题：在不同的应用环境里，同一幅图像的最佳分割结果可能是不一样的，因此，一般而言，图像分割问题和模式识别里的聚类问题一样，没有一个普遍的解决方案。目前，大多数人已经认识到，现有的任何一种单独的图像分割算法都难以对所有的图像取得令人满意的分割结果。人们在重视将新的概念、新的方法引入图像分割领域的同时，也重视多种分割算法的有效结合。例如，通过引入人工智能技术 [71-74]、采用人机交互的方式 [75,76] 来实现实际图像的有效分割。

参 考 文 献

[1] GONZALEZ R C, WOODS R E. 数字图像处理 [M]. 3 版. 阮秋琦, 阮宇智, 等, 译. 北京: 电子工业出版社, 2013.

[2] 高木干雄, 下田阳久. 图像处理手册 [M]. 孙卫东, 译. 北京: 科学出版社, 2007.

[3] RUSS J C. The Image Processing Handbook[M]. 6th Edition. Boca Raton: CRC Press, 2011.

[4] HOROWITZ S, PAVLIDIS T. Picture segmentation by a directed split-and-merge procedure[C]. Proceedings of the 2nd International Joint Conference on Pattern Recognition, 1974, 424-433.

[5] BORSOTTI M, CAMPADELLI P, SCHETTINI R. Quantitative evaluation of color image segmentation results[J]. Pattern Recognition Letters, 1998, 19(8): 741-747.

[6] BOUMANN J L, ALLEN D C. Experimental Evaluation of Techniques for Automatic Segmentation of Objects in a Complex Scene[M]. Washington: Thompson, 1968.

[7] CARDOSO J S, CORTE-REAL L. Toward a generic evaluation of image segmentation[J]. IEEE Transactions on Image Processing, 2005, 11(14): 1773-1782.

[8] CIESIELSKI K C, UDUPA J K. A framework for comparing different image segmentation methods and its use in studying equivalences between level set and fuzzy connectedness frameworks[J]. Computer Vision and Image Understanding, 2011, 115(6): 721-734.

[9] CREVIER D. Image segmentation algorithm development using ground truth image data sets[J]. Computer Vision and Image Understanding, 2008, 112(2): 143-159.

[10] 狄宇春, 邓雁萍. 关于图像分割性能评估的综述 [J]. 中国图象图形学报, A 辑, 1999, 4(3): 183-187.

[11] ERDEM C E, SANKUR B, TEKALP A M. Performance measures for video object segmentation and tracking[J]. IEEE Transactions on Image Processing, 2004, 13(7): 937-951.

[12] FU K S, MUI J K. A survey of image segmentation[J]. Pattern Recognition, 1981, 13(1): 3-16.

[13] GLASBEY C A. An analysis of histogram based thresholding algorithm[J]. CVGIP: Graphical Models and Image Processing, 1993, 55(6): 532-537.

[14] HARALICK R, SHAPIRO L G. Survey: Image segmentation techniques[J]. CVGIP: Graphical Models and Image Processing, 1985, 29(2): 100-132.

[15] HOOVER A, JEAN B G, JIANG X, et al.An experimental comparison of range segmentation algorithm[J]. IEEE Transactions on Pattern Analysis and Machine Intelligence, 1996, 18(7):

673-689.

[16] LEE S U, CHUNG S Y, PARK R H. A comparative performance study of several global thresholding techniques for segmentation[J]. Computer Vision and Image Understanding, 1990, 52(2): 171-190.

[17] LEI T, UDUPA J K. Performance evaluation of finite normal model-based image segmentation technique[J]. IEEE Transactions on Image Processing, 2003, 12(10): 1163-1169.

[18] LEVINE M D, NAZIF A M. Dynamic measurement of computer generated image segmentations[J]. IEEE Transactions on Pattern Analysis and Machine Intelligence, 1985, 7(2): 155-164.

[19] LEWNG C K, LAM F K. Performance analysis for a class iterative image thresholding algorithm[J]. Pattern Recognition,1996, 29(9): 1523-1530.

[20] 刘文萍, 吴立德. 图像分割中阈值选取方法比较研究 [J]. 模式识别与人工智能，1997, 10(3): 271-277.

[21] 罗希平, 田捷, 诸葛婴, 等. 图像分割方法综述 [J]. 模式识别与人工智能，1999, 12(3): 300-312.

[22] MARTIN A, LAANAYA H, ARNOLD-BOS A. Evaluation for uncertain image classification and segmentation[J]. Pattern Recognition, 2006, 39(11): 1987-1995.

[23] MCGUINNESS K, CONNOR N E O. Toward automated evaluation of interactive segmentation [J]. Computer Vision and Image Understanding, 2011, 115(6): 868-884.

[24] ORTIZ A, OLIVER G. On the use of overlapping area matrix for image segmentation evaluation: a survey and new performance measures[J]. Pattern Recognition Letters, 2006, 27(16): 1916-1926.

[25] PAGLIERONI D W. Design consideration for image segmentation quality assessment measures[J]. Pattern Recognition, 2004, 37(8): 1607-1617.

[26] PENG R, VARSHNEY P K. On performance limits of image segmentation algorithms[J]. Computer Vision and Image Understanding, 2015, 132: 24-38.

[27] PAL N R, PAL S K. A review of image segmentation techniques[J]. Pattern Recognition, 1993, 26(9): 1277-1294.

[28] RAMON R R, JUAN F G L, CHAKIR A A, et al. A measure of quality for evaluating methods of segmentation and edge detection[J]. Pattern Recognition, 2001, 34(5): 969-980.

[29] ROSIN P L, LOANNIDIS E. Evaluation of global image thresholding for change detection[J]. Pattern Recognition Letters, 2003, 24(14): 2345-2356.

[30] SAHOO P K, SOLTANI S, WONG A K C. A survey of thresholding techniques[J]. CVGIP: Graphical Models and Image Processing, 1988, 41(2): 233-260.

[31] SEZGIN M, SANKUR B. Selection of thresholding methods for non-destructive testing applications[C]. IEEE International Conference on Image Process, Thessaloniki: IEEE Press, 2001: 764-767.

[32] SEZGIN M, SANKUR B. Survey over image thresholding techniques and quantitative performance evaluation[J]. Journal of Electronic Imaging, 2004, 13(1): 146-165.

[33] UNNIKRISHNAN R, PANTOFARU C, HEBERT M. Toward objective evaluation of image segmentation algorithms[J]. IEEE Transactions on Pattern Analysis and Machine Intelligence, 2007, 29(6): 929-944.

[34] 吴一全, 朱兆达. 图像处理中阈值选取方法 30 年 (1962—1992) 的进展 (一)[J]. 数据采集与处理, 1993, 8(3): 193-201.

[35] 吴一全, 朱兆达. 图像处理中阈值选取方法 30 年 (1962—1992) 的进展 (二)[J]. 数据采集与处理, 1993, 8(4): 268-281.

[36] 吴一全, 纪守新, 吴诗姬. 图像阈值分割方法研究进展 20 年 (1994—2014)[J]. 数据采集与处理, 2015, 30(1): 1-23.

[37] VOJODI H, FAKHARI A, MOGHADAM A M E. A new evaluation measure for color image segmentation based on genetic programming approach[J]. Image and Vision Computing, 2013, 31(11): 877-886.

[38] WESZKA J S. A survey of threshold selection techniques[J]. CVGIP: Graphical Models and Image Processing, 1978, 7(2): 259-265.

[39] 薛菁菁, 贺兴时, 冯颖, 等. 基于组合赋权的图像分割灰色评估模型 [J]. 激光与光电子学进展，2018, 55(6): 061008-7.

[40] YASNOFF W A, MUI J K, BACUS J W. Error measures for scene segmentation[J]. Pattern Recognition, 1977, 9(4): 217-231.

[41] ZHANG Y J. A survey on evaluation methods for image segmentation[J].Pattern Recognition, 1996, 29(8): 1335-1346.

[42] 章毓晋. 图像分割 [M]. 北京: 科学出版社, 2001.

[43] ZHANG H, FRITTS J E, GOLDMAN S A. Image segmentation evaluation: a survey of unsupervised methods[J]. Computer Vision and Image Understanding, 2008, 110(2): 260-280.

[44] HEALEY G. Segmentation image using normalized color[J]. IEEE Transactions on Systems, Man, and Cybernetics, 1999, 22(1): 64-73.

[45] SHAFER S A. Using color to separate reflection components[J]. Color Research and Application, 1985, 10(4): 210-218.

[46] COLEMAN G B, ANDREWS H C. Image segmentation by clustering[J]. Proceedings of the IEEE, 1979, 67(5):773-785.

[47] HARALICK R M, SHANMUGAM K, DINSTEIN D. Texture features for image classification[J]. IEEE Transactions on Systems, Man, and Cybernetics, 1973, 3(6):610-621.

[48] KIRBY R L, ROSENFELD A. A note on the use of (gray level, local average gray level) space as an aid in thresholding selection[J]. IEEE Transactions on Systems, Man, and Cybernetics, 1979, 9(12): 860-864.

[49] ABUTALEB A S. Automatic thresholding of gray-level pictures using two-dimensional entropy[J]. CVGIP:Computer Vision Graphics and Image Processing, 1989, 47(2): 22-32.

[50] FELIPE B, EDUARDO S S, HELIO P. Imagethresholdingimproved by global optimization methods[J]. Applied Artificial Intelligence, 2017, 31(3): 197-208.

[51] ZITO R R. The shape of SAR histograms[J].CVGIP: Graphical Models and Image Processing, 1988, 43(3): 281-293.

[52] CHO S, HARALICK R, YI S. Improvement of Kittler and Illingworth's minimum error thresholding[J]. Pattern Recognition, 1989, 22(5): 609-617.

[53] KITTLER J, ILLINGWORTH J. Minimum cross error thresholding[J]. Pattern Recognition, 1986, 19(1): 41-47.

[54] PAL N R, PAL S K. Image model, Poisson distribution and object extraction[J]. International Journal of Pattern Recognition and Artificial Intelligence, 1991, 5(3): 495-483.

[55] DAINTY J C, SHAW R. Image Science[M]. New York: Academic Press, 1974.

[56] KURUOGLU E E, ZERUBIA J. Modeling SAR image with a generalization of the Rayleigh distribution[J]. IEEE Transactions on Image Processing, 2004, 13(4): 527-533.

[57] ZAART A E, ZIOU D, WANG S, et al. Segmentation of SAR images[J]. Pattern Recognition, 2002, 35(3): 713-724.

[58] STRASTERS K, GERBRANDS J J. Three-dimensional image segmentation using a split merge and group approach[J]. Pattern Recognition Letters, 1991, 12(5): 307-325.

[59] UNNIKRISHNAN R, HEBERT M. Measure of similarity[C]. Proceedings of IEEE Workshop on Computer Vision, Freiburg, 2005: 394-400.

[60] NG W S, LEE C K. Comment on using the uniformity measure for performance measure in image segmentation[J]. IEEE Transactions on Pattern Analysis and Machine Intelligence, 1996, 18(9): 933-934.

[61] CHANG C I, CHEN K, WANG J W, et al. A relative entropy-based approach to image thresholding[J]. Pattern Recognition, 1994, 27(9): 1275-1289.

[62] RAMON L C, VARSHENY P K. Image thresholding based on Ali-Silvey distance measures[J]. Pattern Recognition, 1997, 30(7): 1161-1174.

[63] SAHOO P K, WILKINS C, YEAGES J. Threshold selection using Renyi's entropy[J]. Pattern Recognition, 1997, 30(1): 71-84.

[64] SAHOO P K, ARORA G. A thresholding method based on two-dimensional Renyi's entropy[J]. Pattern Recognition, 2004, 37(6): 1149-1161.

[65] LEWNG C K, LAM F K. Maximum segmental image information thresholding[J]. CVGIP: Graphical Models and Image Processing, 1998, 60(1): 57-76.

[66] PAL N R. On minimum cross-entropy thresholding[J]. Pattern Recognition. 1996, 29(4): 575-580.

[67] GE F, TECH V, WANG S, et al. New benchmark for image segmentation evaluation[J]. Journal of Electronic Imaging, 2007, 16(3): 033011-16.

[68] LIU J, YANG Y H. Multiresolution color image segmentation[J]. IEEE Transactions on Pattern Analysis and Machine Intelligence, 1994, 16(7): 689-700.

[69] 范九伦, 谢飒, 张雪锋. 离散信息论基础 [M]. 北京: 北京大学出版社, 2010.

[70] HAO J, SHEN Y, XU H, et al. A region entropy based objective evaluation method for image segmentation[C]. IEEE International Conference on Instrumentation and Measurement Technology, Singapore: IEEE Press, 2009: 373-377.

[71] ALBERTO G G, SERGIO O E, SERGIU O, et al. A survey on deep learning techniques for image and video semantic segmentation[J]. Applied Soft Computing, 2018, 70: 41-65.

[72] YU H, YANG Z, TAN L, et al. Methods and datasets on semantic segmentation: a review[J]. Neurocomputing, 2018, 304: 82-103.

[73] OPBROEK A V, ACHTERBERG H C, VERNOOIJ M W, et al. Transfer learning for image segmentation by combining image weighting and kernel learning[J]. IEEE Transactions on Medical Imaging, 2019, 38(1): 213-224.

[74] CHEN L C, PAPANDREOU G, KOKKINOS I, et al. DeepLab: semantic image segmentation with deep convolutional nets, atrous convolution, and fully connected CRFs[J]. IEEE Transactions on Pattern Analysis and Machine Intelligence, 2018, 40(4): 834-848.

[75] HU Y, SOLTOGGIO A, LOCK R. A fully convolutional two-stream fusion network for interactive image segmentation[J]. Neural Networks, 2019, 109: 31-42.

[76] WANG T, YANG J, JI Z. Probabilistic diffusion for interactive image segmentation[J]. IEEE Transaction Image Processing, 2019, 28(1): 330-342.

第 2 章　判别分析阈值法 I——基于平方距离

对于黑白图像，理论上仅有两个灰度值 $\mu_0(t)$ 和 $\mu_1(t)$(或灰度值 0 和 $L-1$)。由于受图像采集设备、光照不均匀、背景变化以及其他噪声的影响，获得的图像往往在灰度变化范围内的很多灰度值上有值，使得获取的图片是一个灰度图像而非严格的二值图像。对于这样的灰度图像，可以通过阈值 t 将图像平面一分为二，使得低于阈值 t 的像素归于一类，高于阈值 t 的像素归于另一类，这样得到一个二值化图像。于是，对阈值 t 的合理选取问题转换成有关原图像和二值化图像之间的"模式 (图像) 匹配"问题。从这个意义上讲，灰度图像的二值化可看成是一个分类问题，因此可以采用模式识别 [1,2] 中的分类技术来实现图像分割。

图像的灰度直方图反映了图像像素的统计信息，由于图像像素本身具有的统计信息特点，原本在图像平面上的像素分类问题可转化为对图像灰度直方图进行阈值选取的问题。这一方面简化了问题的描述；另一方面简化了计算。鉴于一维灰度直方图的定义域 $[0,1,\cdots,L-1]$ 是线性序，当应用模式识别技术于灰度直方图阈值选取问题时，既有其普遍性的一面，也有其特殊性的一面。

在模式识别中，常用的归类方式是按最小距离进行归类的，距离一般采用平方距离。本章介绍基于平方距离的一些基本阈值化方法。为了叙述清楚、简单，以常见的单阈值问题为主进行论述。原则上，对多阈值问题可直接推广得到。

2.1　最大类间方差法

当图像像素的归类是以像素到各类代表元 (中心) 的平方距离最小作为判决依据时，得到的阈值化方法称为最大类间方差法或最小类内方差法。鉴于该方法是由日本学者 Otsu[3] 首先提出的，人们也称之为 Otsu 法。最大类间方差法以其坚实的理论基础、良好的分割性能、操作简单而成为目前最常用的阈值化技术之一。

2.1.1　一维最大类间方差法

1. 一维最大类间方差法表达式

如第 1 章所述，对于一个大小为 $M \times N$，像素在 L 个灰度级 $G = [0,1,\cdots,L-1]$ 上取值的图像，原图像的灰度统计信息用一个概率分布 $P = \{h(0),\cdots,h(g),\cdots,$

$h(L-1)\}$ 来表示。概率分布 P 的均值 μ_{T} 和方差 σ_{T}^2 分别为

$$\mu_{\mathrm{T}} = \sum_{g=0}^{L-1} gh(g) \tag{2.1}$$

$$\sigma_{\mathrm{T}}^2 = \sum_{g=0}^{L-1} (g - \mu_{\mathrm{T}})^2 h(g) \tag{2.2}$$

现在假定将像素用阈值 t 分成两类 $C_0(t) = [0, \cdots, t]$ 和 $C_1(t) = [t+1, \cdots, L-1]$(分别表示背景和目标,或者目标和背景)。将 $C_0(t)$ 和 $C_1(t)$ 对应的灰度直方图归一化成概率分布:

$$C_0(t) = \left\{ \frac{h(0)}{P_0(t)}, \frac{h(1)}{P_0(t)}, \cdots, \frac{h(t)}{P_0(t)} \right\} \tag{2.3}$$

$$C_1(t) = \left\{ \frac{h(t+1)}{P_1(t)}, \frac{h(t+2)}{P_1(t)}, \cdots, \frac{h(L-1)}{P_1(t)} \right\} \tag{2.4}$$

此处

$$P_0(t) = \sum_{g=0}^{t} h(g) \tag{2.5}$$

和

$$P_1(t) = \sum_{g=t+1}^{L-1} h(g) \tag{2.6}$$

分别表示类 $C_0(t)$ 和 $C_1(t)$ 的先验概率。于是概率分布 $C_0(t)$ 和 $C_1(t)$ 的均值 $\mu_0(t)$、$\mu_1(t)$ 和方差 $\sigma_0^2(t)$、$\sigma_1^2(t)$ 分别为

$$\mu_0(t) = \sum_{g=0}^{t} \frac{gh(g)}{P_0(t)} \tag{2.7}$$

$$\mu_1(t) = \sum_{g=t+1}^{L-1} \frac{gh(g)}{P_1(t)} \tag{2.8}$$

$$\sigma_0^2(t) = \sum_{g=0}^{t} \frac{h(g)(g - \mu_0(t))^2}{P_0(t)} \tag{2.9}$$

$$\sigma_1^2(t) = \sum_{g=t+1}^{L-1} \frac{h(g)(g - \mu_1(t))^2}{P_1(t)} \tag{2.10}$$

明显地,$P_0(t)\mu_0(t) + P_1(t)\mu_1(t) = \mu_{\mathrm{T}}$, $P_0(t) + P_1(t) = 1$。

对于所给阈值 t,由模式识别中的判别分析知识可以得到两类 $C_0(t)$ 和 $C_1(t)$ 对应的类内方差 $\sigma_{\mathrm{W}}^2(t)$ 和类间方差 $\sigma_{\mathrm{B}}^2(t)$ 分别为

$$\sigma_{\mathrm{W}}^2(t) = P_0(t)\sigma_0^2(t) + P_1(t)\sigma_1^2(t)$$

$$= \sum_{g=0}^{t} h(g)(g - \mu_0(t))^2 + \sum_{g=t+1}^{L-1} h(g)(g - \mu_1(t))^2 \tag{2.11}$$

$$\sigma_{\mathrm{B}}^2(t) = P_0(t)(\mu_0(t) - \mu_{\mathrm{T}})^2 + P_1(t)(\mu_1(t) - \mu_{\mathrm{T}})^2$$

$$= P_0(t)P_1(t)(\mu_1(t) - \mu_0(t))^2 \tag{2.12}$$

$$\sigma_{\mathrm{B}}^2(t) = P_0(t)\mu_0^2(t) + P_1(t)\mu_1^2(t) \tag{2.13}$$

依据关系式 $\sigma_{\mathrm{T}}^2 = \sum_{g=0}^{L-1} (g - \mu_{\mathrm{T}})^2 h(g) = \sigma_{\mathrm{W}}^2(t) + \sigma_{\mathrm{B}}^2(t)$，Otsu[3] 给出选择最佳阈值的三个准则：$\lambda(t) = \dfrac{\sigma_{\mathrm{B}}^2(t)}{\sigma_{\mathrm{W}}^2(t)}$，$k(t) = \dfrac{\sigma_{\mathrm{T}}^2(t)}{\sigma_{\mathrm{W}}^2(t)}$，$\eta(t) = \dfrac{\sigma_{\mathrm{B}}^2(t)}{\sigma_{\mathrm{T}}^2(t)}$。可选取使 $\lambda(t), k(t), \eta(t)$ 之一的值达到最大的 t 作为最佳阈值。简单推导可知：$k(t) = \lambda(t) + 1$，$\eta(t) = \dfrac{\lambda(t)}{\lambda(t) + 1}$，因此这三个准则获得的最佳阈值是一样的。通常以最大化 $\sigma_{\mathrm{B}}^2(t)$ 或最小化 $\sigma_{\mathrm{W}}^2(t)$ 作为评价依据，即最佳阈值 t^* 选为

$$t^* = \arg \max_{0 < t < L-1} \sigma_{\mathrm{B}}^2(t) \tag{2.14}$$

或

$$t^* = \arg \min_{0 < t < L-1} \sigma_{\mathrm{W}}^2(t) \tag{2.15}$$

上述方法称为一维最大类间方差法或一维最小类内方差法，简单起见，众多文献中常称作一维 Otsu 法。图 2.1 给出一个分割示例。

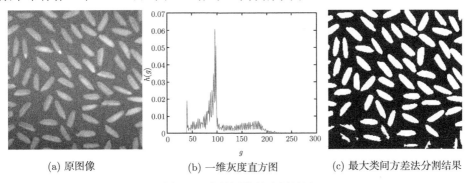

| (a) 原图像 | (b) 一维灰度直方图 | (c) 最大类间方差法分割结果 |

图 2.1　米粒图像的分割结果

2. 迭代算法

求解最大类间方差法或最小类内方差法的一般做法是穷举搜索，让阈值 t 遍历所有的灰度值，从中找到使 $\sigma_{\mathrm{B}}^2(t)$ 最大的或使 $\sigma_{\mathrm{W}}^2(t)$ 最小的 t^* 作为最佳阈值点。为了简便地求出最佳阈值，更直接的方法是采用迭代算法。从式 (2.11) 可

以看出，$\sigma_{\mathrm{W}}^2(t)$ 实际上是模式识别里的硬 C-均值聚类算法 [1,2] 的目标函数在一维数据集上的表达式，该数据集的特点是数据是重复出现的，因此完全可以采用硬 C-均值聚类算法的求解过程。下面给出具体的迭代求解过程。一般采用 $t^* = \arg\min\limits_{0<t<L-1} \sigma_{\mathrm{W}}^2(t)$ 进行描述，为了说明上的方便，考虑连续随机变量 X 上的概率密度函数 $h(x)$。优化问题表述为

$$\min J(t,\mu_0,\mu_1) = \int_{-\infty}^{t} (x-\mu_0)^2 h(x)\mathrm{d}x + \int_{t}^{+\infty} (x-\mu_1)^2 h(x)\mathrm{d}x \tag{2.16}$$

由求函数极值的知识，只需令

$$\begin{cases} \dfrac{\partial J}{\partial t} = (t-\mu_0)^2 h(t) - (t-\mu_1)^2 h(t) = 0 \\[2mm] \dfrac{\partial J}{\partial \mu_0} = -2\int_{-\infty}^{t} (x-\mu_0)h(x)\mathrm{d}x = 0 \\[2mm] \dfrac{\partial J}{\partial \mu_1} = -2\int_{t}^{+\infty} (x-\mu_1)h(x)\mathrm{d}x = 0 \end{cases}$$

解得 $t = \dfrac{\mu_0+\mu_1}{2}$，$\mu_0 = \dfrac{\displaystyle\int_{-\infty}^{t} xh(x)\mathrm{d}x}{\displaystyle\int_{-\infty}^{t} h(x)\mathrm{d}x}$，$\mu_1 = \dfrac{\displaystyle\int_{t}^{+\infty} xh(x)\mathrm{d}x}{\displaystyle\int_{t}^{+\infty} h(x)\mathrm{d}x}$。

由上述表述得到下面的迭代求解算法 [4-9]。

起始：随机选取初始阈值 $0 < t^{(0)} < L-1$，令 $k=0$。

步骤一：根据 $t^{(k)}$ 计算 $\mu_0(t^{(k)})$ 和 $\mu_1(t^{(k)})$。

$$\mu_0(t^{(k)}) = \frac{\displaystyle\sum_{g=0}^{t^{(k)}} gh(g)}{\displaystyle\sum_{g=0}^{t^{(k)}} h(g)} \tag{2.17}$$

$$\mu_1(t^{(k)}) = \frac{\displaystyle\sum_{g=t^{(k)}+1}^{L-1} gh(g)}{\displaystyle\sum_{g=t^{(k)}+1}^{L-1} h(g)} \tag{2.18}$$

步骤二：根据 $\mu_0(t^{(k)})$ 和 $\mu_1(t^{(k)})$ 计算 $t^{(k+1)}$。

$$t^{(k+1)} = \left\lfloor \frac{\mu_0(t^{(k)}) + \mu_1(t^{(k)})}{2} \right\rfloor \tag{2.19}$$

步骤三：如果 $t^{(k+1)} = t^{(k)}$，停止。否则令 $k = k+1$ 回到步骤一。

步骤二中的符号 $\lfloor \ \rfloor$ 表示取整运算。上述算法是以初始化阈值 $t^{(0)}$ 开始的，也可以通过初始化 μ_0 和 μ_1 来描述算法过程，初始化位置的选取对算法的性能有很大的影响。下面来证明该算法是收敛的。应该注意的是，收敛点通常是局部最优点，一般不能保证收敛点是全局最优点。

引理 如果 $t^{(k)} \leqslant t^{(k+1)}$，则 $t^{(k+1)} \leqslant t^{(k+2)}$。类似的，如果 $t^{(k)} \geqslant t^{(k+1)}$，则 $t^{(k+1)} \geqslant t^{(k+2)}$。

证明 只需证明第一部分，第二部分可类似得到。如果 $t^{(k)} = t^{(k+1)}$，那么 $\mu_0(t^{(k+1)}) = \mu_0(t^{(k)})$，$\mu_1(t^{(k+1)}) = \mu_1(t^{(k)})$，于是 $t^{(k+2)} = t^{(k+1)}$；如果 $t^{(k)} < t^{(k+1)}$，由

$$\frac{\sum\limits_{g=0}^{t^{(k)}} gh(g)}{\sum\limits_{g=0}^{t^{(k)}} h(g)} \leqslant \frac{\sum\limits_{g=t^{(k)}+1}^{t^{(k+1)}} gh(g)}{\sum\limits_{g=t^{(k)}+1}^{t^{(k+1)}} h(g)}$$

可推得

$$\frac{\sum\limits_{g=0}^{t^{(k)}} gh(g)}{\sum\limits_{g=0}^{t^{(k)}} h(g)} \leqslant \frac{\sum\limits_{g=0}^{t^{(k+1)}} gh(g)}{\sum\limits_{g=0}^{t^{(k+1)}} h(g)}$$

，即 $\mu_0(t^{(k)}) \leqslant \mu_0(t^{(k+1)})$。由

$$\frac{\sum\limits_{g=t^{(k)}+1}^{t^{(k+1)}} gh(g)}{\sum\limits_{g=t^{(k)}+1}^{t^{(k+1)}} h(g)} \leqslant \frac{\sum\limits_{g=t^{(k+1)}}^{L-1} gh(g)}{\sum\limits_{g=t^{(k+1)}}^{L-1} h(g)}$$

可推得

$$\frac{\sum\limits_{g=t^{(k)}+1}^{L-1} gh(g)}{\sum\limits_{g=t^{(k)}+1}^{L-1} h(g)} \leqslant \frac{\sum\limits_{g=t^{(k+1)}+1}^{L-1} gh(g)}{\sum\limits_{g=t^{(k+1)}+1}^{L-1} h(g)}$$

，即 $\mu_1(t^{(k)}) \leqslant \mu_1(t^{(k+1)})$。由此可知 $t^{(k+1)} \leqslant t^{(k+2)}$。

这样得到了一个单调不减序列或单调不增序列 $\{t^{(0)}, t^{(1)}, \cdots, t^{(k)}, \cdots\}$。由于该序列有上界 $L-1$ 和下界 0，因此该序列的长度是有限的，也就是在有限步内该序列收敛。

由此得到以下定理。

定理 迭代算法在有限步内收敛。

3. 等价描述

最大类间方差法是利用模式识别中的判别分析法推得的。对阈值 t，分割后的二值图像用 $\overline{X} = \{\mu_0(t), \mu_1(t)\}$ 表示，则最大类间方差法是通过衡量待分割图像 X 与二值化图像 $\overline{X}$ 之间的均方误差来获取最佳阈值。建立的准则函数为最小化

$$\theta(t) = \sum_{f(x,y) \leqslant t} (f(x,y) - \mu_0(t))^2 + \sum_{f(x,y) > t} (f(x,y) - \mu_1(t))^2 \tag{2.20}$$

改用灰度直方图表示，可得简化表达式

$$\overline{\theta}(t) = \sum_{g=0}^{t} h(g)(g - \mu_0(t))^2 + \sum_{g=t+1}^{L-1} h(g)(g - \mu_1(t))^2$$

$$= \sum_{g=0}^{L-1} h(g)g^2 - P_0(t)\mu_0^2(t) - P_1(t)\mu_1^2(t)$$

$$= \sigma_{\mathrm{W}}^2(t) \tag{2.21}$$

于是最小化 $\overline{\theta}(t)$ 等价于最大化 $\overline{\theta}'(t) = P_0(t)\mu_0^2(t) + P_1(t)\mu_1^2(t) = \sigma_{\mathrm{B}}^2(t)$。

本节从另外的角度对最大类间方差法进行说明。

1) 统计相关系数法

对于给定的图像 X，阈值选为 t，把 X 中小于等于灰度 t 的像素的灰度用 $\mu_0(t)$ 代替，大于灰度 t 的像素的灰度用 $\mu_1(t)$ 代替，这样得到了一幅二值图像 $\overline{X}$。于是有定义在 $G = [0, 1, \cdots, L-1]$ 上的原图像 X 的灰度直方图和定义在 $\overline{G} = \{\mu_0(t), \mu_1(t)\}$ 上的二值化灰度直方图，图像 $\overline{X}$ 的灰度直方图为 $P_{\overline{X}} = \{P_0(t), P_1(t)\}$。于是有

$$p\{i = g \,|\, j = \mu_0(t)\} = \begin{cases} \dfrac{h(g)}{P_0(t)}, & g \leqslant t \\ 0, & g > t \end{cases} \tag{2.22}$$

$$p\{i = g \,|\, j = \mu_1(t)\} = \begin{cases} 0, & g \leqslant t \\ \dfrac{h(g)}{P_1(t)}, & g > t \end{cases} \tag{2.23}$$

于是 G 和 $\overline{G}$ 的联合概率分布 $q_{ij}(i = 0, \cdots, L-1, j = \mu_0(t), \mu_1(t))$ 为

$$q_{ij} = \begin{cases} h(g), & g \leqslant t \text{ 且 } j = \mu_0(t) \text{ 或 } g > t \text{ 且 } j = \mu_1(t) \\ 0, & \text{其他} \end{cases} \tag{2.24}$$

由此得到下述统计量：

$$E[G] = \sum_{g=0}^{L-1} gh(g) = P_0(t)\mu_0(t) + P_1(t)\mu_1(t) = E[\overline{G}] = \mu_{\mathrm{T}} \tag{2.25}$$

$$E[G^2] = \sum_{g=0}^{L-1} g^2 h(g) \tag{2.26}$$

$$\begin{aligned} E[G\overline{G}] &= \sum_{g=0}^{L-1} g\mu_0(t) q_{g\mu_0(t)} + \sum_{g=0}^{L-1} g\mu_1(t) q_{g\mu_1(t)} \\ &= \sum_{g=0}^{t} g\mu_0(t) h(g) + \sum_{g=t+1}^{L-1} g\mu_1(t) h(g) \\ &= \mu_0(t) \sum_{g=0}^{t} gh(g) + \mu_1(t) \sum_{g=t+1}^{L-1} gh(g) \end{aligned}$$

$$= P_0(t)\mu_0^2(t) + P_1(t)\mu_1^2(t)$$

$$= E[\overline{G}^2] \tag{2.27}$$

$$\sigma_G^2 = E[G^2] - (E[G])^2, \quad \sigma_{\overline{G}}^2 = E[\overline{G}^2] - (E[\overline{G}])^2 \tag{2.28}$$

作为阈值选取标准, 要求随机变量 G 和 $\overline{G}$ 之间的相关程度最大 [10-12], 即最佳阈值 t^* 取为

$$t^* = \arg \max_{0 < t < L-1} \rho_{G\overline{G}} \tag{2.29}$$

这里统计相关系数

$$\rho_{G\overline{G}} = \frac{\mathrm{cov}(G, \overline{G})}{\sigma_G \cdot \sigma_{\overline{G}}} = \frac{E[G\overline{G}] - E[G]E[\overline{G}]}{\sigma_G \cdot \sigma_{\overline{G}}} \tag{2.30}$$

定理　统计相关系数法等价于最大类间方差法。

证明　注意到 σ_G^2 就是最大类间方差法中的整体方差 σ_{T}^2, 而最大类间方差法中的类间距 $\sigma_{\mathrm{B}}^2(t)$ 有以下事实:

$$\sigma_{\mathrm{B}}^2(t) = P_0(t)(\mu_0(t) - \mu_{\mathrm{T}})^2 + P_1(t)(\mu_1(t) - \mu_{\mathrm{T}})^2$$

$$= P_0(t)\mu_0^2(t) + P_1(t)\mu_1^2(t) - \mu_{\mathrm{T}}^2$$

$$= E[\overline{G}^2] - (E[\overline{G}])^2$$

$$= \sigma_{\overline{G}}^2$$

于是

$$\rho_{G\overline{G}}^2 = \frac{(E[G\overline{G}] - E[G]E[\overline{G}])^2}{\sigma_G^2 \cdot \sigma_{\overline{G}}^2} = \frac{(E[\overline{G}^2] - (E[\overline{G}])^2)^2}{\sigma_G^2 \cdot \sigma_{\overline{G}}^2}$$

$$= \frac{(\sigma_{\overline{G}}^2)^2}{\sigma_G^2 \cdot \sigma_{\overline{G}}^2} = \frac{\sigma_{\overline{G}}^2}{\sigma_G^2} = \frac{\sigma_{\mathrm{B}}^2(t)}{\sigma_{\mathrm{T}}^2} = \eta(t)$$

2) 向量相关系数法

对于具有 $M \times N$ 个像素的图像 $X = \{f(x, y)\}_{(x,y) \in M \times N}$, 其中 $f(x, y)$ 表示在点 (x, y) 处的灰度值。当用阈值 t 将图像分成目标和背景时, 使得 X 中 $f(x, y) \leqslant t$ 的像素的灰度用 $\mu_0(t)$ 代替, $f(x, y) > t$ 的像素的灰度用 $\mu_1(t)$ 代替 (这里要求 $0 \leqslant \mu_0(t) < \mu_1(t) \leqslant L - 1$), 这样得到了一幅二值图像 $\overline{X}$。一个自然的想法是要求原图像 X 和二值图像 $\overline{X}$ 的对应点的灰度值差别尽可能小。当采用欧几里得距离作为差别度量标准时, 有下列表达式:

$$d(t, \mu_0(t), \mu_1(t)) = \sum_{x=1}^{M} \sum_{y=1}^{N} [f(x, y) - \mu_0(t)]_{f(x,y) \leqslant t}^2$$

$$+ \sum_{x=1}^{M} \sum_{y=1}^{N} [f(x,y) - \mu_1(t)]^2_{f(x,y)>t}$$

$$= MN \left[\sum_{g=0}^{t} h(g)(g - \mu_0(t))^2 + \sum_{g=t+1}^{L-1} h(g)(g - \mu_1(t))^2 \right]$$

$$= MN\sigma_{\mathrm{W}}^2(t)$$

因此最小化 $d(t, \mu_0(t), \mu_1(t))$ 等价于最小化 $\sigma_{\mathrm{W}}^2(t)$, 这意味着从 "图像匹配" 的角度看, 最大类间方差法是原图像与二值化图像之间匹配程度的一个判定准则。对原图像 $X = \{f(x,y)\}_{(x,y) \in M \times N}$, 相应的二值化图像记为 $\overline{X} = \{f_t(x,y)\}_{(x,y) \in M \times N}$, 这里

$$f_t(x,y) = \begin{cases} \mu_0(t), & f(x,y) \leqslant t \\ \mu_1(t), & f(x,y) > t \end{cases}$$

$\mu_0(t)$ 和 $\mu_1(t)$ 的确定方式如下:

$$\mu_0(t) = \frac{\left(\sum_{x=1}^{M} \sum_{y=1}^{N} f(x,y) \right)_{f(x,y) \leqslant t}}{\left(\sum_{x=1}^{M} \sum_{y=1}^{N} 1 \right)_{f(x,y) \leqslant t}} = \frac{\sum_{g=0}^{t} gh(g)}{\sum_{g=0}^{t} h(g)}$$

$$\mu_1(t) = \frac{\left(\sum_{x=1}^{M} \sum_{y=1}^{N} f(x,y) \right)_{f(x,y) > t}}{\left(\sum_{x=1}^{M} \sum_{y=1}^{N} 1 \right)_{f(x,y) > t}} = \frac{\sum_{g=t+1}^{L-1} gh(g)}{\sum_{g=t+1}^{L-1} h(g)}$$

现有两个向量 $X = \{f(x,y)\}_{(x,y) \in M \times N}$ 和 $\overline{X} = \{f_t(x,y)\}_{(x,y) \in M \times N}$, 最佳阈值可选在使得这两个向量的相似程度最大处。如果以向量的相关系数作为依据, 则有

$$r(X, \overline{X})$$

$$= \frac{\sum_{x=1}^{M} \sum_{y=1}^{N} f(x,y) * f_t(x,y)}{\sqrt{\sum_{x=1}^{M} \sum_{y=1}^{N} (f(x,y))^2} \sqrt{\sum_{x=1}^{M} \sum_{y=1}^{N} (f_t(x,y))^2}}$$

$$= \frac{\left(\sum_{x=1}^{M} \sum_{y=1}^{N} f(x,y) * \mu_0(t) \right)_{f(x,y) \leqslant t} + \left(\sum_{x=1}^{M} \sum_{y=1}^{N} f(x,y) * \mu_1(t) \right)_{f(x,y) > t}}{\sqrt{\sum_{x=1}^{M} \sum_{y=1}^{N} (f(x,y))^2} \sqrt{\left(\sum_{x=1}^{M} \sum_{y=1}^{N} (\mu_0(t))^2 \right)_{f(x,y) \leqslant t} + \left(\sum_{x=1}^{M} \sum_{y=1}^{N} (\mu_1(t))^2 \right)_{f(x,y) > t}}}$$

$$
\begin{aligned}
&= \frac{\displaystyle\mu_0(t)\sum_{g=0}^{t} gh(g) + \mu_1(t)\sum_{g=t+1}^{L-1} gh(g)}{\displaystyle\sqrt{\sum_{g=0}^{L-1} g^2h(g)}\sqrt{P_0(t)(\mu_0(t))^2 + P_1(t)(\mu_1(t))^2}} \\[2mm]
&= \frac{1}{\displaystyle\sqrt{\sum_{g=0}^{L-1} g^2h(g)}}\frac{P_0(t)(\mu_0(t))^2 + P_1(t)(\mu_1(t))^2}{\sqrt{P_0(t)(\mu_0(t))^2 + P_1(t)(\mu_1(t))^2}} \\[2mm]
&= \frac{1}{\displaystyle\sqrt{\sum_{g=0}^{L-1} g^2h(g)}}\sqrt{P_0(t)(\mu_0(t))^2 + P_1(t)(\mu_1(t))^2} \\[2mm]
&= \frac{1}{\displaystyle\sqrt{\sum_{g=0}^{L-1} g^2h(g)}}\sqrt{\sigma_{\mathrm{B}}^2(t)}
\end{aligned}
\tag{2.31}
$$

鉴于 $\sqrt{\displaystyle\sum_{g=0}^{L-1} g^2h(g)}$ 是常数，因此使向量相关系数 $r(X, \overline{X})$ 最大等价于使 $\sigma_{\mathrm{B}}^2(t)$ 最大。换句话说，最大类间方差法可以用向量相关系数进行解释。

3) 条件最大相关准则法

看待图像阈值分割的一种观点是聚类准则。将像素分成目标和背景的过程可看成是把像素分成两类，因此可以考虑将统计模式识别中的总体混合模型作为基础模型。下面先介绍总体混合模型。

假设数据集 $X = \{x_1, x_2, \cdots, x_n\}$ 被分成 k 个类 $C_j(j = 1, \cdots, k)$，第 j 个总体的概率密度记作 $f(g|C_j) = f_j(g; \beta_j)$，这里 β_j 是表示分布的参数。设 γ_i 是数据样本 $x_i(i = 1, \cdots, n)$ 的辨识参数，即 $\gamma_i = j$ 当且仅当 $x_i \in C_j$，称 γ_i 为关联参数，β_j 为结构参数。

为了叙述方便，可将 γ_i 表示成一个 k 维向量 θ_i，其中 θ_i 的分量中有 $k-1$ 个分量为 0，一个分量取值为 1。值为 1 的分量的位置表示数据样本属于该类。那么给定 θ_i 后的密度为

$$
f(g_i|\theta_i) = \sum_{j=1}^{k} \theta_{ji} f_j(g_i; \beta_j)
\tag{2.32}
$$

式中，θ_{ji} 表示 θ_i 的第 j 个分量。式 (2.32) 也可写成乘积形式：

$$
f(g_i|\theta_i) = \prod_{j=1}^{k} f_j(g_i; \beta_j)^{\theta_{ji}}
\tag{2.33}
$$

θ 的边缘概率分布函数可写成多项式：

$$f(\theta_i) = \prod_{j=1}^{k} \tau_j^{\theta_{ji}} \tag{2.34}$$

其中，$\sum\limits_{j=1}^{k} \tau_j = 1$。根据上述表达式，联合概率分布函数为

$$f(g_i, \theta_i) = f(\theta_i)f(g_i \mid \theta_i) = \prod_{j=1}^{k} [\tau_j f_j(g_i; \beta_j)]^{\theta_{ji}} \tag{2.35}$$

如果假设 $(g_i, \theta_i)(i = 1, \cdots, n)$ 是独立随机样本，那么给定 θ 条件下 g 的条件密度为

$$L(g_1, \cdots, g_n \mid \theta_1, \cdots, \theta_n) = \prod_{i=1}^{n} f(g_i \mid \theta_i) = \prod_{i=1}^{n} \prod_{j=1}^{k} [f_j(g_i; \beta_j)]^{\theta_{ji}} \tag{2.36}$$

上述表达式称为总体混合模型的条件分布相关。

另外，g 和 θ 的联合密度为

$$L(g_1, \cdots, g_n, \theta_1, \cdots, \theta_n) = \prod_{i=1}^{n} f(g_i, \theta_i) = \prod_{i=1}^{n} \prod_{j=1}^{k} [\tau_j f_j(g_i; \beta_j)]^{\theta_{ji}} \tag{2.37}$$

上述表达式称为总体混合模型的联合分布相关。

灰度直方图 $h(g)(g = 1, \cdots, L-1)$ 可看成是目标和背景像素灰度级构成的混合总体概率密度函数 $p(g)(g = 0, \cdots, L-1)$ 的一个估计。设两类的先验概率分别为 p_0 和 p_1，则

$$p(g) = p_0 p(g \mid 0) + p_1 p(g \mid 1) \tag{2.38}$$

假设 $p(g \mid 0)$ 和 $p(g \mid 1)$ 均服从正态分布，当阈值取为 t 时，两个正态分布的均值分别为 $\mu_0(t)$ 和 $\mu_1(t)$，方差分别为 $\sigma_0^2(t)$ 和 $\sigma_1^2(t)$。此时，两类的先验分布分别为 $p_0(t)$ 和 $p_1(t)$，则

$$p(g \mid j) = \frac{1}{\sqrt{2\pi\sigma_j^2(t)}} \exp\left[-\frac{(g - \mu_j(t))^2}{2\sigma_j^2(t)}\right], j = 0, 1 \tag{2.39}$$

于是最佳阈值选为使总体混合模型的条件相关最大，有

$$L(G \mid \Theta; B(t)) = \prod_{i=1}^{n} \prod_{j=0}^{1} \left\{ \frac{1}{\sqrt{2\pi\sigma_j^2(t)}} \exp\left[-\frac{(g_i - \mu_j(t))^2}{2\sigma_j^2(t)}\right] \right\}^{\theta_{ji}} \tag{2.40}$$

式中，G、Θ 分别为 g、θ 对应的取值集合；$B(t) = \{\mu_0(t), \mu_1(t)\}$。

给式 (2.40) 取对数并假设 $\sigma_0^2(t) = \sigma_1^2(t) = \sigma^2(t)$, 得

$$L(G \mid \Theta; B(t)) = -\frac{N}{2}\ln(2\pi) - \frac{N}{2}\ln(\sigma^2(t)) - \frac{1}{2\sigma^2(t)}\left[\sum_{i=1}^{n}\sum_{j=0}^{1}\theta_{ji}(g_i - \mu_j(t))^2\right] \quad (2.41)$$

在式 (2.41) 中求解参数 $\mu_0(t), \mu_1(t), \sigma^2(t)$ 得

$$\overline{\mu_0}(t) = \frac{\displaystyle\sum_{i=1}^{n} g_i\theta_{0i}}{\displaystyle\sum_{i=1}^{n}\theta_{0i}} = \frac{\displaystyle\frac{1}{n}\sum_{i=1}^{n} g_i\theta_{0i}}{\displaystyle\frac{1}{n}\sum_{i=1}^{n}\theta_{0i}} = \frac{\displaystyle\sum_{g=0}^{t} gh(g)}{\displaystyle\sum_{g=0}^{t} h(g)}$$

$$\overline{\mu_1}(t) = \frac{\displaystyle\sum_{i=1}^{n} g_i\theta_{1i}}{\displaystyle\sum_{i=1}^{n}\theta_{1i}} = \frac{\displaystyle\frac{1}{n}\sum_{i=1}^{n} g_i\theta_{1i}}{\displaystyle\frac{1}{n}\sum_{i=1}^{n}\theta_{1i}} = \frac{\displaystyle\sum_{g=t+1}^{L-1} gh(g)}{\displaystyle\sum_{g=t+1}^{L-1} h(g)}$$

$$\overline{\sigma}^2(t) = \frac{1}{n}\sum_{i=1}^{n}\sum_{j=0}^{1}\theta_{ji}(g_i - \overline{\mu}_j(t))^2$$

$$= \sum_{g=0}^{t} h(g)(g - \overline{\mu}_0(t))^2 + \sum_{g=t+1}^{L-1} h(g)(g - \overline{\mu}_1(t))^2$$

$$= \sigma_{\mathrm{W}}^2(t)$$

因此最大化 $L(G \mid \Theta; B(t))$ 可写成

$$\overline{L}(G \mid \Theta; \overline{B}(t)) = -\frac{N}{2}\ln(2\pi) - \frac{N}{2}\ln(\sigma_{\mathrm{W}}^2(t)) - \frac{N}{2}$$

忽略掉常数项, 可知最大条件相关阈值等价于最小化 $\sigma_{\mathrm{W}}^2(t)$。这说明最大条件相关阈值法与最大类间方差法是等价的 [13,14]。

从某种意义上讲, 基于最大相关原则的观点来看待最大类间方差法比从判别分析的角度来看待最大类间方差法更具有意义。在上述的推导中有两个假设, 一是认为每类的分布是正态分布; 二是假定目标和背景的方差一样大。这说明最大类间方差法更多地适用于目标和背景所占的比例相当和方差相差不大的情形。当目标和背景所占的比例相差较大或目标和背景的方差相差较大时, 最大类间方差法可能会给出不合理的阈值。为了克服该方法的这一缺陷, Hou 等 [15] 提出了不考虑先验概率 $P_0(t)$ 和 $P_1(t)$ 的最小方差法。

2.1.2 一维最大类间方差法的改进

上一小节通过对最大类间方差法的等价描述指出了最大类间方差法存在的一些不足, 本小节介绍一些最大类间方差法的改进方法。

1. Bayes 阈值法

假设图像被分成 k 个类 $C_j(j = 1, \cdots, k)$，C_j 的先验概率为 P_j。对于灰度 $g \in G = [0, 1, \cdots, L-1]$，记 $L_j(g)$ 为 C_j 的似然函数。依据 Bayes 指派规则，如果 $P_{j_0} L_{j_0}(g) = \max_{1 \leqslant j \leqslant k} P_j L_j(g)$，则 $g \in C_{j_0}$。

现假定在每个类 C_j 上，g 服从正态分布 $N(\mu_j, \sigma_j^2)$，判定 g 的归属只需最大化下述函数：

$$s_j = \ln P_j - \frac{1}{2} \frac{(g - \mu_j)^2}{\sigma_j^2} - \frac{1}{2} \ln(2\pi\sigma_j^2) \tag{2.42}$$

特别的，当 $\sigma_j \equiv \sigma (j = 1, 2, \cdots, k)$ 且 $\mu_1 < \mu_2 < \cdots < \mu_k$ 时，用对 s_j 的比较来确定灰度的归类可通过确定 s_j 和与之相邻的 s_{j-1} 或 s_{j+1} 的交点来达到。令 $s_j - s_i = 0$，可解得交点

$$g_{ij} = \frac{1}{2}(\mu_i + \mu_j) + \frac{\sigma^2}{(\mu_i - \mu_j)} \ln \frac{P_j}{P_i} \tag{2.43}$$

上述表达式给出了确定多阈值分割的一种途径。当 σ^2 给定后，可通过循环迭代的方法求出 k 个阈值。当仅关心单阈值分割即 $k = 2(j = 0, 1)$ 时，如果 $\sigma_0 = \sigma_1 = \sigma$，那么 Bayes 指派规则给出的阈值为

$$t = \frac{1}{2}(\mu_0 + \mu_1) + \frac{\sigma^2}{(\mu_0 - \mu_1)} \ln \left(\frac{P_1}{P_0} \right) \tag{2.44}$$

如果 $\sigma_0 \neq \sigma_1$，那么 Bayes 指派规则给出的两个解为

$$t_\pm = \frac{\mu_1 \sigma_0^2 - \mu_0 \sigma_1^2}{(\sigma_0^2 - \sigma_1^2)} \pm \frac{\sigma_0 \sigma_1}{(\sigma_0^2 - \sigma_1^2)} \left\{ (\mu_0 - \mu_1)^2 + 2(\sigma_0^2 - \sigma_1^2) \ln \frac{\sigma_0 P_1}{\sigma_1 P_0} \right\}^{\frac{1}{2}} \tag{2.45}$$

这时如果 $\min(t_-, t_+) < g < \max(t_-, t_+)$，则 $g \in C_0$，否则 $g \in C_1$。

对于 $\sigma_0 = \sigma_1 = \sigma$ 的情形，当进一步假定 $P_0 = P_1$ 时，$t = \frac{1}{2}(\mu_0 + \mu_1)$。这就是 2.1.1 小节中介绍的最大类间方差法的迭代算法，因此本小节给出的 Bayes 阈值法可看成是最大类间方差法的改进。但如何估计出 σ^2 的值是正确使用该方法需认真对待的问题。文献 [16] 对这一问题有进一步的讨论。

2. 等方差下的最大相关法

最大类间方差法可从条件最大相关原则下推得，在推导过程中假设了目标和背景的均值不同，方差相同。下面在同样的假设下，利用联合最大相关原则给出一种改进表述以适应两类样本量相差较大而方差相差不大的情况。

采用 2.1.1 小节中同样的叙述过程, 将条件最大相关改成联合最大相关, 最佳阈值选为使总体混合模型的联合相关最大, 有

$$L(G\,|\Theta; B(t)) = \prod_{i=1}^{n}\prod_{j=0}^{1}\left\{\tau_j\frac{1}{\sqrt{2\pi\sigma_j^2(t)}}\exp\left[-\frac{(g_i-\mu_j(t))^2}{2\sigma_j^2(t)}\right]\right\}^{\theta_{ji}} \tag{2.46}$$

对式 (2.46) 取对数并假设 $\sigma_0^2(t) = \sigma_1^2(t) = \sigma^2(t)$, 得

$$L(G\,|\Theta; B(t)) = N\sum_{j=0}^{1}P_j(t)\ln P_j(t) - \frac{N}{2}\ln(2\pi) - \frac{N}{2}\ln(\sigma_{\mathrm{W}}^2(t)) - \frac{N}{2} \tag{2.47}$$

忽略掉常数项, 得到如下准则[13]:

$$t = \arg\min_{0<t<L-1}\left[-P_0(t)\ln P_0(t) - P_1(t)\ln P_1(t) + \ln\sigma_{\mathrm{W}}\right] \tag{2.48}$$

借助于类内方差 $\sigma_{\mathrm{W}}^2(t)$ (见式 (2.11)), 可以通过穷举搜索的方式获得最佳阈值。由式 (2.48) 可见, 改进方法是在原有最大类间方差法的基础上加上了先验概率 P_0 和 P_1 的熵信息[17]。图 2.2 给出了一个分割示例。

(a) 原图像

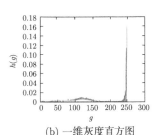

(b) 一维灰度直方图

(c) 最大类间方差法分割结果

(d) 改进方法的分割结果

图 2.2   车牌图像的分割结果

3. 谷点约束的最大类间方差法

为了使最大类间方差法适用于工业应用中的缺陷检测, Ng[18] 对最大类间方差法进行了改进, 将灰度直方图中的谷点信息融入式 (2.14) 中, 提出了 "谷点强调法"。如图 2.3 所示, 在谷点强调法中, 最优阈值需要同时满足两个条件: 图像的类间方差要大; 阈值点要尽可能位于灰度直方图的谷点。

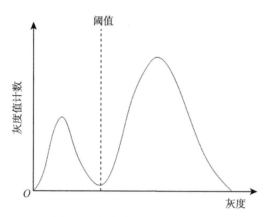

图 2.3　灰度直方图的最优阈值

满足这两点要求的目标函数为

$$\begin{aligned}\eta'(t) &= (1 - h(t))(P_0(t)\mu_0^2(t) + P_1(t)\mu_1^2(t)) \\ &= (1 - h(t))\sigma_B^2(t)\end{aligned} \tag{2.49}$$

最优阈值 t^* 选在

$$t^* = \arg \max_{0 < t < L-1} \eta'(t) = \arg \max_{0 < t < L-1} (1 - h(t))\sigma_B^2(t) \tag{2.50}$$

在式 (2.50) 中，要求 $1 - h(t)$ 和类间方差 $\sigma_B^2(t) = P_0(t)\mu_0^2(t) + P_1(t)\mu_1^2(t)$ 的乘积最大，即两者要同时大。$h(t)$ 越小，表明 $1 - h(t)$ 越大，这样保证了对具有较大出现概率的点，其对类间方差 $\sigma_B^2(t)$ 的加权影响较小。图 2.4 给出了一个分割示例，可见应用式 (2.50) 能够有效地检测出图像中的小点目标。

谷点强调法能够有效地检测出小目标，但其适应性不强，除对噪声较为敏感外，在有些情况下还不能达到理想的谷点。为了说明问题，首先给出图 2.5 所示的例子。

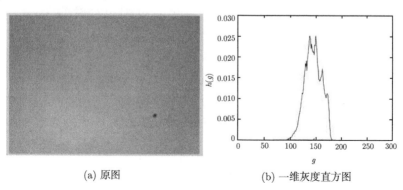

　　　　(a) 原图　　　　　　　　　　　　(b) 一维灰度直方图

(c) 最大类间方差法　　　　　　　　(d) 谷点强调法

图 2.4　缺陷图像的分割结果

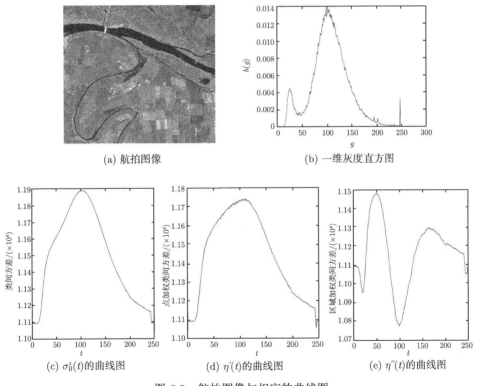

(a) 航拍图像　　　　　　　　(b) 一维灰度直方图

(c) $\sigma_{\rm B}^2(t)$ 的曲线图　　(d) $\eta'(t)$ 的曲线图　　(e) $\eta''(t)$ 的曲线图

图 2.5　航拍图像与相应的曲线图

　　图 2.5 (a) 为一幅航拍图像, 图 2.5 (b) 是其一维灰度直方图, 图 2.5 (c) 为阈值点 t 对应的类间方差 $\sigma_{\rm B}^2(t)$ 曲线, 图 2.5(d) 为阈值点 t 对应的目标函数 $\eta'(t)$ 曲线。对比图 2.5 (c) 和 (d), $1 - h(t)$ 没有对 $\sigma_{\rm B}^2(t)$ 的变化趋势产生太大的影响。这意味着 $1 - h(t)$ 的加权作用还不很明显, 利用 $\sigma_{\rm B}^2(t)$ 和 $\eta'(t)$ 获得的阈值点均在 $t = 100$

附近, 而真正的谷点在 $t = 50$ 附近。究其原因在于 $\eta'(t)$ 仅利用单点信息是不够的, 为此, 本节叙述基于谷点邻域信息约束的最大类间方差法, 称为 "谷点邻域强调法"。

对于一维灰度直方图, 在灰度 g 处的邻域灰度值 $\bar{h}(g)$ 由下式计算:

$$\bar{h}(g) = [h(g-m) + \cdots + h(g-1) + h(g) + h(g+1) + \cdots + h(g+m)] \qquad (2.51)$$

这里 $n = 2m+1$ 为灰度 g 处的邻域长度, m 为正整数。当 $m = 0$ 时, $\bar{h}(g)$ 退化为 $h(g)$。

谷点邻域强调法的目标函数为 [19]

$$\eta''(t) = (1 - \bar{h}(t))\sigma_{\mathrm{B}}^2(t) \qquad (2.52)$$

最优阈值 t^* 选取位置:

$$t^* = \arg \max_{0<t<L-1} \eta''(t) = \arg \max_{0<t<L-1} (1 - \bar{h}(t))\sigma_{\mathrm{B}}^2(t) \qquad (2.53)$$

式 (2.53) 的主要修改是将 $1 - h(t)$ 换成 $1 - \bar{h}(t)$, $1 - \bar{h}(t)$ 进一步保证了阈值点尽可能位于谷点位置。图 2.5 (d) 给出了阈值点 t 对应的目标函数 $\eta''(t)$ 曲线, 从中可以看出其最大值位于 $t = 50$ 附近。图 2.6 给出三种方法的分割结果, 谷点邻域强调法能有效地将目标和背景分离。

 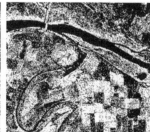 

(a) 最大类间方差法　　　　　　(b) 谷点强调法　　　　　　(c) 谷点邻域强调法

图 2.6　航拍图像的分割结果

谷点邻域强调法的另一个优点是能在一定程度上处理含噪声图像的分割问题。$1 - \bar{h}(t)$ 的使用具有邻域平滑效果, 本身就是对噪声的一种抑制。图 2.7 给出加有 $N(0, 0.01)$ 噪声的细菌图像的分割结果, 可见谷点邻域强调法有一定的抗噪能力。

谷点邻域强调法涉及邻域区间长度的选择问题, 从大量的实验结果来看, 取 $n = 11$ 是一个比较合适的值 [19]。

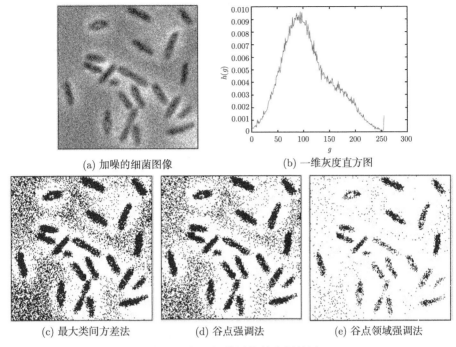

(a) 加噪的细菌图像 (b) 一维灰度直方图

(c) 最大类间方差法 (d) 谷点强调法 (e) 谷点领域强调法

图 2.7 加噪细菌图像的分割结果

4. 加权最大类间方差法

针对最大类间方差法存在的一些局限性, 为了更有效地使用最大类间方差法, Morii[20] 引入了算术平均加权最大类间方差法。该方法通过引入调节因子, 有监督地实现更有效的分割。根据式 (2.11), 记 $\overline{\sigma_0} = \sum\limits_{g=0}^{t} h(g)(g-\mu_0)^2$, $\overline{\sigma_1} = \sum\limits_{g=t+1}^{L-1} h(g) \cdot (g-\mu_1)^2$, 则算术平均加权类内方差记为

$$J^*(\omega_0, \omega_1; t, \mu_0, \mu_1) = \omega_0 \sum_{g=0}^{t} h(g)(g-\mu_0)^2 + \omega_1 \sum_{g=t+1}^{L-1} h(g)(g-\mu_1)^2 \qquad (2.54)$$

或

$$\begin{aligned} J^*(\omega_0, \omega_1; t, \mu_0, \mu_1) &= \omega_0 P_0(t)\sigma_0^2(t) + \omega_1 P_1(t)\sigma_1^2(t) \\ &= \omega_0 \overline{\sigma_0}(t) + \omega_1 \overline{\sigma_1}(t) \end{aligned} \qquad (2.55)$$

式中, $\omega_0 + \omega_1 = 1$ 且 $\omega_0, \omega_1 > 0$。

求解加权最大类间方差法的最佳阈值, 可通过穷举搜索的方法来得到。下面给出迭代求解算法。

为了方便, 考虑连续随机变量 X 上的概率密度函数 $h(x)$, 优化问题表述成

$$\min J^*(\omega_0, \omega_1; t, \mu_0, \mu_1) = \omega_0 \int_{-\infty}^{t} (x - \mu_0)^2 h(x) \mathrm{d}x + \omega_1 \int_{t}^{+\infty} (x - \mu_1)^2 h(x) \mathrm{d}x$$

$$(2.56)$$

由求函数极值的知识, 只需令

$$\frac{\partial J^*}{\partial t} = \omega_0 (t - \mu_0)^2 h(t) - \omega_1 (t - \mu_1)^2 h(t) = 0$$

$$\frac{\partial J^*}{\partial \mu_0} = -2\omega_0 \int_{-\infty}^{t} (x - \mu_0) h(x) \mathrm{d}x = 0$$

$$\frac{\partial J^*}{\partial \mu_1} = -2\omega_1 \int_{t}^{\infty} (x - \mu_1) h(x) \mathrm{d}x = 0$$

解得

$$\mu_0 = \frac{\displaystyle\int_{-\infty}^{t} x h(x) \mathrm{d}x}{\displaystyle\int_{-\infty}^{t} h(x) \mathrm{d}x}, \mu_1 = \frac{\displaystyle\int_{t}^{\infty} x h(x) \mathrm{d}x}{\displaystyle\int_{t}^{\infty} h(x) \mathrm{d}x}$$

$$t = \begin{cases} \dfrac{\mu_0 + \mu_1}{2}, & \omega_0 = \omega_1 \\[3mm] \dfrac{\omega_0 \mu_0 - \omega_1 \mu_1 + \sqrt{\omega_0 \omega_1} |\mu_0 - \mu_1|}{\omega_0 - \omega_1}, & \text{其他} \end{cases}$$

$$= \frac{\sqrt{\omega_0} \mu_0 + \sqrt{\omega_1} \mu_1}{\sqrt{\omega_0} + \sqrt{\omega_1}}$$

由上述表述可得下面的迭代求解算法。

起始: 随机选取初始阈值 $0 < t^{(0)} < L - 1$, 令 $k = 0$。

步骤一: 根据 $t^{(k)}$ 计算 $\mu_0(t^{(k)})$ 和 $\mu_1(t^{(k)})$。

$$\mu_0(t^{(k)}) = \frac{\displaystyle\sum_{g=0}^{t^{(k)}} g h(g)}{\displaystyle\sum_{g=0}^{t^{(k)}} h(g)} \tag{2.57}$$

$$\mu_1(t^{(k)}) = \frac{\displaystyle\sum_{g=t^{(k)}+1}^{L-1} g h(g)}{\displaystyle\sum_{g=t^{(k)}+1}^{L-1} h(g)} \tag{2.58}$$

步骤二: 根据 $\mu_0(t^{(k)})$ 和 $\mu_1(t^{(k)})$ 计算 $t^{(k+1)}$。

$$t^{(k+1)} = \left\lfloor \frac{\sqrt{\omega_0} \mu_0(t^{(k)}) + \sqrt{\omega_1} \mu_1(t^{(k)})}{\sqrt{\omega_0} + \sqrt{\omega_1}} \right\rfloor \tag{2.59}$$

步骤三：如果 $t^{(k+1)} = t^{(k)}$，停止。否则令 $k = k + 1$ 回到步骤一。

加权最大类间方差法可看成是最大类间方差法的推广。如果取 $\omega_0 = \omega_1 = \frac{1}{2}$，则加权最大类间方差法退化成最大类间方差法，如果能事先获得目标和背景所占比例的信息，加权最大类间方差法可比最大类间方差法获得更好的阈值。图 2.8 给出了一个分割示例，其中 $\omega_0 = 0.9$，$\omega_1 = 0.1$。

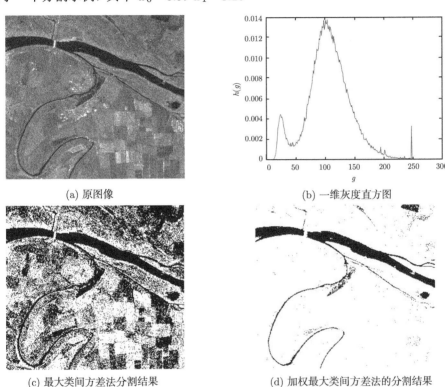

(a) 原图像   (b) 一维灰度直方图

(c) 最大类间方差法分割结果   (d) 加权最大类间方差法的分割结果

图 2.8　航拍图像的分割结果

在加权最大类间方差法中如何确定加权值 ω_0 是关键。Morii 给出了两种确定 ω_0 值的途径：一种是基于概率直方图模型；另一种是基于一组实际图像。详细过程参阅文献 [20]。

下面给出算法的收敛性证明。

引理　如果 $t^{(k)} \leqslant t^{(k+1)}$，则 $t^{(k+1)} \leqslant t^{(k+2)}$。类似的，如果 $t^{(k)} \geqslant t^{(k+1)}$，则 $t^{(k+1)} \geqslant t^{(k+2)}$。

证明　只需证明第一部分，第二部分可类似得到。仿照前面引理的证明过程可知，当 $t^{(k)} \leqslant t^{(k+1)}$ 时，$\mu_0(t^{(k)}) \leqslant \mu_0(t^{(k+1)})$ 且 $\mu_1(t^{(k)}) \leqslant \mu_1(t^{(k+1)})$。由于 ω_0 和 ω_1 是事先已给定的数，于是由 $t^{(k)}$ 的表达式知 $t^{(k+1)} \leqslant t^{(k+2)}$，这样就得到了一个

单调不减序列或单调不增序列 $\{t^{(0)}, t^{(1)}, \cdots, t^{(k)}, \cdots\}$。由于该序列有上界 $L-1$ 和下界 0, 因此该序列的长度是有限的, 即在有限步内, 该序列是收敛的。由此得如下定理。

　　定理　迭代算法在有限步内收敛。

　　有关 Otsu 法的性质分析和算法研究的进一步讨论可参阅文献 [21]~[34]。本节叙述的 Otsu 法是以均值作为基本统计量实施的。从鲁棒统计的角度, 用中值而非均值来处理噪声的效果会更好。鉴于此, 完全可以采用中值来替换 Otsu 法中的均值, 进而得到基于中值的 Otsu 法, 有兴趣的读者可参阅文献 [35]~[38]。

2.1.3　二维最大类间方差法

　　基于一维灰度直方图的最大类间方差法 (即 Otsu 法) 以其表述简单、适应性强而受到人们的普遍使用。但一维灰度直方图本身在利用信息方面的明显缺陷, 使得该方法对含噪声图像的分割性能明显下降。由于噪声等干扰因素的存在, 灰度直方图不一定存在明显的波峰和波谷, 因此有必要在高维灰度直方图上进行阈值选取。本小节介绍二维最大类间方差法。

1. 二维最大类间方差法表达式

　　根据第 1 章所给的二维灰度直方图的定义, 若 (s,t) 是选取的阈值点, 则二维直方图就被分成四块, 如图 2.9 所示。

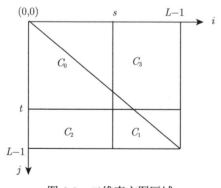

图 2.9　二维直方图区域

　　由于目标内部和背景内部的像素点之间相关性较强, 像素点的灰度和邻域均值灰度会很接近, 而对于目标和背景的边界附近的像素点, 两者的差异会很明显。鉴于此, 对角线上的区域 C_0 和 C_1 被看成目标和背景, 远离对角线的区域 C_2 和 C_3 被看成边缘和噪声。把对应于阈值点 (s,t) 的目标和背景的区域记作 $C_0(s,t)$ 和 $C_1(s,t)$, 那么两类出现的概率分别为

$$P_{\mathrm{r}}(C_0) = \sum_{i=0}^{s} \sum_{j=0}^{t} p_{ij} = P_0(s,t) \tag{2.60}$$

$$P_{\mathrm{r}}(C_1) = \sum_{i=s+1}^{L-1} \sum_{j=t+1}^{L-1} p_{ij} = P_1(s,t) \tag{2.61}$$

两类对应的均值矢量分别为

$$\vec{\mu}_0 = (\mu_{00}, \mu_{01})' = \left(\frac{\displaystyle\sum_{(i,j) \in C_0(s,t)} i p_{ij}}{P_0(s,t)}, \frac{\displaystyle\sum_{(i,j) \in C_0(s,t)} j p_{ij}}{P_0(s,t)} \right)' \tag{2.62}$$

$$\vec{\mu}_1 = (\mu_{10}, \mu_{11})' = \left(\frac{\displaystyle\sum_{(i,j) \in C_1(s,t)} i p_{ij}}{P_1(s,t)}, \frac{\displaystyle\sum_{(i,j) \in C_1(s,t)} j p_{ij}}{P_1(s,t)} \right)' \tag{2.63}$$

二维直方图上总的均值矢量为

$$\vec{\mu}_{\mathrm{T}} = (\mu_{\mathrm{T}0}, \mu_{\mathrm{T}1})' = \left(\sum_{i=0}^{L-1} \sum_{j=0}^{L-1} i p_{ij}, \sum_{i=0}^{L-1} \sum_{j=0}^{L-1} j p_{ij} \right)' \tag{2.64}$$

区域 C_2 和 C_3 表示目标和背景的边界信息, 在大多数情况下, 基于边界区域的像素点会远远少于目标和背景的像素点, 可以合理地假设远离对角线的分量 p_{ij} 是非常接近于零的, 因此, 远离直方图对角线的概率可忽略不计。即当 $i = s+1, \cdots, L-1$ 且 $j = 0, \cdots, t$ 或者 $i = 0, \cdots, s$ 且 $j = t+1, \cdots, L-1$ 时, $p_{ij} \approx 0$, 此时容易证明下面的关系成立:

$$P_0(s,t) + P_1(s,t) \approx 1 \tag{2.65}$$

$$\vec{\mu}_{\mathrm{T}} \approx P_0(s,t)\vec{\mu}_0 + P_1(s,t)\vec{\mu}_1 \tag{2.66}$$

定义类间的离差矩阵:

$$\begin{aligned}
S_{\mathrm{B}} &= \sum_{k=0}^{1} P_{\mathrm{r}}(C_k) \left[(\vec{\mu}_k - \vec{\mu}_{\mathrm{T}})(\vec{\mu}_k - \vec{\mu}_{\mathrm{T}})^{\mathrm{T}} \right] \\
&= P_0(s,t) \left[(\vec{\mu}_0 - \vec{\mu}_{\mathrm{T}})(\vec{\mu}_0 - \vec{\mu}_{\mathrm{T}})' \right] + P_1(s,t) \left[(\vec{\mu}_1 - \vec{\mu}_{\mathrm{T}})(\vec{\mu}_1 - \vec{\mu}_{\mathrm{T}})' \right] \\
&= P_0(s,t) \begin{bmatrix} \mu_{00} - \mu_{\mathrm{T}0} \\ \mu_{01} - \mu_{\mathrm{T}1} \end{bmatrix} [\mu_{00} - \mu_{\mathrm{T}0}, \mu_{01} - \mu_{\mathrm{T}1}]^{\mathrm{T}}
\end{aligned}$$

$$+ P_1(s,t) \begin{bmatrix} \mu_{10} - \mu_{T0} \\ \mu_{11} - \mu_{T1} \end{bmatrix} [\mu_{10} - \mu_{T0}, \mu_{11} - \mu_{T1}]^{T}$$

$$= P_0(s,t) \begin{bmatrix} (\mu_{00} - \mu_{T0})^2 & (\mu_{00} - \mu_{T0})(\mu_{01} - \mu_{T1}) \\ (\mu_{00} - \mu_{T0})(\mu_{01} - \mu_{T1}) & (\mu_{01} - \mu_{T1})^2 \end{bmatrix}$$

$$+ P_1(s,t) \begin{bmatrix} (\mu_{10} - \mu_{T0})^2 & (\mu_{10} - \mu_{T0})(\mu_{11} - \mu_{T1}) \\ (\mu_{10} - \mu_{T0})(\mu_{11} - \mu_{T1}) & (\mu_{11} - \mu_{T1})^2 \end{bmatrix} \quad (2.67)$$

使用 S_{B} 的迹作为类间的离散度测度, 有

$$\begin{aligned} t_r S_{\mathrm{B}} &= P_0(s,t) \left[(\mu_{00} - \mu_{T0})^2 + (\mu_{01} - \mu_{T1})^2 \right] \\ &\quad + P_1(s,t) \left[(\mu_{10} - \mu_{T0})^2 + (\mu_{11} - \mu_{T1})^2 \right] \\ &= P_0(s,t) \left[\left(\frac{\mu_i(s,t)}{P_0(s,t)} - \mu_{T0} \right)^2 + \left(\frac{\mu_j(s,t)}{P_0(s,t)} - \mu_{T1} \right)^2 \right] \\ &\quad + P_1(s,t) \left[\left(\frac{\mu_{T0} - \mu_i(s,t)}{P_1(s,t)} - \mu_{T0} \right)^2 + \left(\frac{\mu_{T1} - \mu_j(s,t)}{P_1} - \mu_{T1} \right)^2 \right] \\ &= \frac{(\mu_i(s,t) - P_0(s,t)\mu_{T0})^2 + (\mu_j(s,t) - P_0(s,t)\mu_{T1})^2}{P_0(s,t)} \\ &\quad + \frac{(\mu_i(s,t) - P_0(s,t)\mu_{T0})^2 + (\mu_j(s,t) - P_0(s,t)\mu_{T1})^2}{P_1(s,t)} \\ &= \frac{(\mu_i(s,t) - P_0(s,t)\mu_{T0})^2 + (\mu_j(s,t) - P_0(s,t)\mu_{T1})^2}{P_0(s,t)(1 - P_0(s,t))} \end{aligned} \quad (2.68)$$

式中, $\mu_i(s,t) = \sum\limits_{i=0}^{s} \sum\limits_{j=0}^{t} i p_{ij}$; $\mu_j(s,t) = \sum\limits_{i=0}^{s} \sum\limits_{j=0}^{t} j p_{ij}$。

类似于一维最大类间方差法, 最佳阈值 (s^*, t^*) 由下式确定 [39]:

$$(s^*, t^*) = \arg \max_{0 < s, t < L-1} [t_r S_{\mathrm{B}}(s,t)] \quad (2.69)$$

对于像元的归类, 可以采用各种途径, 这里介绍两种方式。第一种是按下式进行 [40,41]:

$$f^*(x,y) = \begin{cases} 0, & i \leqslant s^* 且 \leqslant t^* \\ L-1, & 其他 \end{cases} \quad (2.70)$$

或

$$f^*(x,y) = \begin{cases} 0, & 其他 \\ L-1, & i \geqslant s^* 且 \geqslant t^* \end{cases} \quad (2.71)$$

这种方式是一种简单的像元归类法,它将图 2.9 中的区域 C_2、C_3 与区域 C_1(或 C_0) 归为一类,没有充分利用区域 C_2、C_3 中像元的信息,在一些情况下不能有效地消除噪声点。图 2.10 给出了一个分割示例。

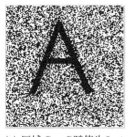

(a) 区域 C_2、C_3 赋值为 $L-1$　　(b) 区域 C_2、C_3 赋值为 0　　(c) 第二种归类法

图 2.10　人造图像分割结果

由图 2.10 的实验结果可以看出,采用式 (2.70) 或式 (2.71) 的像元归类法时, 二维最大类间方差法分割后的图像依然面临存在不少错分点的问题,鉴于此,可以 采用下述的第二种像元归类法来更为合理地归类区域 C_2、C_3 中的像元 [42]。

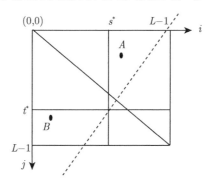

图 2.11　二维直方图区域的点区域

为了方便讨论,先将二维直方图作平面投影,即当 $p_{ij} > 0$ 时,令 $p_{ij} = 1$,否则 $p_{ij} = 0$(图 2.11)。在图 2.11 中,A, B 两点都在 $(0,0) \sim (s^*, t^*)$ 的矩形之外,但 A, B 偏离此矩形较偏离 $(s^*, t^*) \sim (L-1, L-1)$ 矩形要近得多,理应看成是受噪声干扰 引起的偏离,A, B 应归属于 $(0,0) \sim (s^*, t^*)$ 矩形对应的 C_0 类。考虑到这种情况, 作过 (s^*, t^*) 点且垂直于 $(0,0) \sim (L-1, L-1)$ 矩形对角线的垂线,将该垂线以下 的点作为 C_0 类,垂线以上的点归属于 C_1 类。该垂线的直线方程为 $i+j = s^*+t^*$, 则第二种归类准则为

$$f^*(x,y) = \begin{cases} 0, & 0 \leqslant i+j \leqslant s^*+t^* \\ 1, & i+j > s^*+t^* \end{cases} \tag{2.72}$$

由图 2.10 的实验结果可见，第二种归类法的分割性能得到进一步改善，抗噪能力更强。

另外，考虑到区域 C_2、C_3 中像元的归类具有模糊性，也可采用模糊信息处理方式对其进行归类 [43]。

2. 快速递归算法

含噪图像经二维最大类间方差法处理后的分割效果比一维最大类间方差法要好，但计算量却以指数形式增长。在任一点 (s,t) 处计算 $t_r S_B(s,t)$ 需要对三个函数 $u_i(s,t)$，$u_j(s,t)$ 和 $P_0(s,t)$ 计算从 0 到 $L-1$ 范围内的相应项累积和，每次计算本身还需要 6 次乘 (除) 法，因此计算 $t_r S_B(s,t)$ 需要的乘 (除) 法次数为

$$2 \cdot \left| \sum_{i=0}^{s} \sum_{j=0}^{t} 1 \right| + 6 = 2(st + s + t) + 8$$

最佳阈值的选择是遍历全部的 s 和 t，算法所要执行的乘 (除) 法总数为

$$\sum_{s=0}^{L-1} \sum_{t=0}^{L-1} [2(st + s + t) + 8] = \frac{1}{2}L^4 + L^3 + \frac{13}{2}L^2 \approx O(L^4)$$

因此，对于任意的图像，计算复杂度大约是 $O(L^4)$。为减少计算量，本节介绍一种途径 [44,45]。为避免 $u_i(s,t)$，$u_j(s,t)$ 和 $P_0(s,t)$ 每次都从 0 开始的重复计算，下面给出快速递推公式。

设 $P_0(s,t)$ 的计算顺序是从图 2.12(a) 的左上角开始，从左到右、从上到下进行。假设在图 2.12(a) 中 $P_0(s,t-1)$(用黑点表示) 和 $P_0(s-1,t)$(用交叉点表示) 已计算完毕，则可以利用这些已知量来简化对当前位置 $P_0(s,t)$(用空心圆圈表示) 的计算。

在图 2.12(b) 中，$P_0(s,t-1)$ 对应于左斜线区域和交叉线区域内所有 p_{ij} 的总和，$P_0(s-1,t)$ 对应于右斜线区域和交叉线区域内的所有 p_{ij} 的总和，$P_0(s-1,t-1)$ 对应于交叉线区域内所有 p_{ij} 的总和，计算 $P_0(s,t)$ 则要对左斜线、右斜线、交叉线和方格线这四个区域内的所有 p_{ij} 求和。由此得出计算 $P_0(s,t)$ 的递推公式如下：

$$P_0(s,0) = P_0(s-1,0) + p_{s0} \tag{2.73}$$

$$P_0(s,t) = P_0(s,t-1) + P_0(s-1,t) - P_0(s-1,t-1) + p_{st} \tag{2.74}$$

$$\mu_i(s,0) = \mu_i(s-1,0) + s \cdot p_{s0} \tag{2.75}$$

$$\mu_i(s,t) = \mu_i(s,t-1) + \mu_i(s-1,t) - \mu_i(s-1,t-1) + s \cdot p_{st} \tag{2.76}$$

$$\mu_j(s,0) = \mu_j(s-1,0) + t \cdot p_{s0} \tag{2.77}$$

$$\mu_j(s,t) = \mu_j(s, t-1) + \mu_j(s-1, t) - \mu_j(s-1, t-1) + t \cdot p_{st} \qquad (2.78)$$

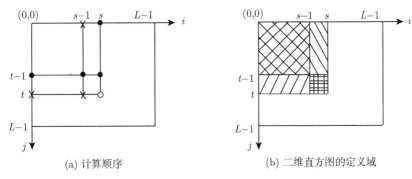

(a) 计算顺序　　　　　　　　(b) 二维直方图的定义域

图 2.12　递归计算示意图

采用上述递归算法计算，计算复杂度从 $O(L^4)$ 降低到 $O(L^2)$，大大节省了计算时间，减少了计算所需的存储空间。不用快速递归算法的整个计算过程中，在 $0 \leqslant s, t \leqslant L - 1$ 范围内的 $P_0(s,t)$，$\mu_i(s,t)$，$\mu_j(s,t)$ 这些值应该一直保留在存储空间中以备随时调用。当图像灰度级 $L = 256$ 时，用浮点形式存储，一共要占用 $3 \times 4 \times 256 \times 256 \approx 786\mathrm{KB}$ 的存储空间。而采用快速递推算法时，仅需要存储 $s-1$ 和 s 行的 $P_0(s,t)$，$\mu_i(s,t)$，$\mu_j(s,t)$ 变量，只占用 $2 \times 3 \times 4 \times 256 \approx 6\mathrm{KB}$ 的空间。

作为二维 Otsu 法的一种近似处理，文献 [46] 提出了基于分解的二维阈值选取方法，其基本思想是用两个一维 Otsu 法准则的组合来求取最佳阈值。整个过程分为两个步骤，第一个步骤采用针对灰度值的一维 Otsu 法计算分割阈值，目的是从图像中提取出目标；第二个步骤是采用针对邻域平均灰度的一维 Otsu 法计算分割阈值，其目标是滤除噪声。整个过程的计算量为 $O(L)$，大大降低了运行时间。针对二维 Otsu 法的一些其他讨论可参阅文献 [47]~[58]。

2.1.4　曲线阈值型二维最大类间方差法

1. 曲线阈值型二维最大类间方差法表达式

二维最大类间方差法对噪声图像有良好的分割效果，该方法只通过一个点 (s,t) 对图像进行分割，并假设目标和背景区域占据了二维空间的绝大部分，即 $P_0(s,t) + P_1(s,t) \approx 1$。这种假设在很多情况下是合理的，但其普适性还不够。实验中已经发现，在原有的二维最大类间方差法中，不用上述假设，直接采用原有的 $P_0(s,t)$，$P_1(s,t)$ 的计算公式 (2.60) 和式 (2.61) 所表述的二维最大类间方差法有时会得到更好的分割效果。关于这方面的讨论这里不再展开。在实际图像中，边界区域的信息对分割结果会有很大的影响，在二维最大类间方差法中应该把这一部分信息反应进来。如图 2.10 所示，二维最大类间方差法按照式 (2.70) 或式 (2.71) 对于区域 C_2

和 C_3 的赋值存在一定问题。

　　一个应该注意的现象是,在图 2.11 中,A, B 两点都在 $(0,0) \sim (s,t)$ 的矩形之外,但 A, B 偏离此矩形较偏离 $(s,t) \sim (L-1, L-1)$ 矩形要近得多,理应看成是受噪声干扰引起的偏离,A, B 应归属于 $(0,0) \sim (s,t)$ 矩形对应的 C_0 类。考虑到这种情况,下面给出一种处理方式:通过一条过点 (s,t) 的曲线将目标和背景分开,而非通过一条折线将目标和背景分开。

　　如图 2.13(a) 所示,在该方法中,如果 (s,t) 是选取的阈值点,作过 (s,t) 的曲线 $r(i,j)$ 将二维区域分成两块 $C_0(s,t)$ 和 $C_1(s,t)$,分别表示目标和背景。两类出现的概率分别为

$$P_0(s,t) = \sum_{(i,j)\in C_0(s,t)} p_{ij} \tag{2.79}$$

$$P_1(s,t) = 1 - P_0(s,t) = \sum_{(i,j)\in C_1(s,t)} p_{ij} \tag{2.80}$$

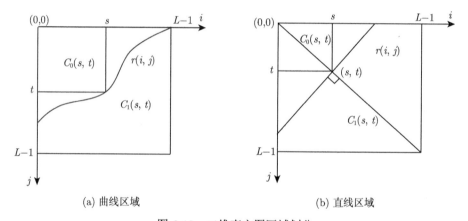

(a) 曲线区域　　　　　　　　　　　(b) 直线区域

图 2.13　二维直方图区域划分

两类对应的均值矢量为

$$\vec{\mu}_0 = (\mu_{00}, \mu_{01})' = \left(\frac{\displaystyle\sum_{(i,j)\in C_0(s,t)} ip_{ij}}{P_0(s,t)}, \frac{\displaystyle\sum_{(i,j)\in C_0(s,t)} jp_{ij}}{P_0(s,t)} \right)' \tag{2.81}$$

$$\vec{\mu}_1 = (\mu_{10}, \mu_{11})' = \left(\frac{\displaystyle\sum_{(i,j)\in C_1(s,t)} ip_{ij}}{P_1(s,t)}, \frac{\displaystyle\sum_{(i,j)\in C_1(s,t)} jp_{ij}}{P_1(s,t)} \right)' \tag{2.82}$$

二维直方图上总的均值矢量为

$$\vec{\mu}_{\mathrm{T}} = (\mu_{\mathrm{T}0}, \mu_{\mathrm{T}1})' = \left(\sum_{i=0}^{L-1} \sum_{j=0}^{L-1} i p_{ij}, \sum_{i=0}^{L-1} \sum_{j=0}^{L-1} j p_{ij} \right)' \tag{2.83}$$

容易证明:

$$\vec{\mu}_{\mathrm{T}} = P_0(s,t)\vec{\mu}_0 + P_1(s,t)\vec{\mu}_1 \tag{2.84}$$

定义类间的离差矩阵:

$$
\begin{aligned}
S_{\mathrm{B}} &= P_0(s,t) \left[(\vec{\mu}_0 - \vec{\mu}_{\mathrm{T}})(\vec{\mu}_0 - \vec{\mu}_{\mathrm{T}})' \right] + P_1(s,t) \left[(\vec{\mu}_1 - \vec{\mu}_{\mathrm{T}})(\vec{\mu}_1 - \vec{\mu}_{\mathrm{T}})' \right] \\
&= P_0(s,t) \begin{bmatrix} (\mu_{00} - \mu_{\mathrm{T}0})^2 & (\mu_{00} - \mu_{\mathrm{T}0})(\mu_{01} - \mu_{\mathrm{T}1}) \\ (\mu_{00} - \mu_{\mathrm{T}0})(\mu_{01} - \mu_{\mathrm{T}1}) & (\mu_{01} - \mu_{\mathrm{T}1})^2 \end{bmatrix} \\
&\quad + P_1(s,t) \begin{bmatrix} (\mu_{10} - \mu_{\mathrm{T}0})^2 & (\mu_{10} - \mu_{\mathrm{T}0})(\mu_{11} - \mu_{\mathrm{T}1}) \\ (\mu_{10} - \mu_{\mathrm{T}0})(\mu_{11} - \mu_{\mathrm{T}1}) & (\mu_{11} - \mu_{\mathrm{T}1})^2 \end{bmatrix}
\end{aligned} \tag{2.85}
$$

使用 S_{B} 的迹作为类间的离散度测度, 有

$$
\begin{aligned}
t_{\mathrm{r}} S_{\mathrm{B}} &= P_0(s,t) \left[(\mu_{00} - \mu_{\mathrm{T}0})^2 + (\mu_{01} - \mu_{\mathrm{T}1})^2 \right] \\
&\quad + P_1(s,t) \left[(\mu_{10} - \mu_{\mathrm{T}0})^2 + (\mu_{11} - \mu_{\mathrm{T}1})^2 \right] \\
&= P_0(s,t) \left[\left(\frac{\mu_i(s,t)}{P_0(s,t)} - \mu_{\mathrm{T}0} \right)^2 + \left(\frac{\mu_j(s,t)}{P_0(s,t)} - \mu_{\mathrm{T}1} \right)^2 \right] \\
&\quad + P_1(s,t) \left[\left(\frac{\mu_{\mathrm{T}0} - \mu_i(s,t)}{P_1(s,t)} - \mu_{\mathrm{T}0} \right)^2 + \left(\frac{\mu_{\mathrm{T}1} - \mu_j(s,t)}{P_1(s,t)} - \mu_{\mathrm{T}1} \right)^2 \right] \\
&= \frac{(\mu_i(s,t) - P_0(s,t)\mu_{\mathrm{T}0})^2 + (\mu_j(s,t) - P_0(s,t)\mu_{\mathrm{T}1})^2}{P_0(s,t)} \\
&\quad + \frac{(\mu_i(s,t) - P_0(s,t)\mu_{\mathrm{T}0})^2 + (\mu_j(s,t) - P_0(s,t)\mu_{\mathrm{T}1})^2}{P_1(s,t)} \\
&= \frac{(\mu_i(s,t) - P_0(s,t)\mu_{\mathrm{T}0})^2 + (\mu_j(s,t) - P_0(s,t)\mu_{\mathrm{T}1})^2}{P_0(s,t)(1 - P_0(s,t))}
\end{aligned} \tag{2.86}
$$

式中, $\mu_i(s,t) = \displaystyle\sum_{(i,j) \in C_0(s,t)} i p_{ij}$; $\mu_j(s,t) = \displaystyle\sum_{(i,j) \in C_0(s,t)} j p_{ij}$。

最佳阈值 (s^*, t^*) 由下式确定:

$$(s^*, t^*) = \arg \max_{0 < s, t < L-1} [t_{\mathrm{r}} S_{\mathrm{B}}(s,t)] \tag{2.87}$$

如何选取曲线 $r(i,j)$ 是问题的关键, 一种简便的方式是取 $r(i,j)$ 为过点 (s,t) 且垂直于二维直方图的定义域对角线的直线 (见图 2.13(b))。这时得到的阈值不再

是一个点, 而是一条 $i + j = s^* + t^*$ 的直线, 根据这条直线对原始图像进行分割。像元的归类方式为

$$f^*(x, y) = \begin{cases} 0, & i + j \leqslant s^* + t^* \\ L - 1, & i + j > s^* + t^* \end{cases} \tag{2.88}$$

为了使用上的方便, 称基于直线进行阈值选取的方法为 "二维直线阈值型最大类间方差法" [59]。

2. 快速递推算法

和传统二维最大类间方差法一样, 用穷举搜索的方法得到二维直线阈值型最大类间方差法最佳阈值的计算量是很大的, 为此下面给出递推算法。依据图 2.14 的计算过程, 为避免 $P_0(s, t)$, $\mu_i(s, t)$, $\mu_j(s, t)$ 每次都从 $(0, 0)$ 开始重复计算, 导出如下的递推公式:

$$P_0(0, 0) = p_{00} \tag{2.89}$$

$$P_0(0, t) = P_0(0, t - 1) + \sum_{i+j=t} p_{ij}, s = 0 \text{且} 0 < t \leqslant L - 1 \tag{2.90}$$

$$P_0(s, t) = P_0(s - 1, t) + \sum_{i+j=s+t} p_{ij}, 1 \leqslant s \leqslant L - 1 \text{且} 0 \leqslant t \leqslant L - 1 \tag{2.91}$$

$$\mu_i(0, 0) = 0 \tag{2.92}$$

$$\mu_i(0, t) = \mu_i(0, t - 1) + \sum_{i+j=t} ip_{ij}, s = 0 \text{且} 0 < t \leqslant L - 1 \tag{2.93}$$

$$\mu_i(s, t) = \mu_i(s - 1, t) + \sum_{i+j=s+t} ip_{ij}, 1 \leqslant s \leqslant L - 1 \text{且} 0 \leqslant t \leqslant L - 1 \tag{2.94}$$

$$\mu_j(0, 0) = 0 \tag{2.95}$$

$$\mu_j(0, t) = \mu_j(0, t - 1) + \sum_{i+j=t} jp_{ij}, s = 0 \text{且} 0 < t \leqslant L - 1 \tag{2.96}$$

$$\mu_j(s, t) = \mu_j(s - 1, t) + \sum_{i+j=s+t} jp_{ij}, 1 \leqslant s \leqslant L - 1 \text{且} 0 \leqslant t \leqslant L - 1 \tag{2.97}$$

可以看出, 每次 $P_0(s, t)$ 的计算只需再累加 $i + j = s + t$ 这条直线上的点即可。$\mu_i(s, t)$, $\mu_j(s, t)$ 的计算与此类似。另外, 可以发现所有满足 $i + j = s + t$ 的 (s, t) 确定的直线是相同的, 所以最佳阈值 (s^*, t^*) 的确定不必遍历整个二维直方图, 只需遍历二维直方图的主对角线和一条次主对角线即可。这样与传统最大类间方差法的递推算法相比, 搜索最优解的空间明显减少, 即由搜索 $L \times L$ 个点变成搜索 $2L - 1$ 个点。

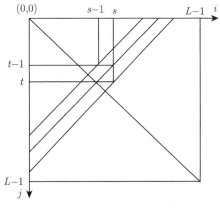

图 2.14　迭代算法示意图

图 2.15 所示为一个 512×512 的航拍图像，给该图加了 $N(0, 0.01)$ 噪声。对航拍图像的实验结果如图 2.15(d)~(f) 所示，直线阈值型最大类间方差法很好地排除了噪声的影响，较好地把飞机从背景中提取出来，分割效果明显优于二维最大类间方差法 (第一种归类法、第二种归类法)。

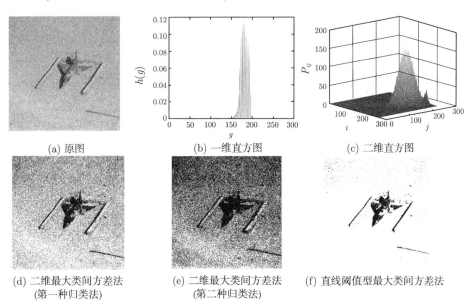

(a) 原图　　　　　　　　(b) 一维直方图　　　　　　　(c) 二维直方图

(d) 二维最大类间方差法　　(e) 二维最大类间方差法　　(f) 直线阈值型最大类间方差法
　　(第一种归类法)　　　　　　(第二种归类法)

图 2.15　航拍图像的分割结果

对于二维灰度直方图，如何划分出有效区域是获得好的分割效果的关键。本小节给出的是 "直线划分"，在文献 [60] 和 [61] 中也称为 "斜分"。进一步地，文献 [62] 中提出了更一般的二维直方图的 θ-划分。

2.1.5　三维最大类间方差法

1. 三维最大类间方差法表达式

二维最大类间方差法对含有高斯噪声的图像有较好的分割效果，为了进一步强化 "目标区域和背景区域上的概率和近似为 1" 的假设的普适性，一种较为合理的做法是再增加一个特征维，该特征维与已有的灰度、邻域平均灰度有较好的相关性。已有研究表明，均值滤波易于滤除高斯噪声，中值滤波易于滤除椒盐噪声。基于这一认识，引入邻域中值作为第三个特征，由此可以构造出三维灰度直方图。本小节在这样构造的三维直方图上，给出三维最大类间方差法。该方法使得对低对比度、低信噪比的图像能获得更好的分割效果。三维最大类间方差法不但会对高斯噪声或椒盐噪声有很好的抗噪性，而且也会对叠加了混合噪声 (高斯噪声加椒盐噪声) 的图像有很好的分割结果，这是其一大优点。

用 $h(x, y)$ 表示图像上坐标为 (x, y) 的像素点的 $k \times k$ 邻域内的中值灰度值，$h(x, y)$ 的定义形式如下：

$$h(x, y) = \text{med} \{f(x + m, y + n), m = -k/2, \cdots, k/2; n = -k/2, \cdots, k/2\} \quad (2.98)$$

从 $h(x, y)$ 的定义可以看出，如果图像的灰度级为 L，那么相应的像素邻域中值的灰度级也为 L。我们把 $f(x, y)$、$g(x, y)$ 和 $h(x, y)$ 组成的三元组 (i, j, k) 定义为三维直方图。该三维直方图定义在一个 $L \times L \times L$ 大小的正方体区域，其三个坐标分别表示图像像素的灰度值、邻域均值灰度和邻域中值灰度，如图 2.16(a) 所示。直方图任意一点的值定义为 p_{ijk}，它表示向量 (i, j, k) 发生的频率，p_{ijk} 由下式确定：

$$p_{ijk} = \frac{c_{ijk}}{M \times N} \quad (2.99)$$

式中，c_{ijk} 是 (i, j, k) 出现的频数，$0 \leqslant i, j, k \leqslant L - 1$，$\sum\limits_{i=0}^{L-1} \sum\limits_{j=0}^{L-1} \sum\limits_{k=0}^{L-1} p_{ijk} = 1$。

根据上面给出的三维直方图定义，若 (s, t, q) 是选取的阈值点，则三维直方图就被分成图 2.16 所示的八个长方体区域，具体区域划分见图 2.16(c) 和 (d)。由于目标内部和背景内部的像素点之间相关性较强，像素点的灰度值、邻域均值灰度和邻域中值灰度三者之间会非常接近，而在目标和背景的边界附近的像素点，以上三个值差异会很明显。基于以上认识，在三维直方图中，区域 0 和 1 分别被看成背景和目标，区域 2~7 被看成边缘和噪声。由于边界区域的像素点远远少于背景和目标的像素点，可以假设区域 2~7 上的所有像素点的概率和近似为 0，这种假设的普适性要优于二维直方图，使得基于三维直方图的最大类间方差法对低对比度、低信噪比的图像获得了更好的分割效果。

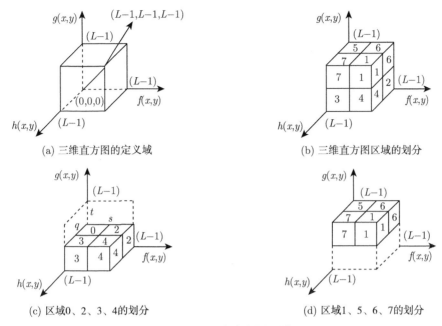

(a) 三维直方图的定义域   (b) 三维直方图区域的划分

(c) 区域0、2、3、4的划分   (d) 区域1、5、6、7的划分

图 2.16　三维直方图区域

　　三维直方图中的区域 0 和 1 分别代表了图像的背景和目标, 为了表示方便, 把这两个区域分别记为 C_0 和 C_1, 背景和目标出现的概率分别为

$$P_0 = \sum_{(i,j,k)\in C_0(s,t,q)} p_{ijk} \tag{2.100}$$

$$P_1 = \sum_{(i,j,k)\in C_1(s,t,q)} p_{ijk} \tag{2.101}$$

背景和目标对应的均值矢量为

$$\vec{\mu}_0 = (\mu_{0i}, \mu_{0j}, \mu_{0k})'$$
$$= \left(\frac{\sum\limits_{(i,j,k)\in C_0(s,t,q)} ip_{ijk}}{P_0}, \frac{\sum\limits_{(i,j,k)\in C_0(s,t,q)} jp_{ijk}}{P_0}, \frac{\sum\limits_{(i,j,k)\in C_0(s,t,q)} kp_{ijk}}{P_0} \right)' \tag{2.102}$$

$$\vec{\mu}_1 = (\mu_{1i}, \mu_{1j}, \mu_{1k})'$$
$$= \left(\frac{\sum\limits_{(i,j,k)\in C_1(s,t,q)} ip_{ijk}}{P_1}, \frac{\sum\limits_{(i,j,k)\in C_1(s,t,q)} jp_{ijk}}{P_1}, \frac{\sum\limits_{(i,j,k)\in C_1(s,t,q)} kp_{ijk}}{P_1} \right)' \tag{2.103}$$

三维直方图上总的均值矢量为

$$\vec{\mu}_{\mathrm{T}} = (\mu_{\mathrm{T}i}, \mu_{\mathrm{T}j}, \mu_{\mathrm{T}k})' = \left(\sum_{i=0}^{L-1}\sum_{j=0}^{L-1}\sum_{k=0}^{L-1} ip_{ijk}, \sum_{i=0}^{L-1}\sum_{j=0}^{L-1}\sum_{k=0}^{L-1} jp_{ijk}, \sum_{i=0}^{L-1}\sum_{j=0}^{L-1}\sum_{k=0}^{L-1} kp_{ijk} \right)' \tag{2.104}$$

根据对区域 2~7 的概率之和近似为 0 的假设, 可知:

$$P_0 + P_1 \approx 1 \tag{2.105}$$

$$\vec{\mu}_{\mathrm{T}} \approx P_0\vec{\mu}_0 + P_1\vec{\mu}_1 \tag{2.106}$$

定义类间的离差矩阵:

$$S_{\mathrm{B}} = P_0\left[(\vec{\mu}_0 - \vec{\mu}_{\mathrm{T}})(\vec{\mu}_0 - \vec{\mu}_{\mathrm{T}})'\right] + P_1\left[(\vec{\mu}_1 - \vec{\mu}_{\mathrm{T}})(\vec{\mu}_1 - \vec{\mu}_{\mathrm{T}})'\right] \tag{2.107}$$

使用 S_{B} 的迹作为类间的离散度测度, 有

$$\begin{aligned}
t_{\mathrm{r}}S_{\mathrm{B}} &= P_0\left[(\mu_{0i} - \mu_{\mathrm{T}i})^2 + (\mu_{0j} - \mu_{\mathrm{T}j})^2 + (\mu_{0k} - \mu_{\mathrm{T}k})^2\right] \\
&\quad + P_1\left[(\mu_{1i} - \mu_{\mathrm{T}i})^2 + (\mu_{1j} - \mu_{\mathrm{T}j})^2 + (\mu_{1k} - \mu_{\mathrm{T}k})^2\right] \\
&= \frac{(\mu_i - P_0\mu_{\mathrm{T}i})^2 + (\mu_j - P_0\mu_{\mathrm{T}j})^2 + (\mu_k - P_0\mu_{\mathrm{T}k})^2}{P_0(1 - P_0)}
\end{aligned} \tag{2.108}$$

式中, $\mu_i = \displaystyle\sum_{(i,j,k)\in C_0(s,t,q)} ip_{ijk}$; $\mu_j = \displaystyle\sum_{(i,j,k)\in C_0(s,t,q)} jp_{ijk}$; $\mu_k = \displaystyle\sum_{(i,j,k)\in C_0(s,t,q)} kp_{ijk}$

最佳阈值 (s^*, t^*, q^*) 由下式确定 [63,64]:

$$(s^*, t^*, q^*) = \arg\max_{0<s,t,q<L-1} t_{\mathrm{r}}S_{\mathrm{B}}(s,t,q) \tag{2.109}$$

2. 快速递推算法

三维最大类间方差法的计算复杂度为 $O(L^6)$, 为了降低计算复杂度, 本小节给出一组递推公式, 计算复杂度为 $O(L^3)$。具体的递推公式如下 [63,64]:

$$P_0(0,0,0) = p_{000} \tag{2.110}$$

$$P_0(s,0,0) = P_0(s-1,0,0) + p_{s00} \tag{2.111}$$

$$P_0(0,t,0) = P_0(0,t-1,0) + p_{0t0} \tag{2.112}$$

$$P_0(0,0,q) = P_0(0,0,q-1) + p_{00q} \tag{2.113}$$

$$P_0(s,t,0) = P_0(s-1,t,0) + P_0(s,t-1,0) - P_0(s-1,t-1,0) + p_{st0} \tag{2.114}$$

$$P_0(s, 0, q) = P_0(s - 1, 0, q) + P_0(s, 0, q - 1) - P_0(s - 1, 0, q - 1) + p_{s0q} \tag{2.115}$$

$$P_0(0, t, q) = P_0(0, t - 1, q) + P_0(0, t, q - 1) - P_0(0, t - 1, q - 1) + p_{0tq} \tag{2.116}$$

$$\begin{aligned} P_0(s, t, q) =& P_0(s - 1, t, q) + P_0(s, t - 1, q) + P_0(s, t, q - 1) \\ & - P_0(s - 1, t - 1, q) - P_0(s, t - 1, q - 1) - P_0(s - 1, t, q - 1) \\ & + P_0(s - 1, t - 1, q - 1) + p_{stq} \end{aligned} \tag{2.117}$$

从上述 P_0 的递推表达式可以看出，诸如 $P_0(s, 0, 0)$ 和 $P_0(s, t, 0)$ 的递推公式 (2.110)~ 公式 (2.116) 就是二维最大类间方差法相应的递推公式，对公式 (2.117) 的证明在下面给出。μ_i、μ_j、μ_k 的递推公式也存在类似的情况。下面仅给出 μ_i 的递推公式，关于 μ_j 和 μ_k 的递推公式可类似得到：

$$\mu_i(0, 0, 0) = 0 \tag{2.118}$$

$$\mu_i(s, 0, 0) = \mu_i(s - 1, 0, 0) + s \cdot p_{s00} \tag{2.119}$$

$$\mu_i(0, t, 0) = \mu_i(0, t - 1, 0) + 0 \cdot p_{0t0} \tag{2.120}$$

$$\mu_i(0, 0, q) = \mu_i(0, 0, q - 1) + 0 \cdot p_{00q} \tag{2.121}$$

$$\mu_i(s, t, 0) = \mu_i(s - 1, t, 0) + \mu_i(s, t - 1, 0) - \mu_i(s - 1, t - 1, 0) + s \cdot p_{st0} \tag{2.122}$$

$$\mu_i(s, 0, q) = \mu_i(s - 1, 0, q) + \mu_i(s, 0, q - 1) - \mu_i(s - 1, 0, q - 1) + s \cdot p_{s0q} \tag{2.123}$$

$$\mu_i(0, t, q) = \mu_i(0, t - 1, q) + \mu_i(0, t, q - 1) - \mu_i(0, t - 1, q - 1) + 0 \cdot p_{0tq} \tag{2.124}$$

$$\begin{aligned} \mu_i(s, t, q) =& \mu_i(s - 1, t, q) + \mu_i(s, t - 1, q) + \mu_i(s, t, q - 1) \\ & - \mu_i(s - 1, t - 1, q) - \mu_i(s, t - 1, q - 1) \\ & - \mu_i(s - 1, t, q - 1) + \mu_i(s - 1, t - 1, q - 1) + s \cdot p_{stq} \end{aligned} \tag{2.125}$$

下面给出递推公式 (2.117)、公式 (2.125) 等的证明。

证明：易得 $P_0(s - 1, t, q) - P_0(s - 1, t - 1, q) = \displaystyle\sum_{i=0}^{s-1} \sum_{k=0}^{q} p_{itk}$

$$P_0(s, t - 1, q) - P_0(s, t - 1, q - 1) = \sum_{i=0}^{s} \sum_{j=0}^{t-1} p_{ijq}$$

$$P_0(s, t, q - 1) - P_0(s - 1, t, q - 1) = \sum_{j=0}^{t} \sum_{k=0}^{q-1} p_{sjk}$$

又知 $P_0(s,t,q) = \sum\limits_{i=0}^{s-1}\sum\limits_{j=0}^{t}\sum\limits_{k=0}^{q} p_{ijk} + \sum\limits_{j=0}^{t}\sum\limits_{k=0}^{q} p_{sjk}$

$$= \sum\limits_{i=0}^{s-1}\sum\limits_{j=0}^{t-1}\sum\limits_{k=0}^{q} p_{ijk} + \sum\limits_{i=0}^{s-1}\sum\limits_{k=0}^{q} p_{itk} + \sum\limits_{j=0}^{t}\sum\limits_{k=0}^{q} p_{sjk}$$

$$= \sum\limits_{i=0}^{s-1}\sum\limits_{j=0}^{t-1}\sum\limits_{k=0}^{q-1} p_{ijk} + \sum\limits_{i=0}^{s-1}\sum\limits_{j=0}^{t-1} p_{ijq} + \sum\limits_{i=0}^{s-1}\sum\limits_{k=0}^{q} p_{itk} + \sum\limits_{j=0}^{t}\sum\limits_{k=0}^{q} p_{sjk}$$

$$= P_0(s-1,t-1,q-1) + \left[\sum\limits_{i=0}^{s}\sum\limits_{j=0}^{t-1} p_{ijq} - \sum\limits_{j=0}^{t-1} p_{sjq} \right]$$

$$\quad + \sum\limits_{i=0}^{s-1}\sum\limits_{k=0}^{q} p_{itk} + \sum\limits_{j=0}^{t}\sum\limits_{k=0}^{q-1} p_{sjk} + \sum\limits_{j=0}^{t} p_{sjq}$$

$$= P_0(s-1,t-1,q-1) + \sum\limits_{i=0}^{s}\sum\limits_{j=0}^{t-1} p_{ijq} + \sum\limits_{i=0}^{s-1}\sum\limits_{k=0}^{q} p_{itk}$$

$$\quad + \sum\limits_{j=0}^{t}\sum\limits_{k=0}^{q-1} p_{sjk} + \sum\limits_{j=0}^{t} p_{sjq} - \sum\limits_{j=0}^{t-1} p_{sjq}$$

$$= P_0(s-1,t-1,q-1) + \sum\limits_{i=0}^{s}\sum\limits_{j=0}^{t-1} p_{ijq} + \sum\limits_{i=0}^{s-1}\sum\limits_{k=0}^{q} p_{itk} + \sum\limits_{j=0}^{t}\sum\limits_{k=0}^{q-1} p_{sjk} + p_{stq}$$

根据上面前三个式子，$P_0(s,t,q)$ 可化简为

$$P_0(s,t,q) = P_0(s-1,t,q) + P_0(s,t-1,q) + P_0(s,t,q-1) - P_0(s-1,t-1,q)$$
$$- P_0(s,t-1,q-1) - P_0(s-1,t,q-1)$$
$$+ P_0(s-1,t-1,q-1) + p_{stq}$$

类似地，可证明 $\mu_i(s,t,q)$、$\mu_j(s,t,q)$ 和 $\mu_k(s,t,q)$ 的递推公式。

既然假设区域 2~7 上的所有像素点的概率和近似为 0 的普适性要优于二维直方图，可借用文献 [46] 的思路，得到基于分解的三维阈值选取方法。整个过程分为三个步骤，第一步采用针对灰度值的一维 Otsu 法计算分割阈值；第二步采用针对邻域平均灰度的一维 Otsu 法计算分割阈值；第三步采用针对中值灰度的一维 Otsu 法计算分割阈值。有关三维 Otsu 法的其他讨论可参阅文献 [65]~[69]。

图 2.17~ 图 2.19 给出分割示例。对于各种含噪图像，三维最大类间方差法的分割效果均优于二维最大类间方差法。特别是对于叠加了混合噪声的图像，三维最大类间方差法的分割效果也是比较理想的。

(a) 高斯加噪图   (b) 二维最大类间方差法   (c) 三维最大类间方差法

图 2.17   高斯噪声 ($N(0,0.02)$) 的实验结果

(a) 椒盐加噪图   (b) 二维最大类间方差法   (c) 三维最大类间方差法

图 2.18   椒盐噪声 (0.01) 的实验结果

(a) 混合加噪图   (b) 二维最大类间方差法   (c) 三维最大类间方差法

图 2.19   混合噪声 ($N(0,0.03)$ 高斯噪声 + 0.005 椒盐噪声) 的实验结果

2.2   二维灰度直方图的投影阈值法

图像信号一般可表示为经白噪声污染的光强度信号, 根据第 1 章的描述, 其数学模型可写为

$$f(x,y) = f^*(x,y) + w(x,y) \tag{2.126}$$

式中, $f^*(x,y)$ 是像素 (x,y) 处的真实灰度值; $w(x,y)$ 是高斯噪声, $w(x,y) \sim N(0,\sigma^2)$。

像素 (x, y) 处的 $k \times k$ 邻域平均灰度值为

$$g(x, y) = \frac{1}{k^2} \sum_{s=-\lfloor k/2 \rfloor}^{\lfloor k/2 \rfloor} \sum_{t=-\lfloor k/2 \rfloor}^{\lfloor k/2 \rfloor} f(x+s, y+t) \tag{2.127}$$

令

$$\begin{cases} \overline{f}^*(x, y) = \dfrac{1}{k^2} \displaystyle\sum_{s=-\lfloor k/2 \rfloor}^{\lfloor k/2 \rfloor} \sum_{t=-\lfloor k/2 \rfloor}^{\lfloor k/2 \rfloor} f^*(x+s, y+t) \\[4mm] \overline{w}(x, y) = \dfrac{1}{k^2} \displaystyle\sum_{s=-\lfloor k/2 \rfloor}^{\lfloor k/2 \rfloor} \sum_{t=-\lfloor k/2 \rfloor}^{\lfloor k/2 \rfloor} w(x+s, y+t) \end{cases} \tag{2.128}$$

则有 $g(x, y) = \overline{f}^*(x, y) + \overline{w}(x, y)$。其中 $\overline{f}^*(x, y)$ 为像素 (x, y) 的真实邻域平均灰度值, $\overline{w}(x, y)$ 为邻域平均噪声, 由于 $\overline{w}$ 为 w 的线性组合, 故 $\overline{w}(x, y) \sim N\left(0, \dfrac{\sigma^2}{k^2}\right)$ 且 $\overline{w}(x, y)$ 与 $w(x, y)$ 相关。

由以上分析可知, 若不考虑 i, j 的边界效应, 二维灰度分布的概率密度为

$$p_{ij} = \frac{1}{M \times N} \sum_x \sum_y \frac{1}{2\pi\sigma_i\sigma_j\sqrt{1-r_{ij}^2}} \exp\left\{ \frac{-1}{2(1-r_{ij}^2)} \right.$$
$$\left. \cdot \left[\frac{(i-f^*(x,y))^2}{\sigma_i^2} - \frac{2r_{ij}(i-f^*(x,y))\left(j-\overline{f}^*(x,y)\right)}{\sigma_i\sigma_j} + \frac{\left(j-\overline{f}^*(x,y)\right)^2}{\sigma_j^2} \right] \right\} \tag{2.129}$$

式中, $\sigma_i = \sigma, \sigma_j = \dfrac{\sigma}{k}$ 分别为二维高斯分布噪声投影到两轴上所形成一维高斯分布噪声的均方差; r_{ij} 为相关系数, 就图像中的类来说, 其大部分像素满足 $\overline{f}^*(x, y) \approx f^*(x, y)$。故类的中心一般在二维灰度直方图对角线上。

2.2.1　最佳投影阈值法

为了便于考察二维灰度直方图上类分布的特征, 做如下一般性处理: 设图像中仅含单一聚类且其真实灰度值为 0, 则式 (2.129) 可写成

$$p_{ij} = \frac{1}{2\pi\sigma_i\sigma_j\sqrt{1-r_{ij}^2}} \exp\left[\frac{-1}{2(1-r_{ij}^2)} \left(\frac{i^2}{\sigma_i^2} - \frac{2r_{ij}ij}{\sigma_i\sigma_j} + \frac{j^2}{\sigma_j^2} \right) \right] \tag{2.130}$$

此聚类按标准二维高斯分布表达。对于标准二维高斯分布, 存在以下性质。

性质 1　对于标准二维高斯分布 (2.130), 当将坐标系旋转 θ 角, 即引入如下变换:

$$\begin{cases} u = i\cos\theta + j\sin\theta \\ v = -i\sin\theta + j\cos\theta \end{cases} \quad \text{或} \quad \begin{cases} \omega_u = \omega\cos\theta + \varpi\sin\theta \\ \omega_v = -\omega\sin\theta + \varpi\cos\theta \end{cases} \tag{2.131}$$

后, 可化为如下形式:

$$p_{uv} = \frac{1}{2\pi\sigma_u\sigma_v\sqrt{1-r_{uv}^2}}\exp\left[\frac{-1}{2(1-r_{uv}^2)}\left(\frac{u^2}{\sigma_u^2} - \frac{2r_{uv}uv}{\sigma_u\sigma_v} + \frac{v^2}{\sigma_v^2}\right)\right] \tag{2.132}$$

式中, u, v 为旋转后的坐标系变量; σ_u, σ_v 分别为原二维分布向新坐标轴投影后所形成的一维高斯分布随机变量 ω_u, ω_v 的均方差, 并满足

$$\begin{cases} \sigma_u^2 = \sigma_i^2\cos^2\theta + \sigma_j^2\sin^2\theta + 2r_{ij}\sigma_i\sigma_j\sin\theta\cos\theta \\ \sigma_v^2 = \sigma_i^2\sin^2\theta + \sigma_j^2\cos^2\theta - 2r_{ij}\sigma_i\sigma_j\sin\theta\cos\theta \end{cases} \tag{2.133}$$

r_{uv} 为相关系数, 则有

$$r_{uv} = \frac{1}{\sigma_u\sigma_v}[(\sigma_j^2 - \sigma_i^2)\sin\theta\cos\theta + r_{ij}\sigma_i\sigma_j(\cos^2\theta - \sin^2\theta)] \tag{2.134}$$

证明: 由概率论可知, 对于两个随机变量 ξ, η, 有

$$\begin{cases} D(c\xi) = c^2 D(\xi) \\ D(\xi \pm \eta) = D(\xi) + D(\eta) \pm 2k_{\xi\eta} \end{cases} \tag{2.135}$$

式中, c 为常量; $k_{\xi\eta}$ 为相关矩。对于零均值随机变量 ξ, η, 有

$$k_{\xi\eta} = E(\xi\eta) \tag{2.136}$$

$$\begin{cases} k_{\xi\eta} = r_{\xi\eta}\sigma_\xi\sigma_\eta \\ E[(c_1\xi)(c_2\eta)] = c_1c_2k_{\xi\eta}, \quad c_1, c_2 \text{为常量} \end{cases} \tag{2.137}$$

对式 (2.131), 应用式 (2.135) ~ 式 (2.137) 即可得式 (2.133), 由式 (2.131) 还可得

$$\omega_u\omega_v = -\omega^2\sin\theta\cos\theta + \varpi^2\sin\theta\cos\theta + \omega\varpi(\cos^2\theta - \sin^2\theta)$$

两边取均值, 因 $E(\omega\varpi) = k_{\xi\eta}$, $E(\omega_u\omega_v) = k_{uv}$, $E(\omega^2) = \sigma_i^2$, $E(\varpi^2) = \sigma_j^2$, 利用式 (2.137) 即可得式 (2.134)。

将式 (2.133) 和式 (2.134) 代入式 (2.132) 并作适当代数变换, 即可得式 (2.130)。

性质 2   对于式 (2.130) 所示标准二维高斯分布, 当坐标系旋转角度 θ 满足

$$\tan\theta = \frac{1}{2r_{ij}\sigma_i\sigma_j}\left[(\sigma_j^2 - \sigma_i^2) \pm \sqrt{(\sigma_j^2 - \sigma_i^2)^2 + 4r_{ij}^2\sigma_i^2\sigma_j^2}\right] \tag{2.138}$$

时, σ_u, σ_v 分别取极大和极小值且 $r_{uv} = 0$。

证明   根据式 (2.133), 求 $\frac{\partial(\sigma_u^2)}{\partial\theta}$ 或 $\frac{\partial(\sigma_v^2)}{\partial\theta}$, 并使其等于 0, 均可得方程:

$$r_{ij}\sigma_i\sigma_j\sin^2\theta + (\sigma_i^2 - \sigma_j^2)\sin\theta\cos\theta - r_{ij}\sigma_i\sigma_j\cos^2\theta = 0 \tag{2.139}$$

解此方程即得式 (2.138)，且式 (2.139) 即为式 (2.134) 的分子，故 $r_{uv} = 0$。

由式 (2.133) 和式 (2.134) 可得

$$(1 - r_{ij}^2)\sigma_i^2\sigma_j^2 = (1 - r_{uv}^2)\sigma_u^2\sigma_v^2 \tag{2.140}$$

当 σ_u, σ_v 达极值时，$r_{uv} = 0$。因 $|r_{ij}| \leqslant 1$，若 σ_u, σ_v 均达极大，只要 p_{ij} 的等高线不是圆，就有

$$\sigma_u^2\sigma_v^2 > \sigma_i^2\sigma_j^2 > (1 - r_{ij}^2)\sigma_i^2\sigma_j^2$$

上式与式 (2.140) 矛盾，故 σ_u, σ_v 不能同时达到极大。同理亦不能同时达到极小。

根据以上性质，可以导出以下定理。

定理   对于二维灰度直方图，当坐标系旋转角度 θ 满足

$$\tan\theta = \frac{1}{2}\left[\sqrt{(k^2 - 1)^2 + 4} - (k^2 - 1)\right] \tag{2.141}$$

时，其在 v 轴上的投影为最佳一维投影。该投影的类分布方差为

$$\sigma_v^2 = \sigma^2\left[1 - \frac{2}{k^2(\sqrt{(k^2 - 1)^2 + 4} - (k^2 - 1))}\right] \tag{2.142}$$

证明   考察式 (2.128)，令

$$\xi(x, y) = \varpi(x, y) - \omega(x, y) \tag{2.143}$$

则

$$\xi(x, y) = \sum_{s=-\lfloor k/2 \rfloor}^{\lfloor k/2 \rfloor}\sum_{t=-\lfloor k/2 \rfloor}^{\lfloor k/2 \rfloor} \frac{1}{k^2}\omega(x + s, y + t) - \frac{k^2 - 1}{k^2}\omega(x, y) \tag{2.144}$$

式中，s, t 不同时为 0。由此，$\xi(x, y)$ 为 k^2 项独立同高斯分布随机变量的线性组合，故

$$D(\xi) = \sum_{q=1}^{k^2-1} \frac{1}{k^4}\sigma^2 + \frac{(k^2 - 1)^2}{k^4}\sigma^2 = \frac{k^2 - 1}{k^2}\sigma^2 \tag{2.145}$$

对式 (2.143) 应用式 (2.135)，并代入式 (2.145)，有

$$k_{ij} = \frac{1}{2}\left(\frac{\sigma^2}{k^2} + \sigma^2 - \frac{k^2 - 1}{k^2}\sigma^2\right) = \frac{1}{k^2} \cdot \sigma^2 \tag{2.146}$$

$$r_{ij} = \frac{k_{ij}}{\sigma_i\sigma_j} = \frac{1}{k} \tag{2.147}$$

将 $\sigma_i = \sigma, \sigma_j = \sigma/k$ 及式 (2.147) 代入式 (2.138)，得

$$\tan\theta = \frac{1}{2}[-(k^2 - 1) \pm \sqrt{(k^2 - 1)^2 + 4}]$$

若取 "–" 号，则 $\tan\theta < 1$。另由式 (2.133) 可得

$$\frac{\partial^2 \sigma_v^2}{\partial \theta^2} = 2[(\sigma_i^2 - \sigma_j^2)(\cos^2\theta - \sin^2\theta) + 4r_{ij}\sigma_i\sigma_j\sin\theta\cos\theta]$$

因 $\sigma_i > \sigma_j, r_{ij} > 0, 0 \leqslant \theta \leqslant 45^\circ$，故 $\frac{\partial^2 \sigma_v^2}{\partial \theta^2} > 0$。$\sigma_v$ 取极小，说明二维灰度直方图沿式 (2.141) 表示的 $\tan\theta$ 方向投影，投影上类的发散程度最小。类元素的聚集程度最紧密，故相应投影为其最佳一维投影。

将 $\sigma_i = \sigma, \sigma_j = \sigma/k, r_{ij} = 1/k$ 及式 (2.141) 代入式 (2.133)，做适当的代数变换，即可得式 (2.142)。

由式 (2.141) 还可知，当 k 增大时，$\tan\theta$ 向 0 逼近，说明二维灰度直方图的最佳一维投影向邻域平均灰度直方图逼近。

根据上述分析，基于二维灰度直方图最佳一维投影的阈值分割方法可表述如下 [40]：

(1) 由原始图像形成二维灰度直方图；

(2) 作二维灰度直方图的最佳一维投影，由二维灰度直方图上点 (i, j) 计算

$$v_{ij} = -i\sin\theta + j\cos\theta \tag{2.148}$$

即 p_{ij} 在 v 轴上的 v_{ij} 处累加，$\sin\theta$、$\cos\theta$ 由式 (2.141) 决定；

(3) 对投影直方图，应用传统的基于一维直方图的阈值选取法，如最大类间方差法等得到一个阈值 t^*；

(4) 在二维灰度直方图上，沿直线 $t^* = -i\sin\theta + j\cos\theta$ 作阈值分割，即对像素 (x, y)，有

$$f_t(x, y) = \begin{cases} c_0, & g(x, y) \leqslant b_0 + b_1 f(x, y) \\ c_1, & g(x, y) > b_0 + b_1 f(x, y) \end{cases} \tag{2.149}$$

式中，$b_0 = t^*/\cos\theta$，$b_1 = \tan\theta$ 在分割时为常数；$f_t(x, y)$ 为分割结果图像。

由式 (2.142) 经简单的代数变换可证 $\sigma_v < \sigma/k$，这说明二维灰度直方图的最佳一维投影对类分布噪声的抑制程度还略优于邻域平均灰度分布。总体而言，本小节的方法是在一维空间寻优，运算量与一维阈值法相当，具有一维分割速度及二维分割精度的优点。图 2.20 是本小节方法的一个示例。

2.2.2 二维直方图的 Fisher 分割法

基于二维灰度直方图最佳一维投影的分割方法，考虑了组内方差最小情况下的投影。本小节介绍的方法利用了 Fisher 线性判别函数，是在组间方差和组内方差之比达到最大意义下的投影。在聚类分布接近二维高斯分布的情况下，本小节方法略优于上小节方法，且计算复杂性进一步下降。

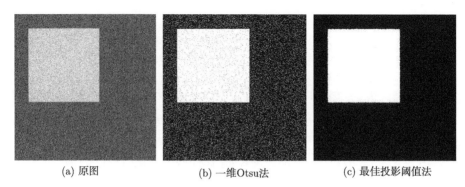

(a) 原图　　　　　　　(b) 一维Otsu法　　　　　　(c) 最佳投影阈值法

图 2.20　$N(0, 0.02)$ 污染图像的分割结果

根据上小节所得出的有关结果，有 $\sigma_{ij} = r_{ij}\sigma_i\sigma_j = \dfrac{\sigma^2}{k^2}$，于是聚类分布的协方差矩阵为

$$\sum = \begin{pmatrix} \sigma_{ii} & \sigma_{ij} \\ \sigma_{ji} & \sigma_{jj} \end{pmatrix} = \begin{pmatrix} \sigma_i^2 & \sigma_{ij} \\ \sigma_{ij} & \sigma_j^2 \end{pmatrix} = \begin{pmatrix} \sigma^2 & \sigma^2/k^2 \\ \sigma^2/k^2 & \sigma^2/k^2 \end{pmatrix} = \frac{\sigma^2}{k^2}\begin{pmatrix} k^2 & 1 \\ 1 & 1 \end{pmatrix} \tag{2.150}$$

相应的，$\sum$ 的逆矩阵为

$$\sum{}^{-1} = \frac{k^2}{\sigma^2}\frac{1}{k^2 - 1}\begin{pmatrix} 1 & -1 \\ -1 & k^2 \end{pmatrix} \tag{2.151}$$

Fisher 的线性判别方法 [8] 是把 d 维空间的数据投影到一条直线上，然后利用一个阈值将不同的类分开。其中，投影满足使聚类的组间方差与组内方差之比达到极大，即使

$$J(w) = \frac{|\overline{m}_1 - \overline{m}_2|}{\overline{s}_1^2 + \overline{s}_2^2} \tag{2.152}$$

达到极大。其中 w 为投影轴向量；$\overline{m}_i$、$\overline{s}_i^2$ 分别为投影轴上第 i 聚类的中心和方差。使 J 达到极大的向量 w 满足

$$w = S_w^{-1}(M_1 - M_2) \tag{2.153}$$

式中，$S_w = S_1 + S_2$；S_i、M_i 分别为第 i 聚类的协方差和均值。

情况 1：如果图像中噪声仅是由成像系统造成的，那么两个聚类的协方差矩阵相等，即 $\sum_1 = \sum_2 = \sum$。此时使 $J(w)$ 达到极大的 w 满足

$$w = \sum{}^{-1}(M_1 - M_2) \tag{2.154}$$

线性判别函数为

$$w^{\mathrm{T}}X + w_0 = 0 \tag{2.155}$$

式中, X 是 d 维空间中的向量; w_0 是投影轴上的分割阈值。

对于二维灰度直方图, 可设 $M_1 = [a, a]^T$, $M_2 = [b, b]^T$, 则 $M_1 - M_2 = [a-b, a-b]^T$。由此可得

$$
\begin{aligned}
w &= \sum{}^{-1}(M_1 - M_2) = \frac{k^2}{\sigma^2}\frac{1}{k^2-1}\begin{pmatrix} 1 & -1 \\ -1 & k^2 \end{pmatrix}\begin{pmatrix} a-b \\ a-b \end{pmatrix} \\
&= \frac{k^2}{\sigma^2}\begin{pmatrix} 0 \\ a-b \end{pmatrix}
\end{aligned}
\tag{2.156}
$$

式 (2.156) 表明 w 是位于二维灰度直方图的 g 轴上的向量, 说明此时向 g 轴上投影即为二维灰度直方图的最佳一维投影, 并且在此投影上的阈值就是二维灰度直方图上的 Bayes 分割平面。

情况 2: 如果图像中的噪声不仅包含成像系统噪声, 那么 $\sum_1 \neq \sum_2$, 根据噪声的可加性原理, 可以假设

$$
f(x, y) = f^*(x, y) + w_e(x, y) + w(x, y)
\tag{2.157}
$$

式中, $w_e(x, y)$ 为图像或环境噪声, 令

$$
w_s(x, y) = w_e(x, y) + w(x, y)
\tag{2.158}
$$

由于 w_s 为两种噪声的线性叠加, 且 w_e 和 w 线性无关, 故 $\sigma_{w_s}^2 = \sigma_{w_e}^2 + \sigma^2$。对于两个聚类, 有 $\sigma_1^2 = \sigma_{w_1}^2 + \sigma^2, \sigma_2^2 = \sigma_{w_2}^2 + \sigma^2$, 因此

$$
\sum{}_i = \frac{\sigma_i^2}{k^2}\begin{pmatrix} k^2 & 1 \\ 1 & 1 \end{pmatrix}, i = 1, 2
\tag{2.159}
$$

故

$$
S_w = \sum{}_1 + \sum{}_2 = \frac{\sigma_1^2 + \sigma_2^2}{k^2}\begin{pmatrix} k^2 & 1 \\ 1 & 1 \end{pmatrix}
\tag{2.160}
$$

于是

$$
\begin{aligned}
w &= S_w^{-1}(M_1 - M_2) = \frac{k^2}{\sigma_1^2 + \sigma_2^2}\frac{1}{k^2-1}\begin{pmatrix} 1 & -1 \\ -1 & k^2 \end{pmatrix}\begin{pmatrix} a-b \\ a-b \end{pmatrix} \\
&= \frac{k^2}{\sigma_1^2 + \sigma_2^2}\begin{pmatrix} 0 \\ a-b \end{pmatrix}
\end{aligned}
\tag{2.161}
$$

式 (2.161) 说明此时 g 轴上的投影仍为二维灰度直方图的最佳一维投影, 但此时投影上的阈值已不再对应二维灰度直方图上的 Bayes 分割界面。

结合以上两种情况的讨论，可以看出二维灰度直方图上向 g 轴方向的投影就是 Fisher 线性分割意义下的最佳投影。基于二维灰度直方图 Fisher 线性分割的图像分割方法如下 [41,70]：

(1) 得到邻域平均灰度直方图；

(2) 对邻域平均灰度直方图，采用一维直方图阈值选取法 (如 Otsu 法等)，得到阈值 t^*；

(3) 对于像素 (x,y)，记

$$f_\mathrm{t}(x,y) = \begin{cases} c_0, g(x,y) \leqslant t^* \\ c_1, g(x,y) > t^* \end{cases} \tag{2.162}$$

则 $f_\mathrm{t}(x,y)$ 为分割结果图像。

从上面的叙述可以看到，本方法给出了直接采用邻域平均灰度直方图进行阈值选取的理论依据。对于含噪图像，可以达到二维分割精度、一维寻优速度的效果。本方法只采用了情况 1 的假设，并没有考虑情况 2 的假设。这是由于要实际估计出情况 2 中的 σ_1^2, σ_2^2 是有困难的，因此从分割效果上看，本小节介绍的方法有其局限性。图 2.21 是本小节方法的一个示例。

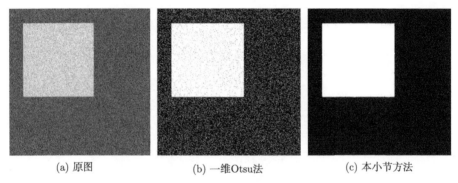

(a) 原图　　　　　　　　(b) 一维Otsu法　　　　　　　(c) 本小节方法

图 2.21　$N(0, 0.02)$ 污染图像的分割结果

2.2.3　二次曲线判别方法

下面介绍另一种具有理论背景的阈值法，该方法利用二维直方图分布模型，在最小误差判别准则下，得出二维灰度直方图的最佳分割曲线是二次曲线。利用二次曲线，可以使二维灰度直方图上的分割结果更加准确。假设图像中含有两个类，每一个类的二维灰度直方图为正态分布：

$$p_r(i,j) = \frac{1}{2\pi \left|\sum_r\right|^{\frac{1}{2}}} \exp\left[-\frac{1}{2}(X-\mu_r)^\mathrm{T} \sum_k^{-1}(X-\mu_r)\right], r=1,2 \tag{2.163}$$

式中，$X = (i, j)^{\mathrm{T}}$，上标 T 表示转置，μ_r 和 $\sum_r$ 是第 r 个类的均值向量和协方差矩阵，并且 $\sum_r^{-1} = \dfrac{k^2}{(k^2-1)\sigma_r^2} \begin{bmatrix} 1 & -1 \\ -1 & k^2 \end{bmatrix}$。

如果在二维灰度直方图上按最小误差考虑分割，应是一条曲线 $\{(s,t)\,|\,t = t(s)\}$，若已知概率分布及先验概率 P_1 和 P_2，则分割曲线应满足

$$P_1 p_1(s, t) = P_2 p_2(s, t) \tag{2.164}$$

性质 对如上所示的两个标准二维正态分布，如果用最小误差分割，此时对应的判别曲线为一条直线 (当 $\sigma_1 = \sigma_2$ 时) 或二次曲线 (当 $\sigma_1 \neq \sigma_2$ 时)。

证明 假设判别曲线表示为 $W = (s, t)^{\mathrm{T}}$，由以上分析可以假设两个聚类的均值向量为

$$\mu_1 = (a, a)^{\mathrm{T}}, \mu_2 = (b, b)^{\mathrm{T}} \tag{2.165}$$

将 $p_r(i, j)$ 代入式 (2.164) 并取对数，得到

$$\ln \left| \frac{\sum_1}{\sum_2} \right| + 2\ln \frac{P_2}{P_1} + (W - \mu_1)^{\mathrm{T}} \sum_1^{-1} (W - \mu_1) - (W - \mu_2)^{\mathrm{T}} \sum_2^{-1} (W - \mu_2) = 0$$

简化为

$$W^{\mathrm{T}} \sum_1^{-1} W - 2W^{\mathrm{T}} \sum_1^{-1} \mu_1 + \mu_1^{\mathrm{T}} \sum_1^{-1} \mu_1 - W^{\mathrm{T}} \sum_2^{-1} W + 2W^{\mathrm{T}} \sum_2^{-1} \mu_2$$

$$- \mu_2^{\mathrm{T}} \sum_2^{-1} \mu_2 + \ln \left| \frac{\sum_1}{\sum_2} \right| + 2\ln \frac{P_2}{P_1} = 0$$

将式 (2.165) 代入上式，得

$$\left[\frac{1}{\sigma_1^2} - \frac{1}{\sigma_2^2} \right] \left[(s-t)^2 + (k^2-1)t^2 \right] - 2(k^2-1) \left(\frac{a}{\sigma_1^2} - \frac{b}{\sigma_2^2} \right) t$$

$$+ (k^2-1) \left(\frac{a^2}{\sigma_1^2} - \frac{b^2}{\sigma_2^2} \right) + \frac{1}{k^2} \ln \frac{\sigma_1^2 P_2^2}{\sigma_2^2 P_1^2} = 0 \tag{2.166}$$

若 $\sigma_1 = \sigma_2$，则 W 为一条水平直线；若 $\sigma_1 \neq \sigma_2$，有

$$(s-t)^2 + (k^2-1) \left(t - \frac{a\sigma_2^2 - b\sigma_1^2}{\sigma_2^2 - \sigma_1^2} \right)^2$$

$$= \frac{(k^2-1)(a-b)^2 \sigma_1^2 \sigma_2^2}{(\sigma_2^2 - \sigma_1^2)^2} - \frac{\sigma_1^2 \sigma_2^2}{k^2(\sigma_2^2 - \sigma_1^2)} \ln \frac{\sigma_1^2 P_2^2}{\sigma_2^2 P_1^2}$$

即为一个二次曲线。

　　根据上述分析可知, 解上式即可得到最佳阈值分割曲线, 而 $\sigma_1, \sigma_2, \mu_1, \mu_2$ 均为未知, 可采用二维最大类间方差法获得的阈值点 (s,t) 来估计这些值。具体算法如下 [49]:

　　(1) 由原始图像形成二维灰度直方图;

　　(2) 利用二维最大类间方差法在直线 $s = t$ 上获得阈值点 (s,s);

　　(3) 依据 (s,s) 估计出 $\sigma_1, \sigma_2, \mu_1, \mu_2$;

　　(4) 利用式 (2.166) 计算分割曲线;

　　(5) 根据分割曲线, 确定像素点的归属: 若 $t_0 > t(s_0)$, 该像素归为一类; 若 $t_0 \leqslant t(s_0)$, 该像素归为另一类。

　　二次曲线判别方法利用最佳分割曲线将二维灰度直方图分成两个部分, 所有像素均被考虑。可看成是二维最大类间方差法的一种后处理方式, 要比利用式 (2.72) 的直线进行归类的过程更为精确。图 2.22 是本小节方法的一个示例。

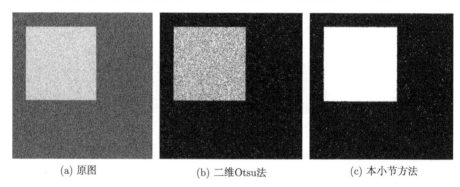

(a) 原图　　　　　　　　(b) 二维Otsu法　　　　　　　　(c) 本小节方法

图 2.22　$N(0, 0.02)$ 污染图像的分割结果

2.3　聚类分析法

　　Kittler 等 [5] 指出, 一维最大类间方差法实际上是一种聚类分析法。事实上对一维最大类间方差法的迭代求解已经采用了硬 K- 均值聚类 [1,2] 的思想, 只不过一维数轴上的点是有序的, 对迭代算法的描述有其特点。

　　对于二维灰度直方图, 前面已经介绍了二维最大类间方差法及其递归算法。同样在二维灰度直方图上也可直接使用硬 K- 均值聚类算法进行阈值分割 (注: 使用模糊 K- 均值聚类算法也是可行的。但时间开销要大于硬 K- 均值聚类算法)。由于聚类算法在二维空间上对像素点直接归类, 避免了二维最大类间方差法中对远离主对角线的像素点不予考虑或考虑不充分的因素, 使得问题的处理有时会更方便。更重要的是, 当需要考虑更高维的灰度直方图信息进行分割时, 最大类间方差法的推广变得更烦琐, 而聚类算法本身对数据维数没有过多的限制, 这是聚类算法的优点之一。

对于两个类的分类问题, 应用硬 K- 均值聚类算法面临的一大问题是初始点的选取, 因为硬 K- 均值聚类算法对初始值比较敏感。另外, 应用硬 K- 均值聚类算法时的隐含假设是数据集服从等方差的高斯分布, 因此为了获得更好的分类效果, 可以和二维最大类间方差法一样, 对硬 K-均值聚类算法进行后处理 [71]。

本章没有介绍多阈值选取问题 [21,24,72,73], 理论上讲, 本章介绍的方法均可直接推广到多阈值情形。下面以加权最大类间方差法为例, 进行简单说明。

当阈值选取数目多于 1 个时, 阈值选取问题属于多分类问题。这时最大类间方差法可采用类间方差法或类内方差法来描述。下面在 2.1.1 小节的基础上给出多阈值选取的一般性叙述。

假设一个图像被分成 K 个类, 那么集合 $G = [0, 1, \cdots, L-1]$ 被划分成 K 个子集 $I_1 = [0, t_1], I_2 = [t_1+1, t_2], \cdots, I_{K-1} = [t_{K-2}+1, t_{K-1}], I_K = [t_{K-1}+1, L-1]$, 这里 $0 < t_1 < t_2 < \cdots < t_{K-1} < L$。加权类内方差准则为

$$D(\omega_1, \cdots, \omega_K; t_1, \cdots, t_{K-1}; \mu_1, \cdots, \mu_K) = \sum_{j=1}^{K} \omega_j \sum_{g \in I_j} h(g)(g - \mu_j)^2 \qquad (2.167)$$

式中, $\displaystyle\sum_{j=1}^{K} \omega_j = 1, \omega_j > 0, j = 1, 2, \cdots, K$。

上述 ω_j 是事先给定的常数, 若没有先验信息, ω_j 常取为 $\omega_j \equiv \dfrac{1}{K}(j = 1, 2, \cdots, K)$。类似于 2.1.1 小节的叙述, 求解上述目标函数的迭代算法如下。

起始: $0 < t_1^{(0)} < t_2^{(0)} < \cdots < t_{K-1}^{(0)} < L - 1, r = 0, \varepsilon > 0$。

步骤一: 根据 $t_j^{(r)}(j = 1, 2, \cdots, K-1)$ 计算 $\mu_j^{(r)}(j = 1, 2, \cdots, K)$, 即

$$\mu_j^{(r)} = \frac{\displaystyle\sum_{g \in I_j} g h(g)}{\displaystyle\sum_{g \in I_j} h(g)} \qquad (2.168)$$

步骤二: 根据 $\mu_j^{(r)}(j = 1, 2, \cdots, K)$ 计算 $t_j^{(r+1)}(j = 1, 2, \cdots, K-1)$, 即

$$t_j^{(r+1)} = \frac{\sqrt{\omega_j}\mu_j^{(r)} + \sqrt{\omega_{j+1}}\mu_{j+1}^{(r)}}{\sqrt{\omega_j} + \sqrt{\omega_{j+1}}} \qquad (2.169)$$

步骤三: 如果 $\forall j = 1, 2, \cdots, K-1, t_j^{(r+1)} = t_j^{(r)}$, 停止; 否则令 $r = r + 1$, 回到步骤一。

类似于 2.1.1 小节里迭代算法的收敛性证明, 上述算法是收敛的。

参 考 文 献

[1] DUDA R O, HART P E, STORK D G. Pattern Classification[M]. 2nd Edition. New York: Wiley-InterScience, 2000.

[2] 范九伦, 赵凤, 雷博, 等. 模式识别导论 [M]. 西安: 西安电子科技大学出版社, 2012.

[3] OTSU N. A threshold selection method from gray-level histograms[J]. IEEE Transactions on Systems, Man, and Cybernetics, 1979, 9(1): 62-65.

[4] VELASCO F R D. Thresholding using the ISODATA clustering algorithm[J]. IEEE Transactions on Systems, Man, and Cybernetics, 1980, 10(11): 771-774.

[5] KITTLER J, ILLINGWORTH J. On threshold selection using clustering criteria[J]. IEEE Transactions on Systems, Man, and Cybernetics, 1985, 15(5): 652-655.

[6] MAGID A, ROTMAN S R, WEISS A M. Comment on "picture thresholding using an iterative selection method"[J]. IEEE Transactions on Systems, Man, and Cybernetics, 1990, 20(5): 1238-1239.

[7] REDDL S S, RUDIN S F, KESHAVAN H R. An optimal multiple threshold scheme for image segmentation[J].IEEE Transactions on Systems, Man, and Cybernetics, 1984, 14(4): 661-665.

[8] RIDLER T W, CALVARD S. Picture thresholding using an iterative selection method[J]. IEEE Transactions on Systems, Man, and Cybernetics, 1978, 8(8): 630-632.

[9] TRUSSELL H J. Comments on picture thresholding using an iterative selection method[J].IEEE Transactions on Systems, Man, and Cybernetics, 1979, 9(5): 311.

[10] BRINK A D. Grey-level thresholding of images using a correlation criterion[J]. Pattern Recognition Letters, 1989, 9(5): 335-341.

[11] BRINK A D. Comments on gray-level thresholding of images using a correlation criterion[J]. Pattern Recognition Letters, 1991, 12(2): 91-92.

[12] CSEKE I, FAGEKAS Z. Comments on gray-level thresholding of images[J].Pattern Recognition Letters, 1990, 11(10): 709-710.

[13] KURITA T, OTSU N, ABDELMALEK N. Maximum likelihood thresholding based an population mixture models[J]. Pattern Recognition, 1992, 25(10): 1231-1240.

[14] TITTERINGTON D M. Comments on application of the conditional population-mixture model to image segmentation[J].IEEE Transactions on Pattern Analysis and Machine Intelligence, 1984, 6(5):656-657.

[15] HOU Z, HU Q, NOWINSKI W L. On minimum variance thresholding[J]. Pattern Recognition Letters, 2006, 27(14): 1732-1743.

[16] MARDIA K V, HAINSWORTH T J. A spatial thresholding method for image segmentation[J]. IEEE Transactions on Pattern Analysis and Machine Intelligence, 1988, 10(6): 919-927.

[17] COVER T M, THOMAS J A. 信息论基础 [M]. 2 版. 阮吉寿, 张华, 译. 北京: 机械工业出版社, 2008.

[18] NG H F. Automatic thresholding for defect detection[J]. Pattern Recognition Letters, 2006, 27(14): 1644-1649.

[19] FAN J L, LEI B. A modified valley-emphasis method for automatic thresholding[J]. Pattern Recognition Letters, 2012, 33(6): 703-708.

[20]　MORII F. An image thresholding method using a minimum weighted squared-distortion criterion[J]. Pattern Recognition, 1995, 28(7): 1063-1071.

[21]　DONG L, YU G, OGUNBONA P, et al. An efficient iterative algorithm for image thresholding[J]. Pattern Recognition Letters, 2008, 29(9): 1311-1316.

[22]　何志勇, 孙立宁, 陈立国. Otsu 准则下分割阈值的快速计算 [J]. 电子学报, 2013, 41(2): 267-272.

[23]　HUANG D Y, WANG C H. Optimal multi-level thresholding using a two-stage Otsu optimization approach[J]. Pattern Recognition Letters, 2009, 30(3): 275-284.

[24]　LIAO P S, CHEN T S, CHUNG P C. A fast algorithm for multilevel thresholding[J]. Journal of Information Science and Engineering, 2001, 17(5): 713-727.

[25]　刘立, 焦斌亮, 刘钦龙. Otsu 多阈值算法推广实现 [J]. 测绘科学, 2009, 34(6): 240-241.

[26]　刘艳, 赵英良. Otsu 多阈值快速求解算法 [J]. 计算机应用, 2011, 31(12): 363-365.

[27]　SAHA B N, RAY N. Image thresholding by variational minimax optimization[J]. Pattern Recognition, 2009, 42(5): 843-856.

[28]　申铉京, 刘翔, 陈海鹏. 基于多阈值 Otsu 准则的阈值分割快速计算 [J]. 电子与信息学报, 2017, 9(1): 144-149.

[29]　吴成茂. 基于后验概率熵的正则化 Otsu 阈值法 [J]. 电子学报, 2013, 41(12): 2474-2478.

[30]　许向阳, 宋恩民, 金海良. Otsu 准则的阈值性质分析 [J]. 电子学报, 2009, 37(12): 2716-2719.

[31]　XU X, XU S, JIN L, et al. Characteristic analysis of Otsu threshold and its applications[J]. Pattern Recognition Letters, 2011, 32(7): 956-961.

[32]　XUE J, ZHANG Y. Ridler and Calvard's, Kittler and Illingworth's and Otsu's methods for image thresholding[J]. Pattern Recognition Letters, 2012, 33(6): 793-797.

[33]　XUE J, TITTERINGTON D M. T-tests, F-tests and Otsu's methods for image thresholding[J]. IEEE Transactions on Image Processing, 2011, 20(8): 2392-2396.

[34]　GOH T Y, BASAH S N, YAZID H, et al. Performance analysis of image thresholding: Otsu technique[J]. Measurement, 2018, 114: 298-307.

[35]　XUE J, TITTERINGTON D M. Median-based image thresholding[J]. Image and Vision Computing, 2011, 29(1): 631-637.

[36]　YANG X, SHEN X, LONG J, et al. An improved median-based Otsu image thresholding algorithm[J]. AASRI Procedia, 2012, 3: 468-473.

[37]　吴一全, 潘喆. 基于最小类内绝对差和最大差的图像阈值分割 [J]. 信号处理, 2008, 24(6): 943-946.

[38]　张金矿, 吴一全. 改进的最小类内绝对差阈值分割及快速算法 [J]. 信号处理, 2010, 26(4): 552-557.

[39]　刘健庄, 栗文青. 灰度图像的二维 Otsu 自动阈值分割法 [J]. 自动化学报, 1993, 19(1): 101-105.

[40]　李土源, 龚坚, 陈维南. 基于二维灰度直方图的最佳一维投影的图像分割法 [J]. 自动化学报, 1996, 22(3): 315-321.

[41]　LI L, GONG J, CHEN W. Gray-level image thresholding based a Fisher linear projection of two-dimensional histogram[J]. Pattern Recognition, 1997, 30(5): 743-749.

[42]　汪炳权, 吴泽晖, 束学斌, 等. B 超图像的二维 Otsu 快速自动分割 [J]. 中国图象图形学报, 1996, 1(5-6): 396-399.

[43]　赵凤, 范九伦. 一种结合二维 Otsu 法和模糊熵的图像分割方法 [J]. 计算机应用研究, 2007, 24(6): 189-191.

[44]　GONG J, LI L, CHEN W. Fast recursive algorithms for two-dimensional thresholding[J]. Pattern Recognition, 1998, 31(3): 295-300.

[45] 景晓军, 蔡安妮, 孙景鳌. 一种基于二维最大类间方差的图像分割算法 [J]. 通信学报, 2001, 22(4): 71-76.

[46] 岳峰, 左旺孟, 王宽全. 基于分解的灰度图像二维阈值选取算法 [J]. 自动化学报, 2009, 35(7): 1022-1027.

[47] 陈琪, 熊博莅, 陆军, 等. 改进的二维 Otsu 图像分割方法及其快速实现 [J]. 电子与信息学报, 2010, 32(5): 1100-1104.

[48] 郝颖明, 朱枫. 2 维 Otsu 自适应阈值的快速算法 [J]. 中国图象图形学报, 2005, 10(4): 484-488.

[49] 靳宏磊, 朱蔚萍, 李立源, 等. 二维灰度直方图的最佳分割方法 [J]. 模式识别与人工智能, 1999, 12(3): 329-333.

[50] 梁光明, 刘东华, 李波, 等. 用于显微细胞图像的二维自适应阈值分割算法的优化 [J]. 中国图象图形学报, 2003, 8(7): 764-768.

[51] 李俊, 王世晞, 计科峰, 等. 一种适用于 SAR 图像的 2 维 Otsu 法改进算法 [J]. 中国图象图形学报, 2009, 14(1): 14-18.

[52] 芦蓉, 沈毅. 一种改进的二维直方图的图像阈值分割方法 [J]. 系统工程与电子技术, 2004, 26(10): 1487-1490.

[53] 吴成茂, 田小平, 谭铁牛. 二维 Otsu 阈值法的快速迭代算法 [J]. 模式识别与人工智能, 2008, 21(6): 746-757.

[54] 吴一全, 潘喆. 二维最大类间平均离差阈值选取快速递推算法 [J]. 中国图象图形学报, 2009, 14(3): 471-476.

[55] 杨恬, 李德芳. 灰度图像的二维 Otsu 自动阈值分割研究 [J]. 西南师范大学学报, 1998, 23(6): 658-662.

[56] 汪海洋, 潘德炉, 夏德深. 二维 Otsu 自适应阈值选取算法的快速实现 [J]. 自动化学报, 2007, 33(9): 968-971.

[57] SHA C, HOU J, CUI H. A robust 2D Otsu's thresholding method in image segmentation[J]. Journal of Visual Communication and Image Representation, 2016, 41: 339-351.

[58] 赵凤, 范九伦. 融合灰度和非局部空间灰度特征的二维 Otsu 法 [J]. 西安邮电学院学报, 2012, 17(3): 10-14.

[59] 范九伦, 赵凤. 灰度图像的二维 Otsu 曲线阈值分割法 [J]. 电子学报, 2007, 35(4): 751-755.

[60] 吴一全, 潘喆, 吴文怡. 二维直方图区域斜分阈值分割及快速递推算法 [J]. 通信学报, 2008, 29(4): 77-83.

[61] 吴一全, 吴文怡, 潘喆. 基于二维直方图斜分的最小类内方差阈值分割 [J]. 仪器仪表学报, 2008, 29(12): 2651-2657.

[62] 吴一全, 张金矿. 二维直方图 θ- 划分最大平均离差阈值分割算法 [J]. 自动化学报, 2010, 36(5): 634-643.

[63] 景晓军, 李剑峰, 刘郁林. 一种基于三维最大类间方差的图像分割算法 [J]. 电子学报, 2003, 31(9): 1281-1285.

[64] 范九伦, 赵凤, 张雪峰. 三维 Otsu 阈值分割方法的递推算法 [J]. 电子学报, 2007, 35(7): 1398-1393.

[65] 申铉京, 龙建武, 陈海鹏, 等. 三维直方图重建和降维的 Otsu 阈值分割算法 [J]. 电子学报, 2011, 39(5): 1108-1114.

[66] WANG N, LI X, CHEN X H. Fast three-dimensional Otsu thresholding with shuffled frog-leaping algorithm[J]. Pattern Recognition Letters, 2010, 31(13): 1809-1815.

[67] XIE X, FAN J L, YIN Z. The optimal all-partial-sums algorithm in commutative semigroups and its applications for image thresholding segmentation[J]. Theoretical Computer Science, 2011, 412(15): 1419-1433.

[68]   赵凤, 范九伦. 融合非局部空间灰度信息的三维 Otsu 法 [J]. 计算机工程与应用, 2013, 49(3): 30-33.

[69]   FENG Y, ZHAO H, LI X. A multi-scale 3D Otsu thresholding algorithm for medical image segmentation[J]. Digital Signal Processing, 2017, 60: 186-199.

[70]   龚坚, 李立源, 陈维南. 基于二维灰度直方图 Fisher 线性分割的图像分割方法 [J]. 模式识别与人工智能, 1997, 10(1): 1-8.

[71]   赵凤, 范九伦. 一种 C-均值聚类图像分割的模糊熵后处理方法 [J]. 数据采集与处理, 2007, 22(3): 299-303.

[72]   MERZBAN M H, ELBAYOUMI M. Efficient solution of Otsu multilevel image thresholding: a comparative study[J]. Expert Systems With Applications, 2019, 116: 299-309.

[73]   SATAPATHY S C, RAJA N S M, RAJINIKANTH V, et al. Multi-level image thresholding using Otsu and chaotic bat algorithm[J]. Neural Computing & Applications, 2018, 29(12): 1285-1307.

第3章 判别分析阈值法 II——基于信息距离

第 2 章基于 "平方距离" 介绍了一些行之有效的阈值选取方法。平方距离是欧几里得空间最基本的距离公式，它对数据点没有额外要求。对于黑白图像，按照阈值 t 将灰度划分成两类后，可获得两个灰度值 $\mu_0(t)$ 和 $\mu_1(t)$。一个有趣的事实是，原图像上的灰度值之和与分割后图像的灰度值之和满足恒等关系，这样我们将其归一化后，可将原图像的灰度直方图和阈值后图像的灰度直方图对应起来。于是，原图像和二值化图像之间的 "模式 (图像) 匹配" 问题可转化成两个概率分布之间的相似度问题。

在信息论中 [1-3]，针对两个概率分布，已提出了各种各样的度量两个概率分布差异的信息距离，如相对熵 (也称为有向散度、交叉熵)[3,4]、χ^2-统计 [5] 以及更一般的散度 [6]。信息距离与欧几里得距离最大的不同是，信息距离不具有对称性 (除非定义成对称性)，不满足度量公理中的三角不等式。另外，信息距离也是一个常用的衡量实验值与期望之间的差异公式。本章介绍依据信息距离的一些基本阈值化方法。

3.1 最小交叉熵法

当图像像素的归类依据是以像素到各类代表元 (中心) 的交叉熵 (相对熵) 最小作为判决依据时，得到的阈值化方法称为最小交叉熵法 (也称为最小相对熵法)，该方法是由韩国学者 Li 和 Lee[7] 首先提出的。如果最大类间方差法的理论基础是正态分布模型，那么最小交叉熵法的理论基础是泊松分布模型 [8]。为了与现有文献的术语一致，便于和第 5 章的描述区别开来，本节均用交叉熵一词而非相对熵或有向散度来叙述。

3.1.1 一维最小交叉熵法

1. 广义交叉熵

对于 $X = \{x_1, \cdots, x_n\}$ 上的两个概率分布 $P = \{p_1, \cdots, p_n\}$, $Q = \{q_1, \cdots, q_n\}$ 满足 $\sum_{i=1}^{n} p_i = 1$、$\sum_{i=1}^{n} q_i = 1$、$p_i \geqslant 0$、$q_i > 0 (i = 1, \cdots, n)$, Kullback 和 Leibler 引入

了称为交叉熵 (相对熵、有向散度) 的表达式来描述 P 与 Q 之间的差异 [4]:

$$I_n(P;Q) = \sum_{i=1}^{n} p_i \ln \frac{p_i}{q_i} \qquad (3.1)$$

式中, $I_n(P;Q)$ 满足 $I_n(P;Q) \geqslant 0$, 当 $P = Q$ 时, $I_n(P;Q) = 0$, $I_n(P;Q)$ 是非对称的, 即一般的 $I_n(P;Q) \neq I_n(Q;P)$。这可理解为观察者对随机变量 X 的了解程度由分布 $Q \to P$ 时获得的信息量确定, 此时 Q 相当于先验概率分布, P 相当于观察后所得的后验概率分布。

为了满足对称性, Jeffreys[9] 引入了散度 (J-散度), 定义为

$$J_n(P;Q) = I_n(P;Q) + I_n(Q;P) = \sum_{i=1}^{n} (p_i - q_i) \ln \frac{p_i}{q_i} \qquad (3.2)$$

可将上述概念做一推广, 对于 $X = \{x_1, \cdots, x_n\}$ 上的两个数组 (向量)$P = \{p_1, \cdots, p_n\}$, $Q = \{q_1, \cdots, q_n\}$ 满足 $\sum_{i=1}^{n} p_i = \sum_{i=1}^{n} q_i \equiv C$, $p_i \geqslant 0$, $q_i > 0(i = 1, \cdots, n)$, $C > 0$, P 与 Q 的差异可用下式进行描述:

$$\bar{I}_n(P;Q) = \frac{1}{C} \sum_{i=1}^{n} p_i \ln \frac{p_i}{q_i} \qquad (3.3)$$

显然, $\bar{I}_n(P;Q)$ 具有 $I_n(P;Q)$ 类似的性质。式 (3.3) 中的常数 $1/C$ 在具体计算时可以忽略, 该公式称为广义交叉熵 (广义有向散度、广义相对熵)。

通常, 描述两个数组 (向量) 的差异性是用欧几里得距离或向量的相关系数进行的, 上述公式是对有特定约束的数组 (向量) 给出的一个描述差异性的公式。满足对称性的广义散度公式可定义为

$$\bar{J}_n(P;Q) = \bar{I}_n(P;Q) + \bar{I}_n(Q;P) \qquad (3.4)$$

2. 一维最小交叉熵法表达式

一维最大类间方差法涉及阈值 t、目标和背景的均值 $\mu_0(t) = \dfrac{\sum\limits_{g=0}^{t} h(g)g}{P_0(t)} =$

$\dfrac{\sum\limits_{g=0}^{t} f(g)g}{\sum\limits_{g=0}^{t} f(g)} = \dfrac{\sum\limits_{f(x,y) \leqslant t} f(x,y)}{\sum\limits_{f(x,y) \leqslant t} 1}$, $\mu_1(t) = \dfrac{\sum\limits_{g=t+1}^{L-1} h(g)g}{P_1(t)} = \dfrac{\sum\limits_{g=t+1}^{L-1} f(g)g}{\sum\limits_{g=t+1}^{L-1} f(g)} = \dfrac{\sum\limits_{f(x,y) > t} f(x,y)}{\sum\limits_{f(x,y) > t} 1}$, 如

果用 $\mu_0(t)$ 与 $\mu_1(t)$ 构造的二值图像作为待分割图像的 "理想图像", 则最大类间方

差法的基本思想是从待分割图像和 "理想图像" 的匹配角度, 通过最小化均方误差来获得最佳阈值。借用交叉熵 (相对熵、有向散度) 并利用最大类间方差法的基本思想, 下面叙述相应的阈值选取方法。

对于原图像 X, 给定阈值 t 后可得分割后的二值图像 $\overline{X} = \{\mu_0(t), \mu_1(t)\}$。有下述等式:

$$\sum_{f(x,y)\leqslant t} f(x,y) + \sum_{f(x,y)>t} f(x,y) = \sum_{(x,y)\in M\times N} f(x,y) \tag{3.5}$$

$$\sum_{f(x,y)\leqslant t} \mu_0(t) + \sum_{f(x,y)>t} \mu_1(t) = \sum_{(x,y)\in M\times N} f(x,y) \tag{3.6}$$

于是原图像 X 和二值化图像 $\overline{X}$ 的广义交叉熵可写为

$$\omega(t) = \sum_{f(x,y)\leqslant t} f(x,y) \ln \frac{f(x,y)}{\mu_0(t)} + \sum_{f(x,y)>t} f(x,y) \ln \frac{f(x,y)}{\mu_1(t)} \tag{3.7}$$

改用灰度直方图表示, 可得简化表达式:

$$\begin{aligned}
\xi(t) &= \sum_{g=0}^{t} h(g)g \ln \frac{g}{\mu_0(t)} + \sum_{g=t+1}^{L-1} h(g)g \ln \frac{g}{\mu_1(t)} \\
&= \sum_{g=0}^{L-1} h(g)g \ln g - P_0(t)\mu_0(t)\ln\mu_0(t) - P_1(t)\mu_1(t)\ln\mu_1(t)
\end{aligned} \tag{3.8}$$

去掉常数项, 于是最小化 $\xi(t)$ 等价于最大化下式 [7,8]:

$$\xi'(t) = P_0(t)\mu_0(t)\ln\mu_0(t) + P_1(t)\mu_1(t)\ln\mu_1(t) \tag{3.9}$$

于是最佳阈值 t^* 选为

$$t^* = \arg \max_{0<t<L-1} \xi'(t) \tag{3.10}$$

将式 (3.9) 和式 (2.13) 进行对比, 二者之间有很多相似之处, 仅有的区别是式 (2.13) 采用的是均值与均值相乘: $\mu_0(t) \cdot \mu_0(t)$、$\mu_1(t) \cdot \mu_1(t)$, 而式 (3.9) 采用的是均值与均值的对数相乘: $\mu_0(t)\ln\mu_0(t)$、$\mu_1(t)\ln\mu_1(t)$。

3. 迭代算法

求解最小交叉熵法的一般做法是穷举搜索, 将阈值 t 遍历所有的灰度值, 从中找到使 $\xi'(t)$ 最大的 t^* 作为最佳阈值点。为了简便地求出最佳阈值, 更直接的方法是采用迭代算法。为了方便说明, 类似于一维最大类间方差法的迭代求解问题, 考虑连续随机变量 X 上的概率密度函数 $p(x)$, 优化问题表述为

$$\max \xi'(t) = \int_{-\infty}^{t} p(x)\mu_0 \ln\mu_0 \mathrm{d}x + \int_{t}^{+\infty} p(x)\mu_1 \ln\mu_1 \mathrm{d}x \tag{3.11}$$

式中, $\mu_0 = \dfrac{\displaystyle\int_{-\infty}^{t} xp(x)\mathrm{d}x}{\displaystyle\int_{-\infty}^{t} p(x)\mathrm{d}x}$; $\mu_1 = \dfrac{\displaystyle\int_{t}^{+\infty} xp(x)\mathrm{d}x}{\displaystyle\int_{t}^{+\infty} p(x)\mathrm{d}x}$。

求函数 $\xi'(t)$ 关于 t 的导数, 并令其为 0, 得到

$$t = \frac{\mu_1 - \mu_0}{\ln \mu_1 - \ln \mu_0} \tag{3.12}$$

由上述表述得到下面的迭代求解算法 [10]。

起始: $0 < t^{(0)} < L-1$, 给定允许误差 $\varepsilon > 0$, 令 $k = 0$。

步骤一: 根据 $t^{(k)}$ 计算 $\mu_0(t^{(k)})$ 和 $\mu_1(t^{(k)})$, 即

$$\mu_0(t^{(k)}) = \frac{\displaystyle\sum_{g=0}^{t^{(k)}} gh(g)}{\displaystyle\sum_{g=0}^{t^{(k)}} h(g)} \tag{3.13}$$

$$\mu_1(t^{(k)}) = \frac{\displaystyle\sum_{g=t^{(k)}+1}^{L-1} gh(g)}{\displaystyle\sum_{g=t^{(k)}+1}^{L-1} h(g)} \tag{3.14}$$

步骤二: 根据 $\mu_0(t^{(k)})$ 和 $\mu_1(t^{(k)})$ 计算 $t^{(k+1)}$, 即

$$t^{(k+1)} = \left\lfloor \frac{\mu_1(t^{(k)}) - \mu_0(t^{(k)})}{\ln \mu_1(t^{(k)}) - \ln \mu_0(t^{(k)})} \right\rfloor \tag{3.15}$$

步骤三: 如果 $\left| t^{(k+1)} - t^{(k)} \right| < \varepsilon$, 停止。否则令 $k = k+1$, 回到步骤一。

步骤二中的符号 $\lfloor \ \ \rfloor$ 表示取整运算。初始化位置的选取对算法的性能有很大的影响。下面证明该算法是收敛的。

定理 公式 (3.12) 的解是存在的。

证明 运用单点迭代解的广义定理 [11], 只要 $0 \leqslant \dfrac{\mu_1(t) - \mu_0(t)}{\ln \mu_1(t) - \ln \mu_0(t)} \leqslant L-1$, 那么在区间 $[0, L-1]$ 内的解存在。

由直方图定义在区间 $[0, L-1]$ 内可知, $0 \leqslant \mu_0 \leqslant L-1$, $0 \leqslant \mu_1 \leqslant L-1$。假设 $\mu_1 > \mu_0$, 那么 $\mu_1 = r\mu_0$, 这里 $r > 1$。

由 $r > 1$ 知 $\dfrac{\mu_1 - \mu_0}{\ln \mu_1 - \ln \mu_0} = \dfrac{\mu_0(r-1)}{\ln r} \geqslant 0$。由 $\dfrac{\ln r}{1 - \dfrac{1}{r}} \geqslant 1$ 且 $\dfrac{\mu_1}{L-1} \leqslant 1$ 可知

$\dfrac{\mu_1}{L-1} \leqslant \dfrac{\ln r}{1 - \dfrac{1}{r}}$，于是 $\dfrac{\mu_1 \left(1 - \dfrac{1}{r}\right)}{\ln r} \leqslant L - 1$，即 $\dfrac{\mu_1 - \mu_0}{\ln \mu_1 - \ln \mu_0} \leqslant L - 1$。

4. 等价描述

基于 Dainty 等 [12] 提出的理想图像模型，按照第 1 章给出的灰度图像的泊松分布模型 [13-15]，假设灰度值等于相应的图像系统的接收器记录的光子数，即一致照明度意义下的灰度值服从泊松分布，则一个数字图像的灰度直方图是由均值分别为 $\lambda_{\circ}$ 和 λ_{b} 的泊松分布构成的混合分布。

灰度直方图 $h(g)(g = 0, \cdots, L-1)$ 可看成是目标和背景像素灰度级构成的混合总体概率密度函数 $p(g)(g = 0, \cdots, L-1)$ 的一个估计。设两类的先验概率分别为 P_0 和 P_1，则

$$p(g) = p_0 p(g \mid 0) + p_1 p(g \mid 1) \tag{3.16}$$

假设 $p(g \mid 0)$ 和 $p(g \mid 1)$ 均服从泊松分布：

$$p(g \mid j) = \frac{1}{g!} e^{-\mu_j} (\mu_j)^g \, (j = 0, 1) \tag{3.17}$$

当阈值取为 t 时，两类的先验分布为

$$P_0(t) = \sum_{g=0}^{t} h(g), \quad P_1(t) = \sum_{g=t+1}^{L-1} h(g) \tag{3.18}$$

两个泊松分布的均值分别为

$$\mu_0(t) = \frac{\displaystyle\sum_{g=0}^{t} h(g)g}{P_0(t)}, \quad \mu_1(t) = \frac{\displaystyle\sum_{g=t+1}^{L-1} h(g)g}{P_1(t)} \tag{3.19}$$

整体均值 $\mu_T = P_0(t)\mu_0(t) + P_1(t)\mu_1(t)$。

如果取阈值 t 将灰度分成两类 C_0 和 C_1，并认为参数与阈值有关，阈值 t 可被选为使得混合模型的条件分布相关函数的值最大。假设灰度的分布为泊松分布，则总体混合模型的条件分布相关函数变成

$$L(G \mid \Theta; B(t)) = \prod_{i=1}^{N} \prod_{j=0}^{1} \left[\frac{1}{g_i!} \mathrm{e}^{-\lambda_j(t)} (\lambda_j(t))^{g_i} \right]^{\theta_{ji}(t)} \tag{3.20}$$

式中, G、Θ 和 $B(t)$ 分别是参数 g、θ 和 $\{\lambda_0(t), \lambda_1(t)\}$ 的值构成的集合。对式 (3.20) 取对数, 有

$$l(G\,|\Theta; B(t)) = \sum_{i=1}^{N} \sum_{j=0}^{1} \theta_{ji}(t)[-\lambda_j(t) + g_i \ln \lambda_j(t) - \ln(g_i!)] \tag{3.21}$$

由 $\dfrac{\partial l}{\partial \lambda_j(t)} = -\sum\limits_{i=1}^{N} \theta_{ji}(t) + \dfrac{\sum\limits_{i=1}^{N} g_i \theta_{ji}(t)}{\lambda_j(t)} = 0$ 得 $\lambda_j(t) = \dfrac{\sum\limits_{i=1}^{N} g_i \theta_{ji}(t)}{\sum\limits_{i=1}^{N} \theta_{ji}(t)} = \dfrac{\dfrac{1}{N}\sum\limits_{i=1}^{N} g_i \theta_{ji}(t)}{\dfrac{1}{N}\sum\limits_{i=1}^{N} \theta_{ji}(t)}$。

如果选取阈值为 t, 则 $\lambda_j(t) = \mu_j(t)$, $j = 0, 1$。因此最大对数相关为 [8]

$$
\begin{aligned}
l(G, \Theta; B(t)) &= \sum_{i=1}^{N} \sum_{j=0}^{1} \theta_{ji}(t)[-\lambda_j(t) + g_i \ln \lambda_j(t) - \ln(g_i!)] \\
&= N\bigg[-\frac{1}{N} \sum_{i=1}^{N} \sum_{j=0}^{1} \theta_{ji}(t)\lambda_j(t) + \frac{1}{N} \sum_{i=1}^{N} \sum_{j=0}^{1} \theta_{ji}(t) g_i \ln \lambda_j(t) \\
&\quad - \frac{1}{N} \sum_{i=1}^{N} \sum_{j=0}^{1} \theta_{ji}(t) \ln(g_i!) \bigg] \\
&= N\bigg[-\sum_{j=0}^{1} P_j(t)\mu_j(t) + \sum_{j=0}^{1} P_j(t)\mu_j(t) \ln \mu_j(t) - \sum_{j=0}^{1} h(g) \ln(g!) \bigg] \\
&= N\bigg[-\mu_{\mathrm{T}} + \sum_{j=0}^{1} P_j(t)\mu_j(t) \ln \mu_j(t) - \sum_{g=0}^{L-1} h(g) \ln(g!) \bigg]
\end{aligned}
$$

如果不考虑常数因子, 上式等价于 $\xi'(t) = P_0(t)\mu_0(t) \ln \mu_0(t) + P_1(t)\mu_1(t) \ln \mu_1(t)$。

从上面的叙述可见, 最小交叉熵阈值分割方法的前提假设是目标和背景服从泊松分布。正态分布需要均值和方差两个参数进行描述, 泊松分布仅需要均值这一个参数而无形状参数。这使得泊松分布相比正态分布而言, 对直方图的局部失真不太敏感。泊松分布更适应于灰度直方图各部分较窄的图像, 对图像亮度变化的适应性要优于正态分布。由于泊松分布只有一个参数, 使得直方图的逼近有局限性。因此从普适性上, 泊松分布要劣于正态分布, 但对正态分布失效的均合, 应用泊松分布也许会获得更好的分割结果。

由概率论与数理统计的知识可知, 服从泊松分布, 参数为 λ 的随机变量 X 记为 $X \sim \pi(\lambda)$, 那么 X 的均值为 $E(X) = \lambda$, 方差为 $D(X) = \lambda$。概率取值为

$$P(x = k) = \frac{\mathrm{e}^{-\lambda}\lambda^k}{k!}, \quad k = 0, 1, 2, \cdots \tag{3.22}$$

当 λ 取值较大时，对泊松分布利用 Stirling 近似公式：

$$\lim_{k \to \infty} \frac{k!}{\sqrt{2\pi k}k^k \mathrm{e}^{-k}} = 1 \tag{3.23}$$

可将泊松分布转化为正态分布：

$$P(X = n) = \frac{1}{\sqrt{2\pi\lambda}} \mathrm{e}^{-\frac{(n-\lambda)^2}{2\lambda}} \tag{3.24}$$

即可以认为 $X \sim N(\lambda, \lambda)$。这意味着对于服从混合正态分布、目标和背景的方差相差较大的灰度图像，使用最小交叉熵阈值分割方法具有一定的合理性。最大类间方差法适用于图像灰度直方图中目标和背景的方差相差不大的混合正态分布，一般而言，对目标和背景的方差相差较大的混合正态分布的分割效果较差。从这一点上讲，最小交叉熵阈值分割方法能够更好地弥补最大类间方差法的不足。

最小交叉熵法能更好地适用于灰度图像中目标和背景的方差相差较大的情形，图 3.1 给出了一个示例 (注：这里假定了图像中方差较小的部分处于较小灰度值处；方差较大的部分处于较大灰度值处。若出现相反的情形，只需将图像反色即可)。

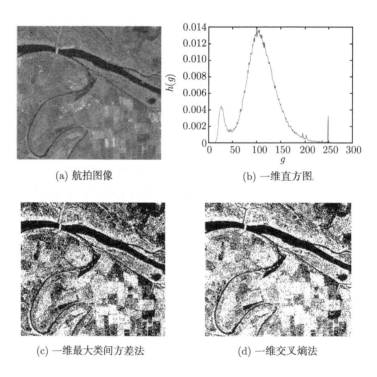

(a) 航拍图像　　　　　　　　　　(b) 一维直方图

(c) 一维最大类间方差法　　　　　　(d) 一维交叉熵法

图 3.1　航拍图像的分割结果

3.1.2 二维最小交叉熵法

和二维最大类间方差法类似，本小节在二维灰度直方图上建立基于最小交叉熵的阈值分割方法，下面叙述两种途径。

1. 二维最小交叉熵法表达式

根据二维直方图的定义 (图 2.9)，假设在阈值 (s,t) 处将图像分割成四个区域，其中，对角线上的两个区域 C_0 和 C_1 分别对应于目标和背景，远离对角线的区域 C_2 和 C_3 对应于边缘和噪声。本小节假设在区域 C_2 和 C_3 上所有的 $p_{ij} \approx 0$。利用二维直方图中任意阈值矢量 (s,t) 对图像进行分割，可将图像分成目标和背景两类区域。类似于 2.1.3 小节的记号，$P_0(s,t)$、$P_1(s,t)$、$\vec{\mu}_0 = (\mu_{00}, \mu_{01})'$、$\vec{\mu}_1 = (\mu_{10}, \mu_{11})'$、$\vec{\mu}_{\mathrm{T}} = (\mu_{\mathrm{T}0}, \mu_{\mathrm{T}1})'$ 的含义参见式 (2.60)~ 式 (2.64)。

用 $p_{i.}$ 表示原图像在灰度值 i 处的概率，用 $p_{.j}$ 表示邻域平均图像在灰度值 j 处的概率，那么有

$$p_{i.} = \sum_{j=0}^{L-1} p_{ij} \approx \begin{cases} \displaystyle\sum_{j=0}^{t} p_{ij}, & i < s \\ \displaystyle\sum_{j=t+1}^{L-1} p_{ij}, & i \geqslant s \end{cases} \tag{3.25}$$

$$p_{.j} = \sum_{i=0}^{L-1} p_{ij} \approx \begin{cases} \displaystyle\sum_{i=0}^{s} p_{ij}, & j < t \\ \displaystyle\sum_{i=s+1}^{L-1} p_{ij}, & j \geqslant t \end{cases} \tag{3.26}$$

用 $P_{0(s)}$ 和 $P_{1(s)}$ 分别表示原图像在阈值为 s 时目标和背景的先验概率，$\mu_{0(s)}$ 和 $\mu_{1(s)}$ 分别表示原图像在阈值为 s 时目标和背景的均值。那么

$$P_{0(s)} = \sum_{i=0}^{s} p_{i.} \approx \sum_{i=0}^{s} \sum_{j=0}^{t} p_{ij} = P_0(s,t) \tag{3.27}$$

$$P_{1(s)} = \sum_{i=s+1}^{L-1} p_{i.} \approx \sum_{i=s+1}^{L-1} \sum_{j=t+1}^{L-1} p_{ij} = P_1(s,t) \tag{3.28}$$

$$\mu_{0(s)} = \frac{\displaystyle\sum_{i=0}^{s} i p_{i.}}{\displaystyle\sum_{i=0}^{s} p_{i.}} \approx \frac{\displaystyle\sum_{i=0}^{s} \sum_{j=0}^{t} i p_{ij}}{\displaystyle\sum_{i=0}^{s} \sum_{j=0}^{t} p_{ij}} = \mu_{00} \tag{3.29}$$

$$\mu_{1(s)} = \frac{\displaystyle\sum_{i=s+1}^{L-1} ip_{i.}}{\displaystyle\sum_{i=s+1}^{L-1} p_{i.}} \approx \frac{\displaystyle\sum_{i=s+1}^{L-1}\sum_{j=t+1}^{L-1} ip_{ij}}{\displaystyle\sum_{i=s+1}^{L-1}\sum_{j=t+1}^{L-1} p_{ij}} = \mu_{01} \tag{3.30}$$

用 $P_{0(t)}$ 和 $P_{1(t)}$ 分别表示邻域平均图像在阈值为 t 时目标和背景的先验概率, $\mu_{0(t)}$ 和 $\mu_{1(t)}$ 分别表示邻域平均图像在阈值为 t 时目标和背景的均值。那么

$$P_{0(t)} = \sum_{j=0}^{t} p_{.j} \approx \sum_{i=0}^{s}\sum_{j=0}^{t} p_{ij} = P_0(s,t) \tag{3.31}$$

$$P_{1(t)} = \sum_{j=t+1}^{L-1} p_{.j} \approx \sum_{i=s+1}^{L-1}\sum_{j=t+1}^{L-1} p_{ij} = P_1(s,t) \tag{3.32}$$

$$\mu_{0(t)} = \frac{\displaystyle\sum_{j=0}^{t} jp_{.j}}{\displaystyle\sum_{j=0}^{t} p_{.j}} \approx \frac{\displaystyle\sum_{i=0}^{s}\sum_{j=0}^{t} jp_{ij}}{\displaystyle\sum_{i=0}^{s}\sum_{j=0}^{t} p_{ij}} = \mu_{10} \tag{3.33}$$

$$\mu_{1(t)} = \frac{\displaystyle\sum_{j=t+1}^{L-1} jp_{.j}}{\displaystyle\sum_{j=t+1}^{L-1} p_{.j}} \approx \frac{\displaystyle\sum_{i=s+1}^{L-1}\sum_{j=t+1}^{L-1} jp_{ij}}{\displaystyle\sum_{i=s+1}^{L-1}\sum_{j=t+1}^{L-1} p_{ij}} = \mu_{11} \tag{3.34}$$

对于原图像, 在阈值为 s 时的交叉熵分割方法的准则函数为

$$\xi'(s) = P_{0(s)}\mu_{0(s)} \ln\mu_{0(s)} + P_{1(s)}\mu_{1(s)} \ln\mu_{1(s)} \tag{3.35}$$

对于邻域平均图像, 在阈值为 t 时的交叉熵分割方法的准则函数为

$$\xi'(t) = P_{0(t)}\mu_{0(t)} \ln\mu_{0(t)} + P_{1(t)}\mu_{1(t)} \ln\mu_{1(t)} \tag{3.36}$$

因此, 在二维直方图上建立的以 (s,t) 为阈值点的准则函数为 [16]

$$\begin{aligned}\xi'(s,t) &= \xi'(s) + \xi'(t)\\ &= P_0(s,t)[\mu_{00}\ln\mu_{00} + \mu_{01}\ln\mu_{01}] + P_1(s,t)[\mu_{10}\ln\mu_{10} + \mu_{11}\ln\mu_{11}]\end{aligned} \tag{3.37}$$

最佳阈值 (s^*, t^*) 取为

$$(s^*, t^*) = \operatorname*{arg\,max}_{0<s,t<L-1} (\xi'(s,t)) \tag{3.38}$$

2. 快速递归算法

和二维最大类间方差法一样，用穷举搜索的方法得到二维相对熵阈值的计算量很大，不能满足实时性的要求。为此本小节给出二维交叉熵阈值法的递推算法。记 $\overline{\mu}_{00}(s,t) = \sum\limits_{i=0}^{s}\sum\limits_{j=0}^{t} ip_{ij}$，$\overline{\mu}_{01}(s,t) = \sum\limits_{i=0}^{s}\sum\limits_{j=0}^{t} jp_{ij}$，那么

$$\mu_{00}(s,t) = \frac{\sum\limits_{i=0}^{s}\sum\limits_{j=0}^{t} ip_{ij}}{P_0(s,t)} = \frac{\overline{\mu}_{00}(s,t)}{P_0(s,t)} \tag{3.39}$$

$$\mu_{01}(s,t) = \frac{\sum\limits_{i=0}^{s}\sum\limits_{j=0}^{t} jp_{ij}}{P_0(s,t)} = \frac{\overline{\mu}_{01}(s,t)}{P_0(s,t)} \tag{3.40}$$

$$\mu_{10}(s,t) = \frac{\sum\limits_{i=s+1}^{L-1}\sum\limits_{j=t+1}^{L-1} ip_{ij}}{P_1(s,t)} \approx \frac{\mu_{\mathrm{T0}} - \overline{\mu}_{00}(s,t)}{1 - P_0(s,t)} \tag{3.41}$$

$$\mu_{11}(s,t) = \frac{\sum\limits_{i=s+1}^{L-1}\sum\limits_{j=t+1}^{L-1} jp_{ij}}{P_1(s,t)} \approx \frac{\mu_{\mathrm{T1}} - \overline{\mu}_{01}(s,t)}{1 - P_0(s,t)} \tag{3.42}$$

具体的递推过程如下：

$$P_0(0,0) = p_{00} \tag{3.43}$$

$$P_0(s,0) = P_0(s-1,0) + p_{s0} \tag{3.44}$$

$$P_0(0,t) = P_0(0,t-1) + p_{0t} \tag{3.45}$$

$$P_0(s,t) = P_0(s,t-1) + P_0(s-1,t) - P_0(s-1,t-1) + p_{st} \tag{3.46}$$

$$\overline{\mu}_{00}(0,0) = 0 \tag{3.47}$$

$$\overline{\mu}_{00}(s,0) = \overline{\mu}_{00}(s-1,0) + s \cdot p_{s0} \tag{3.48}$$

$$\overline{\mu}_{00}(0,t) = \overline{\mu}_{00}(0,t-1) + 0 \cdot p_{0t} \tag{3.49}$$

$$\overline{\mu}_{00}(s,t) = \overline{\mu}_{00}(s-1,t) + \overline{\mu}_{00}(s,t-1) - \overline{\mu}_{00}(s-1,t-1) + s \cdot p_{st} \tag{3.50}$$

$$\overline{\mu}_{01}(0,0) = 0 \tag{3.51}$$

$$\overline{\mu}_{01}(s,0) = \overline{\mu}_{01}(s-1,0) + 0 \cdot p_{s0} \tag{3.52}$$

$$\overline{\mu}_{01}(0,t) = \overline{\mu}_{01}(0,t-1) + tp_{0t} \tag{3.53}$$

$$\overline{\mu}_{01}(s,t) = \overline{\mu}_{01}(s-1,t) + \overline{\mu}_{01}(s,t-1) - \overline{\mu}_{01}(s-1,t-1) + t \cdot p_{st} \tag{3.54}$$

使用以上快速递推公式, 每次计算不必都从 $(0,0)$ 开始, 将计算复杂度从 $O(L^4)$ 降低到 $O(L^2)$, 大大节省了计算时间。

对于加了 $N(0,0.005)$ 噪声的细菌图像, 图 3.2 给出了相应的实验结果。从图 3.2(b) 可见, 该图像目标和背景的方差相差较大。从图 3.2(c)~(f) 可见, 基于交叉熵的方法总体上优于最大类间方差法, 而二维交叉熵法获得了最好的分割效果。

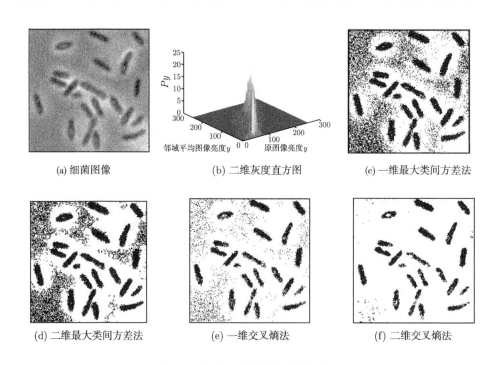

(a) 细菌图像　　　　　　　(b) 二维灰度直方图　　　　　(c) 一维最大类间方差法

(d) 二维最大类间方差法　　　(e) 一维交叉熵法　　　　　(f) 二维交叉熵法

图 3.2　含噪细菌图像的分割结果

3.1.3　直线阈值型二维最小交叉熵法

1. 特定矩阵上的广义交叉熵

对于如下两个 $m \times n$ 矩阵 A、B:

$$A = \begin{pmatrix} a_{11} & a_{12} & \cdots & a_{1n} \\ a_{21} & a_{22} & \cdots & a_{2n} \\ \vdots & \vdots & & \vdots \\ a_{m1} & a_{m2} & \cdots & a_{mn} \end{pmatrix}, B = \begin{pmatrix} b_{11} & b_{12} & \cdots & b_{1n} \\ b_{21} & b_{22} & \cdots & b_{2n} \\ \vdots & \vdots & & \vdots \\ b_{m1} & b_{m2} & \cdots & b_{mn} \end{pmatrix}$$

满足 $a_{ij} \geqslant 0$, $b_{ij} > 0$, $\sum\limits_{i=1}^{m} a_{ij} = \sum\limits_{i=1}^{m} b_{ij} \equiv C_j > 0 (i = 1, \cdots, m; \; j = 1, \cdots, n)$。描述矩阵 A、B 差异性的通常做法是 $\|A - B\|$，即求矩阵 $A - B$ 的范数。注意到上述矩阵的每一列有特殊的约束，因此可以采用更有特点的刻画方式。

对于矩阵 A、B 的第 j 列 $\{a_{ij}\}_{i=1}^{m}$, $\{b_{ij}\}_{i=1}^{m}$，由于 $\sum\limits_{i=1}^{m} a_{ij} = \sum\limits_{i=1}^{m} b_{ij} \equiv C_j > 0$，于是可以用广义交叉熵来刻画第 j 列的差异性：

$$I_j(\{a_{ij}\}; \{b_{ij}\}) = \frac{1}{C_j} \sum_{i=1}^{m} a_{ij} \ln \frac{a_{ij}}{b_{ij}} \tag{3.55}$$

考虑到不同的 C_j 取值可能相差很大，为了消除其影响，可以采用加权的方式综合矩阵所有列的差异来得到两个矩阵的差异性描述。即

$$\begin{aligned} I(A; B) &= \sum_{j=1}^{n} \frac{C_j}{C_1 + \cdots + C_n} I_j(\{a_{ij}\}; \{b_{ij}\}) \\ &= \frac{1}{C_1 + \cdots + C_n} \sum_{j=1}^{n} \sum_{i=1}^{m} a_{ij} \ln \frac{a_{ij}}{b_{ij}} \end{aligned} \tag{3.56}$$

忽略掉常数 $\dfrac{1}{C_1 + \cdots + C_n}$，可得

$$I(A; B) = \sum_{j=1}^{n} \sum_{i=1}^{m} a_{ij} \ln \frac{a_{ij}}{b_{ij}} \tag{3.57}$$

与一维数组 (向量) 具有的性质相同，$I(A; B) \geqslant 0$；当 $A = B$ 时，$I(A; B) = 0$；$I(A; B)$ 是非对称的，即一般的 $I(A; B) \neq I(B; A)$。

2. 直线阈值型二维最小交叉熵法表达式

类似于二维直线阈值型最大类间方差法的描述过程，下面给出直线阈值型二维最小交叉熵法。

如果 (s, t) 是选取的阈值点，作过 (s, t) 的曲线 $r(i, j)$ 将二维区域分成两块 $C_0(s, t)$ 和 $C_1(s, t)$，分别表示目标和背景，如前面图 2.13 所示。

对于数字图像 X 和邻域平均图像 Q，在阈值 $s + t$ 处用 $\overline{C}_0(s, t)$ 和 $\overline{C}_1(s, t)$ 表示 $(i, j) \in C_0(s, t)$ 和 $(i, j) \in C_1(s, t)$ 对应的 $(x, y) \in M \times N$ 的像素点集。可以构造两个具有两个列的矩阵 $A_0 = (f(x, y) \quad g(x, y))_{(x, y) \in \overline{C}_0(s, t)}$, $A_1 = (f(x, y)$ $g(x, y))_{(x, y) \in \overline{C}_1(s, t)}$。如果记 $A_{00} = (f(x, y))_{(x, y) \in \overline{C}_0(s, t)}$, $A_{01} = (g(x, y))_{(x, y) \in \overline{C}_0(s, t)}$，那么 A_0 可用分块矩阵表示成 $A_0 = (A_{00} \quad A_{01})$。同样，如果记 $A_{10} = (f(x, y))_{(x, y) \in \overline{C}_1(s, t)}$, $A_{11} = (g(x, y))_{(x, y) \in \overline{C}_1(s, t)}$，那么 A_1 可用分块矩阵表示成 $A_1 =$

$(A_{10} \quad A_{11})$。于是由原图像所有像点的灰度值和相应的邻域平均图像的灰度值排列的 $M \times N$ 行 2 列的矩阵可以表示成

$$A = \begin{pmatrix} A_{00} & A_{01} \\ A_{10} & A_{11} \end{pmatrix}_{(x,y) \in M \times N}$$

下面构造一个和 A 同样大小的分块矩阵 B 如下：

$$B = \begin{pmatrix} B_{00} & B_{01} \\ B_{10} & B_{11} \end{pmatrix}_{(x,y) \in M \times N}$$

其中，

$$B_{00} = (\mu_{00}(s,t))_{(x,y) \in \overline{C}_0(s,t)}, \quad B_{01} = (\mu_{01}(s,t))_{(x,y) \in \overline{C}_0(s,t)},$$
$$B_{10} = (\mu_{10}(s,t))_{(x,y) \in \overline{C}_1(s,t)}, \quad B_{11} = (\mu_{11}(s,t))_{(x,y) \in \overline{C}_1(s,t)},$$

并且 (x,y) 的排序与 A 中相应分块的排序一样。

对于矩阵 A 和 B，其第一列上元素的和分别为

$$\sum_{(x,y) \in \overline{C}_0(s,t)} f(x,y) + \sum_{(x,y) \in \overline{C}_1(s,t)} f(x,y)$$

$$= \sum_{(x,y) \in \overline{C}_0(s,t)} ic_{ij} + \sum_{(x,y) \in \overline{C}_1(s,t)} ic_{ij}$$

$$= \sum_{(x,y) \in (L-1) \times (L-1)} ic_{ij}$$

$$\sum_{(x,y) \in \overline{C}_0(s,t)} \mu_{00}(s,t) + \sum_{(x,y) \in \overline{C}_1(s,t)} \mu_{10}(s,t)$$

$$= \sum_{(x,y) \in C_0(s,t)} \frac{\displaystyle\sum_{(x,y) \in C_0(s,t)} ic_{ij}}{\displaystyle\sum_{(x,y) \in C_0(s,t)} c_{ij}} c_{ij} + \sum_{(x,y) \in C_1(s,t)} \frac{\displaystyle\sum_{(x,y) \in C_1(s,t)} ic_{ij}}{\displaystyle\sum_{(x,y) \in C_1(s,t)} c_{ij}} c_{ij}$$

$$= \sum_{(x,y) \in \overline{C}_0(s,t)} ic_{ij} + \sum_{(x,y) \in \overline{C}_1(s,t)} ic_{ij}$$

$$= \sum_{(x,y) \in (L-1) \times (L-1)} ic_{ij}$$

同理, 矩阵 A 和 B 的第二列上元素的和分别为

$$\sum_{(x,y)\in \overline{C}_0(s,t)} g(x,y) + \sum_{(x,y)\in \overline{C}_1(s,t)} g(x,y)$$

$$= \sum_{(x,y)\in \overline{C}_0(s,t)} jc_{ij} + \sum_{(x,y)\in \overline{C}_1(s,t)} jc_{ij}$$

$$= \sum_{(x,y)\in (L-1)\times(L-1)} jc_{ij}$$

$$\sum_{(x,y)\in \overline{C}_0(s,t)} \mu_{01}(s,t) + \sum_{(x,y)\in \overline{C}_1(s,t)} \mu_{11}(s,t)$$

$$= \sum_{(x,y)\in C_0(s,t)} \frac{\displaystyle\sum_{(x,y)\in C_0(s,t)} jc_{ij}}{\displaystyle\sum_{(x,y)\in C_0(s,t)} c_{ij}} c_{ij} + \sum_{(x,y)\in C_1(s,t)} \frac{\displaystyle\sum_{(x,y)\in C_1(s,t)} jc_{ij}}{\displaystyle\sum_{(x,y)\in C_1(s,t)} c_{ij}} c_{ij}$$

$$= \sum_{(x,y)\in \overline{C}_0(s,t)} jc_{ij} + \sum_{(x,y)\in \overline{C}_1(s,t)} jc_{ij}$$

$$= \sum_{(x,y)\in (L-1)\times(L-1)} jc_{ij}$$

由于 A 和 B 每列元素的和均为相等的数, 于是利用式 (3.57) 定义矩阵 A 和 B 上的广义交叉熵为

$$\begin{aligned} I(A;B) &= \left[\sum_{(x,y)\in \overline{C}_0(s,t)} f(x,y)\ln\frac{f(x,y)}{\mu_{00}(s,t)} + \sum_{(x,y)\in \overline{C}_1(s,t)} f(x,y)\ln\frac{f(x,y)}{\mu_{10}(s,t)} \right] \\ &\quad + \left[\sum_{(x,y)\in \overline{C}_0(s,t)} g(x,y)\ln\frac{g(x,y)}{\mu_{01}(s,t)} + \sum_{(x,y)\in \overline{C}_1(s,t)} g(x,y)\ln\frac{g(x,y)}{\mu_{11}(s,t)} \right] \\ &= \left[\sum_{(i,j)\in C_0(s,t)} ic_{ij}\ln\frac{i}{\mu_{00}(s,t)} + \sum_{(i,j)\in C_1(s,t)} ic_{ij}\ln\frac{i}{\mu_{10}(s,t)} \right] \\ &\quad + \left[\sum_{(i,j)\in C_0(s,t)} jc_{ij}\ln\frac{j}{\mu_{01}(s,t)} + \sum_{(i,j)\in C_1(s,t)} jc_{ij}\ln\frac{j}{\mu_{11}(s,t)} \right] \end{aligned} \tag{3.58}$$

式 (3.58) 两端同除以 $(M\times N)$, 可将 $I(A;B)$ 改写为

$$I(A;B) = \left[\sum_{(i,j) \in C_0(s,t)} ip_{ij} \ln \frac{i}{\mu_{00}(s,t)} + \sum_{(i,j) \in C_1(s,t)} ip_{ij} \ln \frac{i}{\mu_{10}(s,t)} \right]$$
$$+ \left[\sum_{(i,j) \in C_0(s,t)} jp_{ij} \ln \frac{j}{\mu_{01}(s,t)} + \sum_{(i,j) \in C_1(s,t)} jp_{ij} \ln \frac{j}{\mu_{11}(s,t)} \right] \quad (3.59)$$

将式 (3.59) 整理后可写成

$$I(A;B) = \sum_{(i,j) \in (L-1) \times (L-1)} p_{ij}[i \ln i + j \ln j] - P_0(s,t)[\mu_{00}(s,t) \ln \mu_{00}(s,t)$$
$$+ \mu_{01}(s,t) \ln \mu_{01}(s,t)] - P_1(s,t)[\mu_{10}(s,t) \ln \mu_{10}(s,t) + \mu_{11}(s,t) \ln \mu_{11}(s,t)]$$
$$(3.60)$$

于是最小化 $I(A;B)$ 等价于最大化下式 [17]：

$$I(s;t) = P_0(s,t)[\mu_{00}(s,t) \ln \mu_{00}(s,t) + \mu_{01}(s,t) \ln \mu_{01}(s,t)]$$
$$+ P_1(s,t)[\mu_{10}(s,t) \ln \mu_{10}(s,t) + \mu_{11}(s,t) \ln \mu_{11}(s,t)] \quad (3.61)$$

即最佳阈值 (s^*, t^*) 取为

$$(s^*, t^*) = \arg \max_{0 < s < L-1, 0 < t < L-1} I(s;t) \quad (3.62)$$

称式 (3.62) 为二维直线阈值型交叉熵法。

3. 快速递归算法

和二维直线阈值型最大类间方差法一样，用穷举搜索的方法得到二维直线阈值型交叉熵法的计算量很大，不能满足实时性的要求。为此本小节给出二维直线阈值型交叉熵法的递推算法。记 $\overline{\mu}_{00}(s,t) = \sum_{i+j \leqslant s+t} ip_{ij}$，$\overline{\mu}_{01}(s,t) = \sum_{i+j \leqslant s+t} jp_{ij}$。那么

$$\mu_{00}(s,t) = \frac{\sum_{i+j \leqslant s+t} ip_{ij}}{P_0(s,t)} = \frac{\overline{\mu}_{00}(s,t)}{P_0(s,t)} \quad (3.63)$$

$$\mu_{01}(s,t) = \frac{\sum_{i+j \leqslant s+t} jp_{ij}}{P_0(s,t)} = \frac{\overline{\mu}_{01}(s,t)}{P_0(s,t)} \quad (3.64)$$

$$\mu_{10}(s,t) = \frac{\sum\limits_{i+j>s+t} ip_{ij}}{P_1(s,t)} = \frac{\mu_{\text{T0}} - \bar{\mu}_{00}(s,t)}{1 - P_0(s,t)} \tag{3.65}$$

$$\mu_{11}(s,t) = \frac{\sum\limits_{i+j>s+t} jp_{ij}}{P_1(s,t)} = \frac{\mu_{\text{T1}} - \bar{\mu}_{01}(s,t)}{1 - P_0(s,t)} \tag{3.66}$$

具体的递推过程如下:

$$P_0(0,0) = p_{00}, \quad s = 0 \tag{3.67}$$

$$P_0(s-1,s) = P_0(s-1,s-1) + \sum_{i+j=2s-1} p_{ij}, \quad s > 0 \tag{3.68}$$

$$P_0(s,s) = P_0(s-1,s) + \sum_{i+j=2s} p_{ij}, \quad s > 0 \tag{3.69}$$

$$\bar{\mu}_{00}(0,0) = 0, \quad s = 0 \tag{3.70}$$

$$\bar{\mu}_{00}(s-1,s) = \bar{\mu}_{00}(s-1,s-1) + \sum_{i+j=2s-1} ip_{ij}, \quad s > 0 \tag{3.71}$$

$$\bar{\mu}_{00}(s,s) = \bar{\mu}_{00}(s-1,s) + \sum_{i+j=2s} ip_{ij}, \quad s > 0 \tag{3.72}$$

$$\bar{\mu}_{01}(0,0) = 0, \quad s = 0 \tag{3.73}$$

$$\bar{\mu}_{01}(s-1,s) = \bar{\mu}_{01}(s-1,s-1) + \sum_{i+j=2s-1} jp_{ij}, \quad s > 0 \tag{3.74}$$

$$\bar{\mu}_{01}(s,s) = \bar{\mu}_{01}(s-1,s) + \sum_{i+j=2s} jp_{ij}, \quad s > 0 \tag{3.75}$$

由以上的递推公式可以看出,最佳阈值 (s^*, t^*) 的确定不必遍历整个二维直方图,只需遍历二维直方图定义域的主对角线和一条次主对角线,搜索空间为 $2L-1$ 个点。

图 3.3 给出了一个对于加了 $N(0, 0.005)$ 噪声的细菌图像的分割结果示例。关于最小交叉熵法的一些其他描述,可参考文献 [13] 及文献 [18]~[21]。

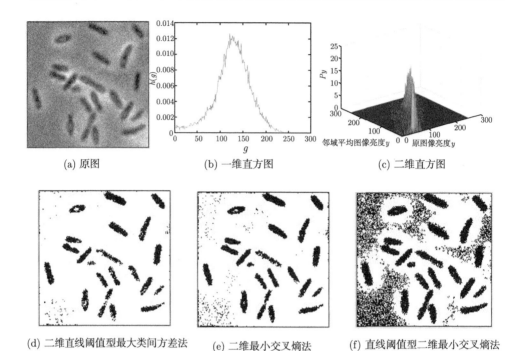

(a) 原图　　　　　　　(b) 一维直方图　　　　　　　(c) 二维直方图

(d) 二维直线阈值型最大类间方差法　　(e) 二维最小交叉熵法　　(f) 直线阈值型二维最小交叉熵法

图 3.3　含噪细菌图像的分割结果

3.1.4　最小散度法

3.1.1 小节所给的最小交叉熵阈值法用到的信息是不对称的, 按照 3.1.1 小节的介绍, 还可以写出另一种非对称的交叉熵阈值法, 并进而得到基于散度的阈值法 (即具有对称性的阈值法)。

为了叙述方便, 下面假设 $G = [1, 2, \cdots, L]$, 原图像 X 和二值化图像 $\overline{X}$ 的另一种广义交叉熵可写为

$$\omega^*(t) = \sum_{f(x,y) \leqslant t} \mu_0(t) \ln \frac{\mu_0(t)}{f(x,y)} + \sum_{f(x,y) > t} \mu_1(t) \ln \frac{\mu_1(t)}{f(x,y)} \tag{3.76}$$

改用灰度直方图表示, 可得简化表达式:

$$\begin{aligned}
\xi^*(t) &= \sum_{g=1}^{t} h(g)\mu_0(t) \ln \frac{\mu_0(t)}{g} + \sum_{g=t+1}^{L} h(g)\mu_1(t) \ln \frac{\mu_1(t)}{g} \\
&= P_0(t)\mu_0(t) \ln \mu_0(t) + P_1(t)\mu_1(t) \ln \mu_1(t) \\
&\quad - \mu_0(t) \sum_{g=1}^{t} h(g) \ln g - \mu_1(t) \sum_{g=t+1}^{L} h(g) \ln g
\end{aligned} \tag{3.77}$$

如果记$\mu_0(\ln t) = \dfrac{\sum\limits_{g=1}^{t} h(g)\ln g}{P_0(t)}$，$\mu_1(\ln t) = \dfrac{\sum\limits_{g=t+1}^{L} h(g)\ln g}{P_1(t)}$，那么 $\mu_0(\ln t)$ 和

$\mu_1(\ln t)$ 表示的是在灰度对数坐标轴上用阈值 t 进行划分后的两个均值。于是式 (3.77) 可简写为

$$\begin{aligned}\xi^*(t) =& P_0(t)\mu_0(t)\ln\mu_0(t) + P_1(t)\mu_1(t)\ln\mu_1(t) - P_0(t)\mu_0(t)\mu_0(\ln t) - P_1(t)\mu_1(t)\mu_1(\ln t)\\=& P_0(t)\mu_0(t)[\ln\mu_0(t) - \mu_0(\ln t)] + P_1(t)\mu_1(t)[\ln\mu_1(t) - \mu_1(\ln t)]\end{aligned} \tag{3.78}$$

由式 (3.8) 和式 (3.78) 可得基于对称交叉熵，即散度的阈值选取方式为

$$\begin{aligned}\overline{\xi}(t) =& \xi(t) + \xi^*(t)\\=& \sum_{g=1}^{L} gh(g)\ln g - P_0(t)\mu_0(t)\mu_0(\ln t) - P_1(t)\mu_1(t)\mu_1(\ln t)\end{aligned} \tag{3.79}$$

去掉常数项，于是最小化 $\overline{\xi}(t)$ 等价于最大化下式：

$$\xi''(t) = P_0(t)\mu_0(t)\mu_0(\ln t) + P_1(t)\mu_1(t)\mu_1(\ln t) \tag{3.80}$$

将式 (3.80) 和式 (3.9) 对比发现，二者之间也有许多相似之处，仅有的区别是式 (3.9) 采用的是原均值与均值的对数相乘：$\mu_0(t)\ln\mu_0(t)$、$\mu_1(t)\ln\mu_1(t)$；而式 (3.80) 采用的是原坐标系均值与对数坐标系均值相乘：$\mu_0(t)\mu_0(\ln t)$、$\mu_1(t)\mu_1(\ln t)$。

图 3.4 给出一个分割示例。

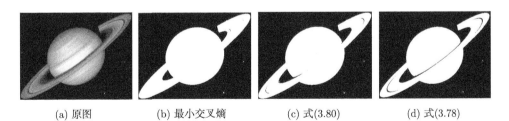

| (a) 原图 | (b) 最小交叉熵 | (c) 式(3.80) | (d) 式(3.78) |

图 3.4　土星图像的分割结果

3.2　最小卡方统计法

本节叙述一维灰度直方图上的最小卡方统计法。为了便于描述，本节假定像素在 $G = [1, 2, \cdots, L]$ 上取值。

3.2.1　最小卡方统计法 I

1. 广义卡方统计

在叙述广义卡方统计之前, 先介绍概率论里面的卡方统计 (也称为 χ^2-统计)。

设 $N_1, N_2, \cdots, N_k$ 是不同的 k 个类的观察次数, $p_1, p_2, \cdots, p_k$ 是假设的一个正态分布的概率值。为了衡量假设概率对于观察值的匹配程度, Pearson[22] 给出如下准则:

$$\chi^2 = \sum_{i=1}^{k} \frac{(\text{Observed} - \text{Expected})^2}{\text{Expected}} = \sum_{i=1}^{k} \frac{(N_i - Np_i)^2}{Np_i} = \sum_{i=1}^{k} \frac{(N_i/N - p_i)^2}{p_i} \tag{3.81}$$

式中, N 是观察值的总数。

上述表达式为具有 $k-1$ 个自由度的 Chi-square, 即 $\chi^2(k-1)$。更一般的表述是已知类条件概率是若干个参数的特定函数, 设 $\theta = (\theta_1, \theta_2, \cdots, \theta_q)$, 类概率是特定函数 $p_1(\theta), p_2(\theta), \cdots, p_k(\theta)$。$\overline{\theta}$ 是在适当条件下对 θ 的有效估计, 那么

$$\chi^2 = \sum_{i=1}^{k} \frac{(N_i - Np_i(\overline{\theta}))^2}{Np_i(\overline{\theta})} = \sum_{i=1}^{k} \frac{(N_i/N - p_i(\overline{\theta}))^2}{p_i(\overline{\theta})} \tag{3.82}$$

是具有 $k-1-q$ 个自由度的卡方统计 $\chi^2(k-1-q)$。

χ^2-统计常用于度量假设分布与观察数据匹配的程度, χ^2 的值越大, 匹配越好。χ^2 的表达式也可看成是期望频率与观察频率的平方偏差的加权和。

χ^2-统计和交叉熵 (相对熵) 有密切的联系 [23]。给定数据集 $X = \{x_1, x_2, \cdots, x_k\}$, q_{x_i} 是样本 x_i 出现的频率, N 是数据总量, 则 x_i 出现的次数为 Nq_{x_i}。设 $P = (p_1, p_2, \cdots, p_k)$ 是一个先验概率分布, 使得 p_i 对应于出现 Nq_{x_i} 的期望频率。假定概率分布 $Q = (q_1, q_2, \cdots, q_k)$ 中的 q_i 和 p_i 相差为一个值很小且均值为零的具有对称性的随机变量 ε_i, 即

$$q_i = p_i(1 + \varepsilon_i), \quad i = 1, 2, \cdots, k \tag{3.83}$$

那么, $\sum_{i=1}^{k} p_i = 1$, $\sum_{i=1}^{k} q_i = 1 \Rightarrow \sum_{i=1}^{k} p_i \varepsilon_i = 0$。

于是 Q 和 P 之间的交叉熵 (相对熵) 为

$$R(Q, P) = \sum_{i=1}^{k} q_i \ln \frac{q_i}{p_i}$$
$$= \sum_{i=1}^{k} q_i \ln(1 + \varepsilon_i)$$

$$= \sum_{i=1}^{k} q_i \varepsilon_i - \frac{1}{2} \sum_{i=1}^{k} q_i \varepsilon_i^2 + \frac{1}{3} \sum_{i=1}^{k} q_i \varepsilon_i^3 - \cdots$$

$$= \sum_{i=1}^{k} p_i(\varepsilon_i + \varepsilon_i^2) - \frac{1}{2} \sum_{i=1}^{k} p_i(\varepsilon_i^2 + \varepsilon_i^3) + \cdots$$

假设 ε_i 足够小, 使得当 $j > 2$ 时 ε_i^j 可以忽略不计, 则 $R(Q, P)$ 可进一步写成

$$R(Q, P) \approx \sum_{i=1}^{k} p_i \varepsilon_i + \frac{1}{2} \sum_{i=1}^{k} p_i \varepsilon_i^2$$

$$= \frac{1}{2} \sum_{i=1}^{k} p_i \varepsilon_i^2$$

$$= \frac{1}{2} \sum_{i=1}^{k} \frac{(q_i - p_i)^2}{p_i}$$

$$= \frac{1}{2N} \sum_{i=1}^{k} \frac{(Nq_i - Np_i)^2}{Np_i}$$

$$= \frac{1}{2N} \chi^2$$

上式给出交叉熵 (相对熵) 和 χ^2-统计之间的近似关系。

类似于广义交叉熵 (相对熵) 的定义, 可以将 χ^2-统计作一个推广, 对于 $X = \{x_1, \cdots, x_n\}$ 上的两个数组 (向量)$P = \{p_1, \cdots, p_n\}$, $Q = \{q_1, \cdots, q_n\}$ 满足 $\sum_{i=1}^{n} p_i = \sum_{i=1}^{n} q_i \equiv C$, $p_i \geqslant 0$, $q_i > 0 (i = 1, \cdots, n)$, $C > 0$, P 与 Q 的匹配程度可用下式进行描述:

$$\chi^2(P; Q) = \frac{1}{C} \sum_{i=1}^{k} \frac{(q_i - p_i)^2}{p_i} \tag{3.84}$$

式中, 常数 $1/C$ 在具体计算时可以忽略, 式 (3.84) 称为广义 χ^2-统计。

2. 最小卡方统计法 I

类似于 3.1 节的处理过程, 可以利用广义 χ^2-统计进行阈值选取。对于原图像 X 和二值化图像 $\overline{X}$, 其广义 χ^2-统计为

$$\chi^2(t) = \left[\sum_{x=1}^{M} \sum_{y=1}^{N} \frac{(f(x,y) - \mu_0(t))^2}{\mu_0(t)} \right]_{f(x,y) \leqslant t} + \left[\sum_{x=1}^{M} \sum_{y=1}^{N} \frac{(f(x,y) - \mu_1(t))^2}{\mu_1(t)} \right]_{f(x,y) > t}$$

$$= MN \left[\sum_{g=1}^{t} h(g) \frac{(g - \mu_0(t))^2}{\mu_0(t)} + \sum_{g=t+1}^{L} \frac{(g - \mu_1(t))^2}{\mu_1(t)} \right] \tag{3.85}$$

忽略掉常数因子 MN, 可得

$$\chi^2(t) = \sum_{g=1}^{t} h(g) \frac{(g - \mu_0(t))^2}{\mu_0(t)} + \sum_{g=t+1}^{L} h(g) \frac{(g - \mu_1(t))^2}{\mu_1(t)}$$

$$= \frac{1}{\mu_0(t)} \sum_{g=1}^{t} h(g)(g - \mu_0(t))^2 + \frac{1}{\mu_1(t)} \sum_{g=t+1}^{L} h(g)(g - \mu_1(t))^2 \quad (3.86)$$

$\chi^2(t)$ 还可写为

$$\chi^2(t) = \frac{1}{\mu_0(t)} \sum_{g=1}^{t} h(g)(g - \mu_0(t))^2 + \frac{1}{\mu_1(t)} \sum_{g=t+1}^{L} h(g)(g - \mu_1(t))^2$$

$$= \frac{\displaystyle\sum_{g=1}^{t} h(g)}{\mu_0(t)} \frac{\displaystyle\sum_{g=1}^{t} h(g)(g - \mu_0(t))^2}{\displaystyle\sum_{g=1}^{t} h(g)} + \frac{\displaystyle\sum_{g=t+1}^{L} h(g)}{\mu_1(t)} \frac{\displaystyle\sum_{g=t+1}^{L} h(g)(g - \mu_1(t))^2}{\displaystyle\sum_{g=t+1}^{L} h(g)}$$

$$= \frac{1}{\mu_0(t)} P_0(t)\sigma_0^2(t) + \frac{1}{\mu_1(t)} P_1(t)\sigma_1^2(t) \quad (3.87)$$

式 (3.87) 与最大类间方差法相比, 多了两个加权因子。只不过两个加权因子是阈值 t 的函数, 其和不为常数。

依据 $\chi^2(t)$ 准则选取的最佳阈值 t^* 为

$$t^* = \arg \min_{1 < t < L} \chi^2(t) \quad (3.88)$$

3. 迭代算法

最佳阈值 t^* 可通过穷举搜索的方式得到。为了给出求解最佳阈值 t^* 的迭代求解过程, 考虑连续随机变量 X 上的概率密度函数 $h(x)$。优化问题表述为

$$\min \chi^2(t, \mu_0, \mu_1) = \frac{1}{\mu_0} \int_{-\infty}^{t} h(x)(x - \mu_0)^2 dx + \frac{1}{\mu_1} \int_{t}^{+\infty} h(x)(x - \mu_1)^2 dx \quad (3.89)$$

由求函数极值的知识, 只需令

$$\frac{\partial \chi^2}{\partial t} = h(t) \frac{(t - \mu_0)^2}{\mu_0} - h(t) \frac{(t - \mu_1)^2}{\mu_1} = 0$$

$$\frac{\partial \chi^2}{\partial \mu_0} = -\int_{-\infty}^{t} h(x) \frac{x^2 - \mu_0^2}{\mu_0^2} dx = 0$$

$$\frac{\partial \chi^2}{\partial \mu_1} = \int_{t}^{+\infty} h(x) \frac{x^2 - \mu_1^2}{\mu_1^2} dx = 0$$

解得 $t = \sqrt{\mu_0 \mu_1}$, $\mu_0 = \left(\dfrac{\displaystyle\int_{-\infty}^{t} x^2 h(x) \mathrm{d}x}{\displaystyle\int_{-\infty}^{t} h(x) \mathrm{d}x} \right)^{1/2}$, $\mu_1 = \left(\dfrac{\displaystyle\int_{t}^{\infty} x^2 h(x) \mathrm{d}x}{\displaystyle\int_{t}^{\infty} h(x) \mathrm{d}x} \right)^{1/2}$。

由上述表述得到下面的迭代算法。

起始: 随机选取初始阈值 $1 < t^{(0)} < L$, 令 $k = 0$。

步骤一: 根据 $t^{(k)}$ 计算 $\mu_0(t^{(k)})$ 和 $\mu_1(t^{(k)})$, 即

$$\mu_0(t^{(k)}) = \left[\frac{\displaystyle\sum_{g=1}^{t^{(k)}} g^2 h(g)}{\displaystyle\sum_{g=1}^{t^{(k)}} h(g)} \right]^{1/2} \tag{3.90}$$

$$\mu_1(t^{(k)}) = \left[\frac{\displaystyle\sum_{g=t^{(k+1)}+1}^{L} g^2 h(g)}{\displaystyle\sum_{g=t^{(k+1)}+1}^{L} h(g)} \right]^{1/2} \tag{3.91}$$

步骤二: 根据 $\mu_0(t^{(k)})$ 和 $\mu_1(t^{(k)})$ 计算 $t^{(k+1)}$, 即

$$t^{(k+1)} = \left\lfloor \sqrt{\mu_0(t^{(k)}) \mu_1(t^{(k)})} \right\rfloor \tag{3.92}$$

步骤三: 如果 $t^{(k+1)} = t^{(k)}$, 停止。否则令 $k = k + 1$ 回步骤一。

和最大类间方差法的迭代算法一样, 上述算法以初始化阈值 $t^{(0)}$ 开始, 也可以通过初始化 μ_0 和 μ_1 来描述算法过程。同样, 初始化位置的选取对算法的性能有很大的影响。下面证明该算法是收敛的。

引理 如果 $t^{(k)} \leqslant t^{(k+1)}$, 则 $t^{(k+1)} \leqslant t^{(k+2)}$。类似地, 如果 $t^{(k)} \geqslant t^{(k+1)}$, 则 $t^{(k+1)} \geqslant t^{(k+2)}$。

证明 只需证明第一部分, 第二部分可类似得到。

如果 $t^{(k)} = t^{(k+1)}$, 那么 $\mu_0(t^{(k+1)}) = \mu_0(t^{(k)})$, $\mu_1(t^{(k+1)}) = \mu_1(t^{(k)})$, 于是 $t^{(k+2)} = t^{(k+1)}$;

如果 $t^{(k)} < t^{(k+1)}$, 由 $\dfrac{\displaystyle\sum_{g=1}^{t^{(k)}} g^2 h(g)}{\displaystyle\sum_{g=1}^{t^{(k)}} h(g)} \leqslant (t^{(k)})^2 < \dfrac{\displaystyle\sum_{g=t^{(k)}+1}^{t^{(k+1)}} g^2 h(g)}{\displaystyle\sum_{g=t^{(k)}+1}^{t^{(k+1)}} h(g)}$ 可推得 $\dfrac{\displaystyle\sum_{g=1}^{t^{(k)}} g^2 h(g)}{\displaystyle\sum_{g=1}^{t^{(k)}} h(g)} \leqslant$

$$\frac{\displaystyle\sum_{g=1}^{t^{(k)}} g^2 h(g) + \sum_{g=t^{(k)}+1}^{t^{(k+1)}} g^2 h(g)}{\displaystyle\sum_{g=1}^{t^{(k)}} h(g) + \sum_{g=t^{(k)}+1}^{t^{(k+1)}} h(g)} = \frac{\displaystyle\sum_{g=1}^{t^{(k+1)}} g^2 h(g)}{\displaystyle\sum_{g=1}^{t^{(k+1)}} h(g)}, \text{ 即 } \mu_0^2(t^{(k)}) \leqslant \mu_0^2(t^{(k+1)}), \text{ 或者 } \mu_0(t^{(k)}) \leqslant$$

$$\mu_0(t^{(k+1)})\text{。由 } \frac{\displaystyle\sum_{g=t^{(k)}+1}^{t^{(k+1)}} g^2 h(g)}{\displaystyle\sum_{g=t^{(k)}+1}^{t^{(k+1)}} h(g)} \leqslant (t^{(k+1)})^2 < \frac{\displaystyle\sum_{g=t^{(k+1)}+1}^{L} g^2 h(g)}{\displaystyle\sum_{g=t^{(k+1)}+1}^{L} h(g)} \text{ 推得 } \frac{\displaystyle\sum_{g=t^{(k)}+1}^{L} g^2 h(g)}{\displaystyle\sum_{g=t^{(k)}+1}^{L} h(g)} =$$

$$\frac{\displaystyle\sum_{g=t^{(k)}+1}^{t^{(k+1)}} g^2 h(g) + \sum_{g=t^{(k+1)}+1}^{L} g^2 h(g)}{\displaystyle\sum_{g=t^{(k)}+1}^{t^{(k+1)}} h(g) + \sum_{g=t^{(k+1)}+1}^{L} h(g)} \leqslant \frac{\displaystyle\sum_{g=t^{(k+1)}+1}^{L} g^2 h(g)}{\displaystyle\sum_{g=t^{(k+1)}+1}^{L} h(g)}, \text{ 即 } \mu_1^2(t^{(k)}) \leqslant \mu_1^2(t^{(k+1)}), \text{ 或}$$

者 $\mu_1(t^{(k)}) \leqslant \mu_1(t^{(k+1)})$，由此可知 $t^{(k)} \leqslant t^{(k+1)}$。

这样得到了一个单调不减序列或单调不增序列 $\{t^{(0)}, t^{(1)}, \cdots, t^{(k)}, \cdots\}$。由于该序列有上界 L 和下界 1，因此该序列的长度是有限的，即在有限步内该序列收敛。

由此得以下定理。

定理　迭代算法在有限步内收敛。

3.2.2　最小卡方统计法 II

1. 最小卡方统计法 II

上面讨论的 χ^2-统计阈值法是以期望值 $\mu_0(t)$ 和 $\mu_1(t)$ 为基准进行描述的。Brink 等 [23] 给出了另一种表达式。对于原图像 X 和二值化图像 $\overline{X}$，其广义 χ^2-统计为

$$\overline{\chi}^2(t) = \left[\sum_{i=1}^{M}\sum_{j=1}^{N}\frac{(\mu_0(t) - f(i,j))^2}{f(i,j)}\right]_{f(i,j)\leqslant t} + \left[\sum_{i=1}^{M}\sum_{j=1}^{N}\frac{(\mu_1(t) - f(i,j))^2}{f(i,j)}\right]_{f(i,j)>t}$$

$$= MN\left[\sum_{g=1}^{t} h(g)\frac{(\mu_0(t) - g)^2}{g} + \sum_{g=t+1}^{L} h(g)\frac{(\mu_1(t) - g)^2}{g}\right]$$

忽略掉常数因子 MN 可得

$$\overline{\chi}^2(t) = \sum_{g=1}^{t} h(g)\frac{(\mu_0(t) - g)^2}{g} + \sum_{g=t+1}^{L} h(g)\frac{(\mu_1(t) - g)^2}{g} \tag{3.93}$$

依据 $\overline{\chi}^2(t)$ 准则选取的最佳阈值 t^* 为

$$t^* = \arg \min_{1<t<L} \overline{\chi}^2(t) \tag{3.94}$$

2. 迭代算法

最佳阈值 t^* 可通过穷举搜索的方式得到。为了给出求解最佳阈值 t^* 的迭代求解过程，考虑连续随机变量 X 上的概率密度函数 $h(x)$。假定概率分布 $h(x)$ 是连续分布的且当 $x \leqslant 0$ 时认为 $h(x) = 0$，优化问题表述成

$$\min \overline{\chi}^2(t, \mu_0, \mu_1) = \int_1^t h(x) \frac{(\mu_0-x)^2}{x}\mathrm{d}x + \int_t^{+\infty} h(x) \frac{(\mu_1-x)^2}{x}\mathrm{d}x \tag{3.95}$$

由求函数极值的知识，只需令

$$\frac{\partial \overline{\chi}^2}{\partial t} = h(t)\frac{(\mu_0-t)^2}{t} - h(t)\frac{(\mu_1-t)^2}{t} = 0$$

$$\frac{\partial \overline{\chi}^2}{\partial u_0} = \int_1^t h(x)\frac{2(\mu_0-x)}{x}\mathrm{d}x = 0$$

$$\frac{\partial \overline{\chi}^2}{\partial u_1} = \int_t^{+\infty} h(x)\frac{2(\mu_1-x)}{x}\mathrm{d}x = 0$$

解得 $t = \dfrac{\mu_0+\mu_1}{2}$，$\mu_0 = \dfrac{\displaystyle\int_1^t h(x)\mathrm{d}x}{\displaystyle\int_1^t \frac{h(x)}{x}\mathrm{d}x}$，$\mu_1 = \dfrac{\displaystyle\int_t^{+\infty} h(x)\mathrm{d}x}{\displaystyle\int_t^{+\infty} \frac{h(x)}{x}\mathrm{d}x}$。

由上述表述得到下面的迭代求解算法。

起始：随机选取初始阈值 $1 < t^{(0)} < L$，令 $k = 0$。

步骤一：根据 $t^{(k)}$ 计算 $\mu_0(t^{(k)})$ 和 $\mu_1(t^{(k)})$，即

$$\mu_0(t^{(k)}) = \frac{\displaystyle\sum_{g=1}^{t^{(k)}} h(g)}{\displaystyle\sum_{g=1}^{t^{(k)}} \frac{h(g)}{g}} \tag{3.96}$$

$$\mu_1(t^{(k)}) = \frac{\displaystyle\sum_{g=t^{(k)}+1}^{L} h(g)}{\displaystyle\sum_{g=t^{(k)}+1}^{L} \frac{h(g)}{g}} \tag{3.97}$$

步骤二：根据 $\mu_0(t^{(k)})$ 和 $\mu_1(t^{(k)})$ 计算 $t^{(k+1)}$：

$$t^{(k+1)} = \left\lfloor \frac{\mu_0(t^{(k)}) + \mu_1(t^{(k)})}{2} \right\rfloor \tag{3.98}$$

步骤三：若 $t^{(k+1)} = t^{(k)}$，停止。否则令 $k = k+1$ 回步骤一。

上述算法是以初始化阈值 $t^{(0)}$ 开始的，也可以通过初始化 μ_0 和 μ_1 来描述算法过程。同样，初始化位置的选取对算法的性能有很大的影响。下面证明该算法是收敛的。

引理　如果 $t^{(k)} \leqslant t^{(k+2)}$，则 $t^{(k+1)} \leqslant t^{(k+2)}$。类似地，如果 $t^{(k)} \geqslant t^{(k+1)}$，则 $t^{(k+1)} \geqslant t^{(k+2)}$。

证明　只需证明第一部分，第二部分可类似得到。

如果 $t^{(k)} = t^{(k+1)}$，那么 $\mu_0(t^{(k+1)}) = \mu_0(t^{(k)})$，$\mu_1(t^{(k+1)}) = \mu_1(t^{(k)})$，于是 $t^{(k+2)} = t^{(k+1)}$；

如果 $t^{(k)} < t^{(k+1)}$，由 $\dfrac{\sum\limits_{g=1}^{t^{(k)}} h(g)}{\sum\limits_{g=1}^{t^{(k)}} \dfrac{h(g)}{g}} \leqslant t^{(k)} \leqslant \dfrac{\sum\limits_{g=t^{(k)}}^{t^{(k+1)}} h(g)}{\sum\limits_{g=t^{(k)}}^{t^{(k+1)}} \dfrac{h(g)}{g}}$ 可推得 $\dfrac{\sum\limits_{g=1}^{t^{(k)}} h(g)}{\sum\limits_{g=1}^{t^{(k)}} \dfrac{h(g)}{g}} \leqslant$

$\dfrac{\sum\limits_{g=1}^{t^{(k)}} h(g) + \sum\limits_{g=t^{(k)}+1}^{t^{(k+1)}} h(g)}{\sum\limits_{g=1}^{t^{(k)}} \dfrac{h(g)}{g} + \sum\limits_{g=t^{(k)}+1}^{t^{(k+1)}} \dfrac{h(g)}{g}} = \dfrac{\sum\limits_{g=1}^{t^{(k+1)}} h(g)}{\sum\limits_{g=1}^{t^{(k+1)}} \dfrac{h(g)}{g}}$，即 $\mu_0(t^{(k)}) \leqslant \mu_1(t^{(k+1)})$。由 $\dfrac{\sum\limits_{g=t^{(k)}+1}^{t^{(k+1)}} h(g)}{\sum\limits_{g=t^{(k)}+1}^{t^{(k+1)}} \dfrac{h(g)}{g}} \leqslant$

$t^{(k+1)} \leqslant \dfrac{\sum\limits_{g=t^{(k+1)}+1}^{L} h(g)}{\sum\limits_{g=t^{(k+1)}+1}^{L} \dfrac{h(g)}{g}}$ 可推得 $\dfrac{\sum\limits_{g=t^{(k)}+1}^{t^{(k+1)}} h(g)}{\sum\limits_{g=t^{(k)}+1}^{L} \dfrac{h(g)}{g}} = \dfrac{\sum\limits_{g=t^{(k)}+1}^{t^{(k+1)}} h(g) + \sum\limits_{g=t^{(k+1)}+1}^{L} h(g)}{\sum\limits_{g=t^{(k)}+1}^{t^{(k+1)}} \dfrac{h(g)}{g} + \sum\limits_{g=t^{(k+1)}+1}^{L} \dfrac{h(g)}{g}} \leqslant$

$\dfrac{\sum\limits_{g=t^{(k+1)}+1}^{L} h(g)}{\sum\limits_{g=t^{(k+1)}+1}^{L} \dfrac{h(g)}{g}}$，即 $\mu_1(t^{(k)}) \leqslant \mu_1(t^{(k+1)})$。由此可知 $t^{(k+1)} \leqslant t^{(k+2)}$。

这样得到了一个单调不减序列或单调不增序列 $\{t^{(0)}, t^{(1)}, \cdots, t^{(k)}, \cdots\}$。由于该序列有上界 L 和下界 1，因此该序列的长度是有限的，即在有限步内该序列收敛。

由此得以下定理。

定理　迭代算法在有限步内收敛。

3.2.3　最小卡方统计法 III

前面给出了两个基于 χ^2-统计的阈值准则，这两个准则都不具有对称性。下面给出具有对称性的分割准则。对称 χ^2-统计阈值法为

$$\overline{\overline{\chi}}^2(t) = \chi^2(t) + \overline{\chi}^2(t) \tag{3.99}$$

最佳阈值 t^* 选为

$$t^* = \arg \min_{1 < t < L} \overline{\overline{\chi}}^2(t) \tag{3.100}$$

上述准则可通过穷举搜索的方法获得最佳阈值。

图 3.5 给出一个分割示例。

(a) 原图　　　　(b) Otsu法　　　(c) 最小卡方统计法 I　(d) 最小卡方统计法 II (e) 最小卡方统计法 III

图 3.5　电路图像的分割结果

3.3　最小 Tsallis 交叉熵法

对于 $X = \{x_1, \cdots, x_n\}$ 上的两个概率分布 $P = \{p_1, \cdots, p_n\}$，$Q = \{q_1, \cdots, q_n\}$ 满足 $\sum_{i=1}^{n} p_i = 1$，$\sum_{i=1}^{n} q_i = 1$，$p_i \geqslant 0$，$q_i \geqslant 0 (i = 1, \cdots, n)$，$P$ 与 Q 的 Bhattacharyya 距离定义为 [24]

$$H_n(P, Q) = \sum_{i=1}^{n} \sqrt{p_i q_i}$$

类似的，P 与 Q 的 Hellinger 距离定义为 [25]

$$H_n^*(P, Q) = \sum_{i=1}^{n} (\sqrt{p_i} - \sqrt{q_i})^2$$

另外，可将 χ^2-统计改写为 [26]：$\chi^2(P; Q) = \sum_{i=1}^{n} \dfrac{(p_i - q_i)^2}{q_i} = \sum_{i=1}^{n} \dfrac{p_i^2}{q_i} - 1$。

上述 3 个公式中 Bhattacharyya 距离和 Hellinger 距离是等价描述，它们的共同特点是关于 P、Q 是对称的。为了将上述的 Bhattacharyya 距离和 χ^2-统计统一

表述，Sharam 和 Autar[27] 引入了 α-型相对熵，其定义为

$$I_{n,\alpha}(P;Q) = (\alpha-1)^{-1}\left(\sum_{i=1}^{n} p_i^\alpha q_i^{1-\alpha} - 1\right) = \frac{1}{\alpha-1}\left(\sum_{i=1}^{n} q_i\left(\frac{p_i}{q_i}\right)^\alpha - 1\right), \alpha > 0, \quad \alpha \neq 1$$

$$(3.101)$$

$I_{n,\alpha}(P;Q)$ 把 Bhattacharyya 距离、χ^2-统计作为特例。$I_{n,\alpha}(P;Q)$ 是非对称的，其对称表达式 (α- 度散度) 定义为

$$J_{n,\alpha}(P,Q) = I_{n,\alpha}(P;Q) + I_{n,\alpha}(Q;P) = \frac{\left(\sum\limits_{i=1}^{n} p_i^\alpha q_i^{1-\alpha} + p_i^{1-\alpha} q_i^\alpha\right) - 2}{\alpha-1} \tag{3.102}$$

有 $\lim\limits_{\alpha \to 1} I_{n,\alpha}(P;Q) = I_n(P;Q)$，$\lim\limits_{\alpha \to 1} J_{n,\alpha}(P,Q) = J_n(P,Q)$。因此，$\alpha$-型相对熵是相对熵、Bhattacharyya 距离、χ^2-统计的一般性描述。

巴西物理学家 Tsallis[28] 在提出 Tsallis 熵之后，还定义了一种用于不同系统之间一致性测试的交叉熵准则，即 Tsallis 交叉熵 [29]。其实，Tsallis 交叉熵就是上面提到的 α-型相对熵。为了和文献中的叙述统一，本节也采用 Tsallis 交叉熵的称谓。

类似于广义交叉熵和广义 χ^2-统计，也可给出广义 Tsallis 交叉熵的定义。对于 $X = \{x_1, \cdots, x_n\}$ 上的两个数组 (向量)$P = \{p_1, \cdots, p_n\}$，$Q = \{q_1, \cdots, q_n\}$ 满足 $\sum\limits_{i=1}^{n} p_i = \sum\limits_{i=1}^{n} q_i \equiv C$，$p_i \geqslant 0$，$q_i > 0 (i = 1, \cdots, n)$，$C > 0$，$P$ 与 Q 的匹配程度可用下式进行描述：

$$I_{n,\alpha}(P;Q) = \frac{1}{C}\left[\frac{1}{\alpha-1}\sum_{i=1}^{k} p_i^\alpha q_i^{1-\alpha} - 1\right], \alpha > 0, \quad \alpha \neq 1 \tag{3.103}$$

式中，常数 $1/C$ 在具体计算时可以忽略，该式称为广义 Tsallis 交叉熵。

类似于 3.1 节和 3.2 节的处理过程，可以利用广义 Tsallis 交叉熵进行阈值选取。对于原图像 X 和二值化图像 $\overline{X}$，其广义 Tsallis 交叉熵为

$$I_\alpha(t) = \frac{1}{\alpha-1}\left[\sum_{x=1}^{M}\sum_{y=1}^{N}[f(x,y)]^\alpha[\mu_0(t)]^{1-\alpha} - 1\right]_{f(x,y)\leqslant t}$$

$$+ \frac{1}{\alpha-1}\left[\sum_{x=1}^{M}\sum_{y=1}^{N}[f(x,y)]^\alpha[\mu_1(t)]^{1-\alpha} - 1\right]_{f(x,y)>t}$$

$$= MN\frac{1}{\alpha-1}\left[\sum_{g=0}^{t} h(g)\{[g]^\alpha[\mu_0(t)]^{1-\alpha} - 1\} + \sum_{g=t+1}^{L-1} h(g)\{[g]^\alpha[\mu_1(t)]^{1-\alpha} - 1\}\right]$$

$$= MN\frac{1}{\alpha-1}\left[\sum_{g=0}^{t} h(g)[g]^\alpha[\mu_0(t)]^{1-\alpha} + \sum_{g=t+1}^{L-1} h(g)[g]^\alpha[\mu_1(t)]^{1-\alpha} - 1\right] \tag{3.104}$$

忽略掉常数因子 MN, 可得

$$I_\alpha(t) = \frac{1}{\alpha - 1}\left[\sum_{g=0}^{t} h(g)[g]^\alpha[\mu_0(t)]^{1-\alpha} + \sum_{g=t+1}^{L-1} h(g)[g]^\alpha[\mu_1(t)]^{1-\alpha} - 1\right] \tag{3.105}$$

依据 $I_\alpha(t)$ 准则选取的最佳阈值 t^* 为

$$t^* = \arg\min_{0 < t < L-1} I_\alpha(t) \tag{3.106}$$

图 3.6 给出一个分割示例。

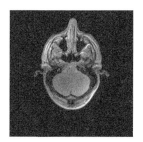 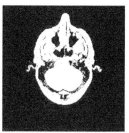

(a) 原图　　　　　(b) α=1.8, t=26

图 3.6　磁共振图像的分割结果

3.4　最小 Renyi 交叉熵法

和 Tsallis 交叉熵 (α-型相对熵) 有所不同, Renyi[30] 引入了 Renyi 交叉熵 (也称为 α-阶相对熵), 其定义为

$$D_{n,\alpha}(P; Q) = \frac{1}{\alpha - 1}\ln\sum_{i=1}^{n} p_i^\alpha q_i^{1-\alpha}, \quad \alpha > 0, \quad \alpha \neq 1 \tag{3.107}$$

有 $\lim\limits_{\alpha \to 1} D_{n,\alpha}(P; Q) = I_n(P; Q)$。如果不考虑对数运算, 上述表达式在一定程度上涵盖了 Bhattacharyya 距离、χ^2-统计。类似于广义 Tsallis 交叉熵, 下面给出广义 Renyi 交叉熵的描述。

对于 $X = \{x_1, \cdots, x_n\}$ 上的两个数组 (向量)$P = \{p_1, \cdots, p_n\}$, $Q = \{q_1, \cdots, q_n\}$ 满足 $\sum\limits_{i=1}^{n} p_i = \sum\limits_{i=1}^{n} q_i \equiv C$, $p_i \geqslant 0$, $q_i > 0 (i = 1, \cdots, n)$, $C > 0$, P 与 Q 的匹配程度可用下式进行描述:

$$D_{n,\alpha}(P; Q) = \frac{1}{C}\frac{1}{\alpha - 1}\ln\sum_{i=1}^{n} p_i^\alpha q_i^{1-\alpha}, \alpha > 0, \quad \alpha \neq 1 \tag{3.108}$$

式中，常数 $1/C$ 在具体计算时可以忽略，该式称为广义 Renyi 交叉熵。

类似于广义 Tsallis 交叉熵进行阈值选取，下面给出广义 Renyi 交叉熵的阈值选取法。对于原图像 X 和二值化图像 $\overline{X}$，其广义 Renyi 交叉熵为

$$
\begin{aligned}
D_\alpha(t) =& \frac{1}{\alpha-1}\left[\ln\sum_{x=1}^{M}\sum_{y=1}^{N}[f(x,y)]^\alpha[\mu_0(t)]^{1-\alpha}\right]_{f(x,y)\leqslant t} \\
&+\frac{1}{\alpha-1}\left[\ln\sum_{x=1}^{M}\sum_{y=1}^{N}[f(x,y)]^\alpha[\mu_1(t)]^{1-\alpha}\right]_{f(x,y)>t} \\
=& MN\frac{1}{\alpha-1}\left[\ln\sum_{g=0}^{t}h(g)[g]^\alpha[\mu_0(t)]^{1-\alpha}+\ln\sum_{g=t+1}^{L-1}h(g)[g]^\alpha[\mu_1(t)]^{1-\alpha}\right]
\end{aligned}
\tag{3.109}
$$

忽略掉常数因子 MN，可得

$$
D_\alpha(t) = \frac{1}{\alpha-1}\left[\ln\sum_{g=0}^{t}h(g)[g]^\alpha[\mu_0(t)]^{1-\alpha}+\ln\sum_{g=t+1}^{L-1}h(g)[g]^\alpha[\mu_1(t)]^{1-\alpha}\right]
\tag{3.110}
$$

依据 $D_\alpha(t)$ 准则选取的最佳阈值 t^* 为

$$
t^* = \arg\min_{0<t<L-1} D_\alpha(t)
\tag{3.111}
$$

图 3.7 给出一个分割示例。

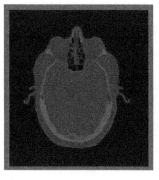 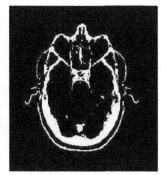

(a) 原图　　　　　　　　　　(b) $\alpha=0.8$, $t=32$

图 3.7　CT 图像的分割结果

3.5 最小倒数交叉熵法

对于 $X = \{x_1, \cdots, x_n\}$ 上的两个概率分布 $P = \{p_1, \cdots, p_n\}$，$Q = \{q_1, \cdots, q_n\}$ 满足 $\sum\limits_{i=1}^{n} p_i = 1$，$\sum\limits_{i=1}^{n} q_i = 1$，$p_i \geqslant 0$，$q_i \geqslant 0 (i = 1, \cdots, n)$，$P$ 与 Q 的倒数交叉熵定义为 [31,32]：$E_n(P, Q) = 1 - 2 \sum\limits_{i=1}^{n} p_i \left(1 + \dfrac{p_i}{q_i}\right)^{-1} = 1 - 2 \sum\limits_{i=1}^{n} \dfrac{p_i q_i}{p_i + q_i}$。$0 \leqslant E_n(P, Q) < 1$，当且仅当 $p_i = q_i (i = 1, \cdots, n)$ 时，$E_n(P, Q) = 0$。下面给出广义倒数交叉熵的描述。

对于 $X = \{x_1, \cdots, x_n\}$ 上的两个数组 (向量)$P = \{p_1, \cdots, p_n\}$，$Q = \{q_1, \cdots, q_n\}$ 满足 $\sum\limits_{i=1}^{n} p_i = \sum\limits_{i=1}^{n} q_i \equiv C$、$p_i \geqslant 0$、$q_i \geqslant 0 (i = 1, \cdots, n)$，$C > 0$，$P$ 与 Q 的匹配程度可用下式进行描述：

$$E_n(P; Q) = \frac{1}{C} \left[1 - 2 \sum_{i=1}^{n} \frac{p_i q_i}{p_i + q_i} \right] \tag{3.112}$$

式中，常数 $1/C$ 在具体计算时可以忽略，该式称为广义倒数交叉熵。

下面给出广义倒数交叉熵的阈值选取法。对于原图像 X 和二值化图像 $\overline{X}$，其广义倒数交叉熵为

$$E(t) = \left[1 - 2 \sum_{x=1}^{M} \sum_{y=1}^{N} \frac{f(x, y) * \mu_0(t)}{f(x, y) + \mu_0(t)} \right]_{f(x,y) \leqslant t} + \left[1 - 2 \sum_{x=1}^{M} \sum_{y=1}^{N} \frac{f(x, y) * \mu_1(t)}{f(x, y) + \mu_1(t)} \right]_{f(x,y) > t}$$

$$= MN \left\{ 1 - 2 \left[\sum_{g=0}^{t} h(g) \frac{g * \mu_0(t)}{g + \mu_0(t)} + \sum_{g=t+1}^{L-1} h(g) \frac{g * \mu_1(t)}{g + \mu_1(t)} \right] \right\} \tag{3.113}$$

忽略掉常数因子 MN，可得

$$E(t) = 1 - 2 \left[\sum_{g=0}^{t} h(g) \frac{g * \mu_0(t)}{g + \mu_0(t)} + \sum_{g=t+1}^{L-1} h(g) \frac{g * \mu_1(t)}{g + \mu_1(t)} \right] \tag{3.114}$$

依据 $E(t)$ 准则选取的最佳阈值 t^* 为

$$t^* = \arg \min_{1 < t < L} E(t) \tag{3.115}$$

图 3.8 给出一个分割示例。

(a) 原图　　　　　　　(b) 分割后图像

图 3.8　月亮图像的分割结果

3.6　最小指数交叉熵法

对于 $X = \{x_1, \cdots, x_n\}$ 上的两个概率分布 $P = \{p_1, \cdots, p_n\}$, $Q = \{q_1, \cdots, q_n\}$ 满足 $\sum\limits_{i=1}^{n} p_i = 1$, $\sum\limits_{i=1}^{n} q_i = 1$, $p_i \geqslant 0$. $q_i > 0 (i = 1, \cdots, n)$, P 与 Q 的指数交叉熵定义为 [33]: $D_n(P,Q) = 1 - \sum\limits_{i=1}^{n} p_i \mathrm{e}^{1 - \frac{p_i}{q_i}}$。$0 \leqslant D_n(P,Q) < 1$, 当且仅当 $p_i = q_i (i = 1, \cdots, n)$ 时, $D_n(P,Q) = 0$。下面给出广义指数交叉熵的描述。

对于 $X = \{x_1, \cdots, x_n\}$ 上的两个数组 (向量)$P = \{p_1, \cdots, p_n\}$, $Q = \{q_1, \cdots, q_n\}$ 满足 $\sum\limits_{i=1}^{n} p_i = \sum\limits_{i=1}^{n} q_i \equiv C$, $p_i \geqslant 0$、$q_i > 0 (i = 1, \cdots, n)$, $C > 0$, P 与 Q 的匹配程度可用下式进行描述:

$$D_n(P; Q) = \frac{1}{C} \left(1 - \sum_{i=1}^{n} p_i \mathrm{e}^{1 - \frac{p_i}{q_i}} \right) \tag{3.116}$$

式中, 常数 $1/C$ 在具体计算时可以忽略, 该式称为广义指数交叉熵。

下面给出广义指数交叉熵的阈值选取法。对于原图像 X 和二值化图像 $\overline{X}$, 其广义指数交叉熵为

$$D(t) = \left[1 - \sum_{x=1}^{M} \sum_{y=1}^{N} f(x,y) \mathrm{e}^{1 - \frac{f(x,y)}{\mu_0(t)}} \right]_{f(x,y) \leqslant t}$$
$$+ \left[1 - \sum_{x=1}^{M} \sum_{y=1}^{N} f(x,y) \mathrm{e}^{1 - \frac{f(x,y)}{\mu_1(t)}} \right]_{f(x,y) > t}$$

$$=MN\left\{1-\left[\sum_{g=0}^{t}h(g)g\mathrm{e}^{1-\frac{g}{\mu_0(t)}}+\sum_{g=t+1}^{L-1}h(g)g\mathrm{e}^{1-\frac{g}{\mu_1(t)}}\right]\right\} \tag{3.117}$$

忽略掉常数因子 MN，可得

$$D(t)=1-\left[\sum_{g=0}^{t-1}h(g)g\mathrm{e}^{1-\frac{g}{\mu_0(t)}}+\sum_{g=t+1}^{L-1}h(g)g\mathrm{e}^{1-\frac{g}{\mu_1(t)}}\right] \tag{3.118}$$

依据 $D(t)$ 准则选取的最佳阈值 t^* 为

$$t^*=\arg\min_{0<t<L-1}D(t) \tag{3.119}$$

图 3.9 给出一个分割示例。

(a) 原图　　　　　　　　　　(b) 分割后图像

图 3.9　摄影师图像的分割结果

3.7　最小 Itakura-Saito 散度法

Itakura-Saito 散度最早出现在语音识别中，后来在信息论中得到广泛研究和应用，它可看成是一种 Bregman 散度，在非监督聚类中得到广泛应用。Itakura-Saito 散度定义为

$$d_{\mathrm{b}}(p,q)=\frac{p}{q}-\ln\left(\frac{p}{q}\right)-1$$

式中要求 p 和 q 同符号，且 $q\neq 0$。Itakura-Saito 散度具有以下典型性质：

(1) $d_{\mathrm{b}}(p,q)\geqslant 0, d_{\mathrm{b}}(p,q)=0$，当且仅当 $p=q$；

(2) 若 $p\neq q$，则 $d_{\mathrm{b}}(p,q)\neq d_{\mathrm{b}}(q,p)$；

(3) $d_{\mathrm{b}}(p,q)+d_{\mathrm{b}}(q,r)$ 与 $d_{\mathrm{b}}(p,r)$ 之间一般不满足三角不等式关系；

(4) $d_{\rm b}(p,q) + d_{\rm b}(q,p) = \dfrac{(p-q)^2}{pq}$。

为了便于描述，本节假定像素在 $G = [1, 2, \cdots, L]$ 上取值。考虑到 Itakura-Saito 散度的不对称性，基于 Itakura-Saito 散度的阈值选取方法可分为三大类 [34]，其中第一种方法是

$$t^* = \arg \min_{1<g<L} \left[\sum_{g=1}^{t} h(g) \left(\frac{g}{\mu_0(t)} - \ln\left(\frac{g}{\mu_0(t)}\right) - 1 \right) \right.$$

$$\left. + \sum_{g=t+1}^{L} h(g) \left(\frac{g}{\mu_1(t)} - \ln\left(\frac{g}{\mu_1(t)}\right) - 1 \right) \right]$$

$$= \arg \min_{1<g<L} \left[\sum_{g=1}^{t} h(g) \ln \frac{u_0(t)}{g} + \sum_{g=t+1}^{L} h(g) \ln \frac{u_1(t)}{g} \right] \qquad (3.120)$$

第二种方法是

$$t^* = \arg \min_{1<g<L} \left[\sum_{g=1}^{t} h(g) \left(\frac{\mu_0(t)}{g} - \ln \frac{\mu_0(t)}{g} - 1 \right) \right.$$

$$\left. + \sum_{g=t+1}^{L} h(g) \left(\frac{\mu_1(t)}{g} - \ln \frac{\mu_1(t)}{g} - 1 \right) \right]$$

$$= \arg \min_{1<g<L} \left[\sum_{g=1}^{t} h(g) \left(\frac{\mu_0(t)}{g} - \ln \frac{\mu_0(t)}{g} \right) \right.$$

$$\left. + \sum_{g=t+1}^{L} h(g) \left(\frac{\mu_1(t)}{g} - \ln \frac{\mu_1(t)}{g} \right) \right] \qquad (3.121)$$

第三种方法是将上面两个准则组合在一起

$$t^* = \arg \min_{1<g<L} \left[\sum_{g=1}^{t} h(g) \frac{(g - \mu_0(t))^2}{g\mu_0(t)} + \sum_{g=t+1}^{L} h(g) \frac{(g - \mu_1(t))^2}{g\mu_1(t)} \right] \qquad (3.122)$$

有关这三种表述的对比实验可参考文献 [34]。

3.3 节 ~3.6 节介绍的方法，也可用类似 3.7 节的处理得到另外两类阈值选取准则，这里不再一一叙述。另外，上述阈值选取准则只是针对一维灰度直方图来描述的，也可将其方法推广到高维，有兴趣的读者可参考文献 [35]~[42]。结合智能优化算法的最小交叉熵法的文献可参阅文献 [43]~[46]。

参 考 文 献

[1] COVER T M, THOMAS J A. 信息论基础 [M]. 2 版. 阮吉寿, 张华, 译. 北京: 机械工业出版社, 2008.

[2] 范九伦, 谢勰, 张雪锋. 离散信息论基础 [M]. 北京: 北京大学出版社, 2010.

[3] KULLBACK S. Information Theory and Statistics[M]. New York: Wiley, 1959.

[4] KULLBACK S, LEIBLER R A. On information and sufficiency[J]. Annals of Mathematical Statistics, 1951, 22(1): 79-86.

[5] RAO C R. Linear Statistical Inference and Its Applications[M]. 2nd Edition. NewYork: Wiley, 1973.

[6] BASSEVILLE M. Divergence measures for statistical data processing——an annotated bibliography[J]. Signal Processing, 2013, 93(4): 621-633.

[7] LI C H, LEE C K. Minimum cross entropy thresholding[J]. Pattern Recognition, 1993, 26(4): 617-625.

[8] FAN J L. Notes on Poisson distribution-based minimum error thresholding[J]. Pattern Recognition Letters, 1998, 19(5-6): 425-431.

[9] JEFFREYS H. An invariant form for the prior probability in estimation problems[J]. Proceedings of the Royal Society of London. Series A, Mathematical and Physical Sciences, 1946, 186(1007):453-461.

[10] LI C H, TAM P K S. An iterative algorithm for minimum cross entropy thresholding[J]. Pattern Recognition Letters, 1998, 19(8): 771-776.

[11] ATKINSON K E. An Introduction to Numerical Analysis[M]. New York: Wiley, 1988.

[12] DAINTY J C, SHOW R. Image Science[M]. New York: Academic Press, 1974.

[13] PAL N R. On minimum cross-entropy thresholding[J]. Pattern Recognition, 1996, 29(4): 575-580.

[14] PAL N R, BHANDARI D. On object background classification[J]. International Journal of Systems Science, 1992, 23(11): 1903-1920.

[15] PAL N R, PAL S K. Image model, Poisson distribution and object extraction[J]. International Journal of Pattern Recognition and Artificial Intelligence,1991, 5(3): 439-483.

[16] 雷博, 范九伦. 灰度图像的二维交叉熵阈值分割法 [J]. 光子学报, 2009, 38(6): 1572-1576.

[17] 范九伦, 雷博. 灰度图像的二维交叉熵直线型阈值分割法 [J]. 电子学报, 2009, 37(3): 476-480.

[18] 吴一全, 吴诗婳, 占必超, 等. 基于改进的二维交叉熵及 Tent 映射 PSO 的阈值分割 [J]. 系统工程与电子技术, 2012, 34(3): 603-609.

[19] 吴一全, 张晓杰, 吴诗婳. 2 维对称交叉熵图像阈值分割 [J]. 中国图象图形学报, 2011, 16(8): 1393-1401.

[20] 吴一全, 张晓杰, 吴诗婳. 基于混沌弹性粒子群优化与基于分解的二维交叉熵阈值分割 [J]. 上海交通大学学报, 2011, 45(3): 301-307.

[21] 张新明, 党留群, 郑延斌, 等. 一种改进的二维最小交叉熵图像分割方法 [J]. 光电工程, 2010, 37(11): 103-109.

[22] PEARSON K. On the criterion that a given system of deviations from the probable in the case of a correlated system of variables is such that it can be reasonably supposed to have arisen from random sampling[J]. Philosophical Magazine Series, 1900, 50(5): 157-175.

[23] BRINK A D, PENDOCK N E. Minimun cross-entropy threshold selection[J]. Pattern Recognition, 1996, 29(1):179-188.

[24]　BHATTACHARYYA A. Some analogues to the amount of information and their uses in statis-tical estimation[J].Sankhya, 1946, 8(1):1-14.

[25]　HELLINGER E. Neue begründung der theorie quadratischen formen von unendlichen veran-derlichen[J]. Journal für die reine und angewandte Mathematik, 1909, 136: 210-271.

[26]　SETH A K, KAPUR J N. A comparative assessment of entropic and non-entropic methods of estimation[M]. Dordrecht: Kluwer Academic Publishers, 1990.

[27]　SHARAM B D, AUTAR R. Relative information function and their type (α, β)generalizations[J]. Metrika, 1974, 21(1): 41-50.

[28]　TSALLIS C. Possible generalization of Boltzmann-Gibbsstatistics[J]. Journal of Statistical Physics, 1988, 52(1-2): 479-487.

[29]　FUFUICHI S. Fundamental properties on Tsallis entropy[J]. Journal of Physics: Condensed, 2005, 4:1-12.

[30]　RENYI A. On Measures of Entropy and Information[M]. Berkeley: University of California Press, 1961.

[31]　吴一全, 孟天亮. 分解的二维倒数交叉熵图像阈值选取 [J]. 信号处理, 2014, 29(7): 800-808.

[32]　吴一全, 孟天亮, 王凯. 基于斜分倒数交叉熵和蜂群优化的火焰图像阈值选取 [J]. 光学精密工程, 2014, 22(1): 235-243.

[33]　张晓杰, 吴一全, 吴诗婳. 基于分解的二维指数交叉熵图像阈值分割 [J]. 信号处理, 2011, 27(4): 546-551.

[34]　赵勇, 吴成茂. 基于 Itakura-Saito 散度的图像分割法 [J]. 西安邮电学院学报, 2007, 12(1): 80-83.

[35]　纪守新, 吴一全, 占必超. 基于二维对称交叉熵的红外图像阈值分割 [J]. 光电子 · 激光, 2010, 21(12): 1871-1876.

[36]　来磊, 卢文科, 邓开连. 基于二维 Tsallis 交叉熵直线型图像阈值分割方法 [J]. 计算机技术与发展, 2010, 20(6): 105-108.

[37]　梅蓉, 姜长生, 陈谋. 基于遗传算法的二维最小交叉熵的动态图像分割 [J]. 电光与控制, 2005, 12(1): 30-34.

[38]　唐英干, 邸秋艳, 关新平, 等. 基于最小 Tsallis 交叉熵的阈值图像分割方法 [J]. 仪器仪表学报, 2008, 29(9): 1868-1872.

[39]　唐英干, 邸秋艳, 赵立新, 等. 基于二维最小 Tsallis 交叉熵的图像阈值分割方法 [J]. 物理学报, 2009, 58(1): 9-15.

[40]　吴诗婳, 吴一全, 周建江. 基于 Tsallis 交叉熵快速迭代的河流遥感图像分割 [J]. 信号处理, 2016, 32(5): 598-607.

[41]　吴一全, 沈毅, 刚铁, 等. 基于二维对称 Tsallis 交叉熵的小目标图像阈值分割 [J]. 仪器仪表学报, 2011, 32(10): 2161-2167.

[42]　张新明, 陶雪丽, 郑延斌, 等. 中值邻域二维最小交叉 Tsallis 熵的快速图像分割 [J]. 电光与控制, 2011, 18(5): 28-32.

[43]　SARKAR S, DAS S, CHAUDHURI S S. A multilevel color image thresholding scheme based on minimum cross entropy and differential evolution[J]. Pattern Recognition Letters, 2015, 54(1): 27-35.

[44]　PARE S, KUMAR A, BAJAJ V. An efficient method for multilevel color image thresholding using cuckoo search algorithm based on minimum cross entropy[J]. Applied Soft Computing, 2017, 61: 570-592.

[45]　DIEGO O, SALVADOR H, ERIK C. Cross entropy based thresholding for magnetic resonance

brain images using crow search algorithm[J]. Expert Systems with Applications, 2017, 79: 164-180.

[46] DIEGO O, SALVADOR H, VALENTIN O E. Image segmentation by minimum cross entropy using evolutionary methods[J]. Soft Computing, 2019, 23(2): 431-450.

第4章　信息熵阈值法

熵的概念最先于 1865 年由 Clausius 引入，以孤立系统熵增加定律的形式表达热力学第二定律。1896 年，Bolzm 等把熵与系统的可积微分状态数联系起来，说明了熵的统计意义。1948 年，Shannon 将统计熵概念推广应用于信息领域，以表示信源的不确定性。信息论定义的信息熵表征了信源整体的统计特性，是总体平均不确定性的量度，即信息熵表征了变量的随机性。图像无疑也可以作为一种信息来源，并且其像素的灰度分布也具有随机性，故人们将信息论的成果引入图像的处理中并取得了很好的效果。

对于一个离散概率分布 $P = (p_1, p_2, \cdots, p_n)\left(\sum_{i=1}^{n} p_i = 1\right)$，Shannon 定义信息熵为 [1-4]：$H = -\sum_{i=1}^{n} p_i \ln p_i$。$H$ 被用作描述信息增益、信息的不确定性及对信息的选取。Shannon 给出 H 的几个基本性质，其中包括 H 是非负的且其上界为 $n \ln n$；$H = 0$ 当且仅当 P 是一个确定性分布；$H = n \ln n$ 当且仅当 P 是均匀分布。

当对概率分布知之太少或一无所知时，常用"最大熵原理"作为选取一个先验概率分布的标准。应用最大熵原理，对于给定数量的信息，能够最好地描述知识的概率分布是在论据约束下以使 Shannon 信息熵最大化的概率分布。最大熵是由 Jaynes[5] 提出来的，用于推断有约束的未知概率分布，约束的作用是限定解集，使得解集仅包含与数据一致的解。由于推断常常是对于不充分数据进行的，当附加这些约束时得到的解不止一个，通过最大化信息熵，人们试图最大化信息增益，或等价地获得一个解，该解与先验知识相匹配，但对已知之外的内容不做任何假设。当缺乏任何先验信息时，最大熵分布就是均匀分布，这可看成是对 Laplace 不充分推理原理的应用。该原理指出，当没有一个概率事件的先验知识时，均匀分布是最无偏的。

从概念起源上讲，Shannon 熵是对关注一个系统的信息内容的不确定性度量的 Boltzmann/Gibbs 熵的再定义。Shannon 熵公式只在 Boltzmann-Gibbs-Shannon (BGS) 统计的有效域内适用，该统计揭示了有效的微观交互和微观记忆是短程状态时的特征。一般的，服从 BGS 统计的系统称为广延系统，其特征是熵公式 $H(\cdot)$ 满足广延性（可加性）。即当一个物理系统能够分解为两个统计独立的子系统 A 和 B 时（此时，$p(A+B) = p(A) \cdot p(B)$，p 表示概率），$H(\cdot)$ 满足 $H(A+B) = H(A) + H(B)$。然而，现实中有一类物理系统，需要远程交互，具有长时记忆和分形结构，此时需要对 BGS 统计进行扩展，以适应非广延系统。非广延系统的特征是熵公式 $H_q(\cdot)$(q 为实数，用来刻画非广延性的程度) 满足伪可加性。即对于统计独立系统，$H_q(\cdot)$ 满足 $H_q(A+B) = H_q(A) + H_q(B) + f(q)H_q(A)H_q(B)$，其中 $f(q)$ 是 q 的函数。由此得到熵的三个分类 [6]：① 次 (下) 广延熵 ($q < 1$)，$H_q(A+B) < H_q(A) + H_q(B)$；② 广延熵 ($q = 1$)，$H_q(A+B) = H_q(A) + H_q(B)$；③ 超 (上) 广延熵 ($q > 1$)，$H_q(A+B) > H_q(A) + H_q(B)$。

图像处理系统可以看成是一个通信系统，信息通过媒质从信源传送到信宿。信源是一个景物，媒质由图像获取系统、灰度图像和图像处理系统组成。信宿是一个使用媒质的输出，即处理过的图像的观察体。该观察体可以是一个图像处理系统、图像理解系统，甚至是人自身。传递给观察体的信息是与观察体的任务密切相关的。例如，如果观察体需要确定景物中是否存在某一目标，那么传递的信息应是像元是否属于该目标。这时，从灰度图像可生成一个被分割的图像并呈现给观察体。

基于上述认识，可以依据信息论中的熵概念进行阈值选取。根据使用熵方式的不同，熵阈值法可分成两组。第一组方式的出发点是分割后的图像可看成是具有一定出现概率的两个或两个以上的目标物。既然这些概率与阈值化后的目标有关，则称它们为后验概率。根据这些后验概率，可以定义后验熵。在各种不同约束下通过最大化这个后验熵可获得阈值。第二组方式认为被分割图像由两个事件组成，每个事件可由一个概率密度函数描述，根据图像内部存在的均匀全局性关联状况，此时可采用广延熵或非广延熵来获取阈值。

为了叙述清楚、简单，本章仍以常见的单阈值问题进行论述。原则上，对多阈值问题可直接推广得到。

4.1 最大后验信息阈值法

本节介绍两类基于后验信息的阈值法，一类是最大后验熵阈值法；另一类是最大阈值化图像信息阈值法。

4.1.1 最大后验熵阈值法

1. 最大后验熵阈值法表达式

1981 年，Pun[7] 首先提出了最大后验熵阈值法。对于具有 L 个灰度级 $G = [0, 1, \cdots, L-1]$，大小为 $M \times N$ 的数字图像 $f(x,y)$，每个灰度 g 出现的频率为 $h(g)$。当用阈值 t 进行分割时，得到关于目标和背景的两个后验概率：

$$P_0(t) = \sum_{g=0}^{t} h(g) \tag{4.1}$$

$$P_1(t) = \sum_{g=t+1}^{L-1} h(g) \tag{4.2}$$

则后验熵定义为

$$H(t) = -P_0(t)\ln P_0(t) - P_1(t)\ln P_1(t) \tag{4.3}$$

最佳阈值 t^* 取在

$$t^* = \arg \max_{0<t<L-1} H(t) \tag{4.4}$$

当对图像一无所知时，可以通过使 $H(t)$ 最大来获得阈值。但使 $H(t)$ 最大会给出 $P_0(t) = P_1(t) = 0.5$ 的一般结果，因此当没有关于图像的充分信息时，最大熵原理建议阈值选在使目标和背景像元所占比例相等的位置，图 4.1 给出了一个示例。

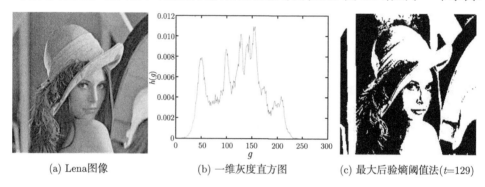

(a) Lena图像   (b) 一维灰度直方图   (c) 最大后验熵阈值法(t=129)

图 4.1 Lena 图像的分割结果

为了避免这种一般解，Pun 通过使后验熵的上限 $F(t)$ 最大来确定阈值：

$$F(t) = \frac{H_t}{H_{t-1}} \frac{\ln P_0(t)}{\ln(\max\{h(0),\cdots,h(t)\})} + \left(1 - \frac{H_t}{H_{t-1}}\right) \frac{\ln P_1(t)}{\ln(\max\{h(t+1),\cdots,h(L-1)\})} \tag{4.5}$$

式中，$H_t = -\sum_{g=0}^{t} h(g)\ln h(g)$；$H_{t-1} = -\sum_{g=0}^{t-1} h(g)\ln h(g)$。

但是这一方式并不正确。例如，$F(t)$ 的最大值甚至可能对应 $H(t)$ 的最小值 [8]，1981 年，Pun[9] 又提出使用各向异性系数 α 来选取阈值，这里

$$\alpha = \frac{\sum_{g=0}^{m} h(g)\ln h(g)}{\sum_{g=0}^{t-1} h(g)\ln h(g)} \tag{4.6}$$

式中, m 是使得 $\sum\limits_{g=0}^{m} h(g) \geqslant 0.5$ 的最小整数。最佳阈值 t^* 满足

$$\sum_{g=0}^{t^*} h(g) = \begin{cases} 1-\alpha, \alpha \leqslant 0.5 \\ \alpha, \alpha > 0.5 \end{cases} \tag{4.7}$$

但这种方法会导致 $t^* \geqslant m$, 因此引入了不必要的偏移。

2. 等价描述

1) 互信息法

互信息是信息论中的一个基本概念, 是两个随机变量统计相关性的一种描述。对于两个随机变量 (概率分布)$P = \{p_1, \cdots, p_n\}$, $Q = \{q_1, \cdots, q_n\}$, P 与 Q 的互信息定义为 [1-4]

$$\begin{aligned} I(P,Q) &= H(P) - H(P|Q) \\ &= H(Q) - H(Q|P) \\ &= H(P) + H(Q) - H(PQ) \end{aligned} \tag{4.8}$$

P 与 Q 的互信息值越大, 表明 P 与 Q 相关性越大。特别的, 对于两幅图像 A 和 B, 用 $p_A(a)$ 和 $p_B(b)$ 分别表示 A 和 B 的灰度直方图, $p_{AB}(a,b)$ 表示 A 和 B 的联合灰度直方图, 那么 A 和 B 的互信息可表示为

$$I(A,B) = \sum_{a=0}^{L-1} \sum_{b=0}^{L-1} p_{AB}(a,b) \ln \frac{p_{AB}(a,b)}{p_A(a)p_B(b)} \tag{4.9}$$

对于原图像 X 和阈值化图像 $\overline{X}$, 可以通过两者的互信息最大作为选取阈值的准则。由 2.1.1 小节的叙述, 对于给定的图像 X, 阈值选为 t, 把 X 中小于等于灰度 t 的像素的灰度用 $\mu_0(t)$ 代替, 大于灰度 t 的像素的灰度用 $\mu_1(t)$ 代替, 这样得到了一幅二值图像 $\overline{X}$。于是有定义在 $G = [0, 1, \cdots, L-1]$ 上的原图像 X 的灰度直方图和定义在 $\overline{G} = \{\mu_0(t), \mu_1(t)\}$ 上的二值化灰度直方图, 图像的灰度直方图为 $P_{\overline{X}} = \{P_0(t), P_1(t)\}$。有

$$p\{i = g, j = \mu_0(t)\} = \begin{cases} h(g), & g \leqslant t \\ 0, & g > t \end{cases} \tag{4.10}$$

$$p\{i = g, j = \mu_1(t)\} = \begin{cases} 0, & g \leqslant t \\ h(g), & g > t \end{cases} \tag{4.11}$$

这样互信息为

$$\begin{aligned}
I(X,\overline{X}) &= \sum_{i=0}^{L-1} p\{i=g, j=\mu_0(t)\} \ln \frac{p\{i=g, j=\mu_0(t)\}}{p_X(i)p_{\overline{X}}(j)} \\
&\quad + \sum_{i=0}^{L-1} p\{i=g, j=\mu_1(t)\} \ln \frac{p\{i=g, j=\mu_1(t)\}}{p_X(i)p_{\overline{X}}(j)} \\
&= \sum_{g=0}^{t} h(g) \ln \frac{h(g)}{h(g)P_0(t)} + \sum_{g=t+1}^{L-1} h(g) \ln \frac{h(g)}{h(g)P_1(t)} \\
&= -\sum_{g=0}^{t} h(g) \ln P_0(t) - \sum_{g=t+1}^{L-1} h(g) \ln P_1(t) \\
&= -P_0(t) \ln P_0(t) - P_1(t) \ln P_1(t)
\end{aligned}$$

因此互信息法等价于后验熵法。

2) 相关距离法

对于两个随机变量 (概率分布)$P = \{p_1,\cdots,p_n\}$，$Q = \{q_1,\cdots,q_n\}$，条件熵 $H(P|Q)$ 描述了已知 Q 时 P 的剩余不确定性。于是 $d(P,Q) = \dfrac{H(P|Q)}{H(P)}$ 是一个 P 与 Q 之间的相关距离，该表达式是不对称的。其对称相关距离定义为 [10]

$$d(P,Q) = \begin{cases} \dfrac{H(P|Q)}{H(P)}, & H(P) \geqslant H(Q) \\[2mm] \dfrac{H(Q|P)}{H(Q)}, & H(Q) \geqslant H(P) \end{cases} \tag{4.12}$$

对于原图像 X 和阈值化图像 $\overline{X}$，可以通过两者的相关距离最小作为选取阈值的准则。根据式 (4.10)、式 (4.11) 及

$$p\{i=g \,|\, j=\mu_0(t)\} = \begin{cases} \dfrac{h(g)}{P_0(t)}, & g \leqslant t \\[2mm] 0, & g > t \end{cases} \tag{4.13}$$

$$p\{i=g \,|\, j=\mu_1(t)\} = \begin{cases} 0, & g \leqslant t \\[2mm] \dfrac{h(g)}{P_1(t)}, & g > t \end{cases} \tag{4.14}$$

$$p\{j=\mu_0(t) \,|\, i=g\} = \begin{cases} 1, & g \leqslant t \\ 0, & g > t \end{cases} \tag{4.15}$$

$$p\{j=\mu_1(t) \,|\, i=g\} = \begin{cases} 0, & g \leqslant t \\ 1, & g > t \end{cases} \tag{4.16}$$

可得

$$H(X) = - \sum_{g=0}^{L-1} h(g) \ln h(g)$$

$$H(\overline{X}) = - P_0(t) \ln P_0(t) - P_1(t) \ln P_1(t)$$

$$H(X \,|\, \overline{X}) = \sum_{i=0}^{L-1} p\{i = g, j = \mu_0(t)\} \ln p\{i = g \,|\, j = \mu_0(t)\}$$

$$+ \sum_{i=0}^{L-1} p\{i = g, j = \mu_1(t)\} \ln p\{i = g \,|\, j = \mu_1(t)\}$$

$$= \sum_{g=0}^{t} h(g) \ln \frac{h(g)}{P_0(t)} + \sum_{g=t+1}^{L-1} h(g) \ln \frac{h(g)}{P_1(t)}$$

$$= \sum_{g=0}^{L-1} h(g) \ln h(g) - \sum_{g=0}^{t} h(g) \ln P_0(t) - \sum_{g=t+1}^{L-1} h(g) \ln P_1(t)$$

$$= \sum_{g=0}^{L-1} h(g) \ln h(g) - P_0(t) \ln P_0(t) - P_1(t) \ln P_1(t)$$

$$H(\overline{X} \,|\, X) = \sum_{i=0}^{L-1} p\{i = g, j = \mu_0(t)\} \ln p\{j = \mu_0(t) \,|\, i = g\}$$

$$+ \sum_{i=0}^{L-1} p\{i = g, j = \mu_1(t)\} \ln p\{j = \mu_1(t) \,|\, i = g\}$$

$$= 0$$

由 $ - \sum_{g=0}^{t} h(g) \ln h(g) \geqslant - \sum_{g=0}^{t} h(g) \ln P_0(t) = -P_0(t) \ln P_0(t)$

$$- \sum_{g=t+1}^{L-1} h(g) \ln h(g) \geqslant - \sum_{g=t+1}^{L-1} h(g) \ln P_1(t) = -P_1(t) \ln P_1(t)$$

知 $H(X) \geqslant H(\overline{X})$。于是

$$d(X, \overline{X}) = \frac{H(X \,|\, \overline{X})}{H(X)}$$

$$= \frac{\sum_{g=0}^{L-1} h(g) \ln h(g) - P_0(t) \ln P_0(t) - P_1(t) \ln P_1(t)}{\sum_{g=0}^{L-1} h(g) \ln h(g)}$$

因此,最小化 $d(X, \overline{X})$ 等价于最大化 $-P_0(t) \ln P_0(t) - P_1(t) \ln P_1(t)$。

4.1.2　约束条件下的最大后验熵阈值法

为了避免 Pun 方法存在的一般解问题，Wong 等 [11] 给出了一种在约束条件下求解最大后验熵的方法。

考虑到图像的均匀性测度 $U(t)$ 和形状测度 $S(t)$ 是两个评价图像分割质量的重要客观标准，对于一幅图像，可以分别依据 $U(t)$ 和 $S(t)$ 来选择阈值，即

$$t_1 = \arg \max_{0<t<L-1} U(t) \tag{4.17}$$

$$t_2 = \arg \max_{0<t<L-1} S(t) \tag{4.18}$$

通常 $t_1 \neq t_2$。原则上，希望阈值后的图像能有最大的均匀性和最大的形状信息，也就是说，希望阈值 t 满足 $\min(t_1,t_2) \leqslant t \leqslant \max(t_1,t_2)$。

由于 $P(t) = \sum_{g=0}^{t} h(g)$ 是关于 t 的单调增函数，于是有

$$\min(P(t_1), P(t_2)) \leqslant P(t) \leqslant \max(P(t_1), P(t_2))$$

这样，约束条件下的最大后验熵阈值法为

$$\begin{cases} t^* = \arg \max_{0<t<L-1} (-P_0(t)\ln P_0(t) - P_1(t)\ln P_1(t)) \\ \min(P(t_1), P(t_2)) \leqslant P(t) \leqslant \max(P(t_1), P(t_2)) \end{cases} \tag{4.19}$$

已经证明上述问题总有唯一解 [12]，因此最优阈值 t^* 由下面表达式确定：

$$\begin{cases} t^* = \arg \max_{0<t<L-1} H(t) \\ \min(t_1,t_2) \leqslant t \leqslant \max(t_1,t_2) \end{cases} \tag{4.20}$$

注意到 $P(t)$ 是 t 的单调增函数，上述问题的解可分几种情况进行讨论。

不失一般性，不妨假设 $t_1 \leqslant t_2$。如果 $0 \leqslant P(t_1) \leqslant P(t_2) \leqslant 0.5$，则最大熵解为 $P(t) = P(t_2)$；如果 $0.5 \leqslant P(t_1) \leqslant P(t_2) \leqslant 1$，则最大熵解为 $P(t) = P(t_1)$；如果 $0 \leqslant P(t_1) \leqslant 0.5 \leqslant P(t_2) \leqslant 1$，则最大熵解为 $P(t) = 0.5$。综上分析，最佳阈值 t^* 为

$$t^* = \begin{cases} \max(t_1,t_2), & P(t_1), P(t_2) \in [0, 0.5) \\ \min(t_1,t_2), & P(t_1), P(t_2) \in [0.5, 1] \\ t, & P(t_1) \in [0, 0.5) 且 P(t_2) \in [0.5, 1] \\ t, & P(t_1) \in [0.5, 1] 且 P(t_2) \in [0, 0.5) \end{cases} \tag{4.21}$$

式中，t 是满足 $P(t) = 0.5$ 的灰度值。图 4.2 给出了一个示例，可以看出，约束条件下的最大后验熵阈值法比最大后验熵阈值法的适应性要强。

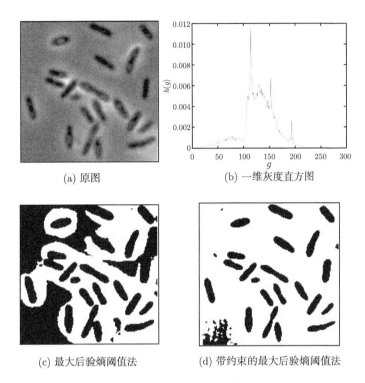

(a) 原图   (b) 一维灰度直方图

(c) 最大后验熵阈值法   (d) 带约束的最大后验熵阈值法

图 4.2 细菌图像的分割结果

4.1.3 最大阈值化图像信息阈值法

1. 阈值化图像信息

从通信的角度看，阈值选取可解释为通过数据处理过程，使得输出为一个阈值化图像，该图像含有一定量的有关景物的信息。

如果把阈值化看成含有一定量的和景物相关的数据处理过程，那么阈值化准则可基于最大化阈值图像含有的信息，使得观察体能给出关于景物的最大信息量。这样可通过图像的后验熵和先验信息来产生这个阈值[13]。

假设图像系统获得了一个具有 $X = M \times N$ 个像元的灰度图像，并假设目标部分的像元有 $\alpha M \times N$ 个，背景部分的像元有 $(1-\alpha)M \times N$ 个，这里 $0 < \alpha < 1$。用 F_0、F_1、F 分别表示目标像元集、背景像元集和复合图像像元集，目标像元灰度值的概率密度函数记为 $P(\text{灰度值} = g|(x,y) \in F_0) = f_0(g)$，背景像元灰度值的概率密度函数记为 $P(\text{灰度值} = g|(x,y) \in F_1) = f_1(g)$，复合图像像元的概率密度函数记作 $P(\text{灰度值} = g|(x,y) \in F) = f(g)$，那么

$$f(g) = \alpha f_0(g) + (1-\alpha)f_1(g) \tag{4.22}$$

如果从图像中选取像元 (x, y) 是随机的, 则 (x, y) 属于目标 C_0 的概率为 α, 属于背景 C_1 的概率为 $1 - \alpha$, 即 $P((x, y) \in C_0) = \alpha$, $P((x, y) \in C_1) = 1 - \alpha$。于是 (x, y) 属于目标和背景的不确定度由下述熵公式描述:

$$H(X) = -\alpha \ln \alpha - (1 - \alpha) \ln(1 - \alpha) = H_2[\alpha, 1 - \alpha] \tag{4.23}$$

上述公式表示在不考虑其他信息的情况下, 关于一个景物的像元分类状况的平均不确定性。

对于像元 (x, y), 其灰度值 $g \in G = [0, 1, \cdots, L - 1]$, (x, y) 属于目标的后验概率为

$$P((x, y) \in F_0 | g) = \frac{\alpha f_0(g)}{f(g)} \tag{4.24}$$

类似地, (x, y) 属于背景的后验概率为

$$P((x, y) \in F_1 | g) = \frac{(1 - \alpha) f_1(g)}{f(g)} \tag{4.25}$$

因此 (x, y) 属于各个部分的不确定性可用下式描述:

$$H((x, y) | g) = H_2 \left[\frac{\alpha f_0(g)}{f(g)}, \frac{(1 - \alpha) f_1(g)}{f(g)} \right] \tag{4.26}$$

整个图像的平均不确定性由 $H((x, y) | g)$ 的加权和给出:

$$\begin{aligned}
H(X | G) &= \sum_{g=0}^{L-1} f(g) H_2 \left[\frac{\alpha f_0(g)}{f(g)}, \frac{(1 - \alpha) f_1(g)}{f(g)} \right] \\
&= \sum_{g=0}^{L-1} f(g) \left[-\frac{\alpha f_0(g)}{f(g)} \ln \frac{\alpha f_0(g)}{f(g)} - \frac{(1 - \alpha) f_1(g)}{f(g)} \ln \frac{(1 - \alpha) f_1(g)}{f(g)} \right] \\
&= -\sum_{g=0}^{L-1} \left[\alpha f_0(g) \ln \frac{\alpha f_0(g)}{f(g)} + (1 - \alpha) f_1(g) \ln \frac{(1 - \alpha) f_1(g)}{f(g)} \right] \\
&= [-\alpha \ln \alpha - (1 - \alpha) \ln(1 - \alpha)] - \alpha \sum_{g=0}^{L-1} f_0(g) \ln f_0(g) \\
&\quad - (1 - \alpha) \sum_{g=0}^{L-1} f_1(g) \ln f_1(g) + \sum_{g=0}^{L-1} f(g) \ln f(g) \\
&= H(X) + \alpha H(F_0) + (1 - \alpha) H(F_1) - H(F) \tag{4.27}
\end{aligned}$$

式中, $H(F_0)$、$H(F_1)$、$H(F)$ 分别表示概率分布 $f_0(g)$、$f_1(g)$、$f(g)$ 对应的熵; $H(X | G)$ 表示在灰度图像上已被观察到后像元分类的残余不确定性。类似于信息论中的互

信息的定义, 把灰度图像信息 GII 定义为灰度图像被观察后有关像元分类不确定性的减少, 即

$$GII = 初始不确定性 - 残余不确定性$$

$$= H(X) - H(X|G)$$

$$= H(F) - \alpha H(F_0) - (1 - \alpha)H(F_1) \tag{4.28}$$

二值图像分割问题可看成是一个数据处理过程, 把图像像元分类到类 C_0 (即 $(x, y) \to C_0$) 或 C_1 (即 $(x, y) \to C_1$)。

假如把阈值图像呈现给观察者, 如果一个给定的像元被分给 C_0, 则像元实际上属于目标部分的后验概率为 $P((x, y) \in F_0|(x, y) \to C_0)$。由 Bayes 定理得

$$P((x, y) \in F_0|(x, y) \to C_0) = \frac{P((x, y) \in F_0)P((x, y) \to C_0|(x, y) \in F_0)}{P((x, y) \to C_0)}$$

$$= \frac{\alpha P_{00}}{P_0} \tag{4.29}$$

式中, P_{ij} 表示 $P((x, y) \to C_i|(x, y) \in F_j)$; P_i 表示 $P((x, y) \to C_0, (i, j) = 0, 1)$。

类似地, 该像元实际上属于背景部分的后验概率为

$$P((x, y) \in F_1|(x, y) \to C_0) = \frac{(1 - \alpha)P_{01}}{P_0} \tag{4.30}$$

既然 $\alpha P_{00} + (1 - \alpha)P_{01} = P_0$, 可知上述两个后验概率的和为 1。

对所有分割到 C_0 的像元, 其实际分类的平均不确定度为

$$H(X|X \to C_0) = H_2\left[\frac{\alpha P_{00}}{P_0}, \frac{(1 - \alpha)P_{01}}{P_0}\right] \tag{4.31}$$

类似地, 对所有分割到 C_1 的像元, 其实际分类的平均不确定度为

$$H(X|X \to C_1) = H_2\left[\frac{\alpha P_{10}}{P_1}, \frac{(1 - \alpha)P_{11}}{P_1}\right] \tag{4.32}$$

那么像元分类的平均不确定性 $H(X|C)$ 为

$$H(X|C) = P_0 H(X|X \to C_0) + P_1 H(X|X \to C_1) \tag{4.33}$$

$H(X|C)$ 表示已观察到阈值图像时, 像元应属于两个类中哪一个的平均残余不确定性。类似于灰度图像信息的定义, 阈值图像信息 SII 定义为

$$SII = H(X) - H(X|C)$$

$$= H(X) - P_0 H(X|X \to C_0) - P_1 H(X|X \to C_1)$$

$$= H_2[P_0, 1 - P_0] - \alpha H_2[P_{00}, P_{10}] - (1 - \alpha) H_2[P_{01}, P_{11}] \tag{4.34}$$

三种信息 $H(X)$、GII、SII 之间的关系如下 (由信息论中的数据处理定理得到):

$$H(X) \geqslant GII \geqslant SII \tag{4.35}$$

SII 被 GII 和 $H(X)$ 所限定。只要图像像元的灰度值是在孤立状态下被检测，如果 GII 的值小，则无论用何种分割算法，得到的 SII 值也小。因此要想获得好的分割效果，GII 的值应尽量大并在允许的条件下尽可能接近 $H(X)$。实际上，在图像获取阶段，如对于好的光照条件，通过保持目标和背景之间良好的对比可得到大的 GII 值。但是一旦灰度图像已经形成，GII 的值不可能再增加，于是 SII 的上界会保持固定不变。这意味着，从信息论的角度看，一旦灰度图像被获取，具有最好分割效果的阈值图像是固定的。因此一个灰度图像的 GII 是确定图像是否适合分割的有用指标，阈值图像的 SII 是确定阈值图像是否很好地表示原有景物的有用指标。

2. SII 的性质

由上面的分析可知，SII 的值越大，从信息论的角度可以获得的阈值图像效果越好。为了说明 SII 的性质，下面给出几种特殊情况下 SII 的取值。用 E 来表示阈值图像的错分率，则 E 的取值限于 $[0,1]$，SII 的取值限于 $[0, H(X)]$。一般大的 SII 或小的 E 意味着一个好的分割图像效果，而小的 SII 或大的 E 意味着一个差的分割图像效果。

为了计算上的方便，假设目标像元为黑色记作 "0"，背景像元为白色记作 "1"。目标像元占整个图像的比例为 α。正确的分配原则是目标像元分割成黑色且背景像元分割成白色。

情形 1: 所有像元的分割都正确

对于这种情况，$P_0 = \alpha$，$P_1 = 1 - \alpha$，$P_{00} = 1$，$P_{10} = 0$，$P_{01} = 0$，$P_{11} = 1$。这时

$$SII = H_2[P_0, 1 - P_0] - \alpha H_2[1, 0] - (1 - \alpha) H_2[0, 1] = H_2[\alpha, 1 - \alpha] = H(X)$$

$$E = 0$$

因此，SII 达到最大值 $H(X)$，E 达到最小值 0，这种结果是合理的。

情形 2: 图像被随机分割

对于这种情形，每个像元被随机地分类而不考虑任何额外信息。假设每一个像元被分类为黑色的概率为 $\beta (0 \leqslant \beta \leqslant 1)$，那么每一个像元被分类为白色的概率为

$1 - \beta$。这时 $P_0 = \beta$, $P_1 = 1 - \beta$, $P_{00} = \beta$, $P_{10} = 1 - \beta$, $P_{01} = \beta$, $P_{11} = 1 - \beta$。

$$SII = H_2[\beta, 1 - \beta] - \alpha H_2[\beta, 1 - \beta] - (1 - \alpha)H_2[\beta, 1 - \beta] = 0$$

SII 达到最小值 0, 意味着随机分割是最差的。当图像像元被随机分割成目标或背景, 分割错误率 $E = \alpha(1 - \beta) + (1 - \alpha)\beta$, 这时 E 的值取决于 α 和 β。当 $\beta = 0.5$ 时, $E = 0.5$。分割错误率 E 意味着随机分割的图像可以相当不好, 也可以相当好, 但不会是最差的。可见在这种情况下, E 没有 SII 有效。

情形 3: 图像被分割为全黑 (或全白)

对于一个全黑的阈值图像, $P_0 = 1$, $P_1 = 0$, $P_{00} = 1$, $P_{10} = 0$, $P_{01} = 1$, $P_{11} = 0$。

$$SII = H_2[1, 0] - \alpha H_2[1, 0] - (1 - \alpha)H_2[1, 0] = 0$$

同样对于一个全白的阈值图像, $SII = 0$。

由于 SII 达到最小值 0, 意味着全黑或全白的分割是最差的。如果分割过程被设计为目标像元分为黑色, 背景像元分为白色, 那么, 全白分割的分割错误率为 α, 该值的大小依赖于实际给 α 赋值的大小。如果 α 小, E 的值也小, 这时会认为获得一个好的分割。但这是一个误导, 这是由于全白图像对于要考虑景物内容的图像处理过程而言是毫无价值的。这时 E 没有 SII 有效。

情形 4: 阈值图像为 "反色"

"反色" 是指所有的目标像元被分割成白色, 所有的背景像元被分割成黑色。这时所有像元均被错误划分, 其错误率 $E = 1$。$E = 1$ 意味着 "反色" 图像是最差的。

对于 SII, 由于 $P_0 = 1 - \alpha$, $P_1 = \alpha$, $P_{00} = 0$, $P_{10} = 1$, $P_{01} = 1$, $P_{11} = 0$。于是

$$SII = H_2[1 - \alpha, \alpha] - \alpha H_2[0, 1] - (1 - \alpha)H_2[1, 0] = H(X)$$

SII 达到最大值 $H(X)$ 意味着分割效果是最好的, 这一结论是合理的。因为 "反色" 阈值图像保持了景物所有细节 (如目标形状、目标位置、目标大小), 等价于原景物。

综上所述, 与分割错误率 E 相比, SII 是一个衡量阈值图像好坏的比较好的指标。

3. 最大阈值化图像信息阈值法表达式

给定阈值 $t \in G = [-1, 0, 1, \cdots L - 1]$, 像元将被分割到 C_0 或 C_1。当 $t = -1$ 时所有像元被分割为 C_1; 当 $t = L - 1$ 时所有像元被分割为 C_0。一般而言, 一幅图像有 $L + 1$ 种阈值选取和 $L + 1$ 幅阈值图像。不失一般性, 假设分割一个像元到 C_0(或 C_1) 意味着该像元是一个目标像元 (或背景像元), 这时 P_{10} 是分割一个目标

像元的错误概率，该错误记作 $E1$，即 $E1 = P_{10}$。类似地，P_{01} 是分割一个背景像元的错误概率，记作 $E2$，即 $E2 = P_{01}$。那么，分割一幅图像的整个错误概率 E 为

$$E = \alpha E1 + (1 - \alpha)E2 \tag{4.36}$$

采用这些记号，SII 可重写成

$$SII = H_2 [P_0, 1 - P_0] - \alpha H_2 [1 - E1, E1] - (1 - \alpha)H_2 [E2, 1 - E2] \tag{4.37}$$

从信息论的角度看，SII 的值越大，阈值图像的效果越好，因此选取最佳阈值的推测为最大化 SII，称之为最大阈值化图像信息阈值准则。即

$$t^* = \arg \max_{-1 \leqslant t \leqslant L-1} SII(t) \tag{4.38}$$

式中，$SII(t)$ 表示阈值为 t 的 SII 值。

使 SII 尽可能大意味着 $H_2[P_0, 1-P_0]$ 尽可能大，$H_2[1-E1, E1]$ 和 $H_2[1-E2, E2]$ 尽可能小。最大化 $H_2[P_0, 1-P_0]$ 意味着图像被分割成两类，这两类在面积上尽可能一样。最小化 $H_2[1-E1, E1]$ 可通过两个途径实现，其一是最小化 $E1$(即 $E1$ 尽可能接近 0)；其二是最大化 $E1$(即 $E1$ 尽可能接近 1)。前者会产生一个小的分割错误率；后者会产生一个大的分割错误率，但此时等价于 "反色" 分割，从信息论角度看也是一个好的阈值结果。最小化 $(1 - \alpha)H_2(E2, 1 - E2)$ 也有类似的结果。对于一个实际的分割而言，不可能同时最小化 $E1$ 和 $E2$。

对于实际图像，只能得到 $f(g)$ 的近似灰度直方图 $h(g)$，参数 α 以及子图像概率密度函数 $h_0(g)$ 和 $h_1(g)$ 均是未知的。必须给出 α，$h_0(g)$，$h_1(g)$ 的估计值。下面在正态分布模型假设下给出一个分割算法。

对于 $h(g) = \alpha h_0(g) + (1 - \alpha)h_1(g)$，认为 $h_0(g)$ 和 $h_1(g)$ 均服从正态分布。即

$$h_0(g) = N(\mu_0, \sigma_0; g) = \frac{1}{\sigma_0\sqrt{2\pi}} \exp \left[\frac{-(g - \mu_0)^2}{2\sigma_0^2} \right] \tag{4.39}$$

$$h_1(g) = N(\mu_1, \sigma_1; g) = \frac{1}{\sigma_1\sqrt{2\pi}} \exp \left[\frac{-(g - \mu_1)^2}{2\sigma_1^2} \right] \tag{4.40}$$

需要估计出四个参数 μ_0、σ_0、μ_1、σ_1 和混合概率 α。给定一个阈值 t，如果这些参数能估计出，$SII(t)$ 的值即可算出。通过穷举搜索可以获得最佳阈值 $t^{*[13]}$，如图 4.3 所示。

最大阈值化图像信息阈值 (即 SII 阈值) 算法的步骤如下，为了避免 σ_0 和 σ_1 出现零值，t 的取值范围限制在 2~253。

(a) 原图

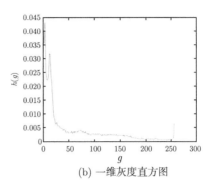
(b) 一维灰度直方图

(c) 分割后图像

图 4.3 最大阈值化图像信息阈值法的分割结果

步骤 1: 初始化 $\mathrm{Max}SII = -1$, $t = 2$, $t^* = 2$。

步骤 2: 按下式估计参数 $\widehat{\alpha}$, $\widehat{\mu_0}$, $\widehat{\sigma_0}$, $\widehat{\mu_1}$, $\widehat{\sigma_1}$。

$$\widehat{\alpha} = \sum_{g=0}^{t} h(g) \tag{4.41}$$

$$\widehat{\mu_0} = \frac{\displaystyle\sum_{g=0}^{t} g h(g)}{\widehat{\alpha}} \tag{4.42}$$

$$\widehat{\sigma_0} = \frac{\displaystyle\sum_{g=0}^{t} (g - \widehat{\mu_0})^2 h(g)}{\widehat{\alpha}} \tag{4.43}$$

$$\widehat{\mu_1} = \frac{\displaystyle\sum_{g=t+1}^{L-1} g h(g)}{1 - \widehat{\alpha}} \tag{4.44}$$

$$\widehat{\sigma_1} = \frac{\displaystyle\sum_{g=t+1}^{L-1} (g - \widehat{\mu_1})^2 h(g)}{1 - \widehat{\alpha}} \tag{4.45}$$

步骤 3: 估计 $\widehat{f_0}(g) = N(\widehat{\mu_0}, \widehat{\sigma_0}; g)$; 估计 $\widehat{f_1}(g) = \dfrac{f(g) - \alpha\widehat{f_0}(g)}{1 - \widehat{\alpha}}$。如果 $\widehat{f_1}(g) < 0$,
令 $\widehat{f_1}(g) = 0$。

步骤 4: 假设真正的子图像是 $\widehat{f_0}(g)$ 和 $\widehat{f_1}(g)$, 混合率为 $\widehat{\alpha}$, 即复合图像为
$\widehat{\alpha}\widehat{f_0}(g) + (1 - \alpha)\widehat{f_1}(g)$。在 t 处分割该图像并估计 $S\mathrm{II}$ 的值为

$$\widehat{S\mathrm{II}}(t) = H_2\left[P_0, 1 - P_0\right] - \alpha H_2\left[E1, E1\right] - (1 - \alpha)H_2\left[E2, 1 - E2\right] \tag{4.46}$$

如果 $\widehat{S\mathrm{II}}(t)$ 大于已记录的 $\mathrm{Max}S\mathrm{II}$ 值, 令 $\mathrm{Max}S\mathrm{II} = \widehat{S\mathrm{II}}(t)$, $t^* = t$。

步骤 5: 增加 t 值, 如果 $t \leqslant 253$, 回步骤 2, 否则到步骤 6。

步骤 6: $\mathrm{Max}S\mathrm{II}$ 为 $\widehat{S\mathrm{II}}(t)$ 的最大值, t^* 为此时的 t。

4.2　最大广延熵阈值法

Shannon 熵和其推广形式 Renyi 熵具有广延性, 本节以此叙述相应的阈值分割方法。

4.2.1　一维最大广延熵阈值法

1. 一维最大 Shannon 熵阈值法

对于由图像 X 构成的灰度直方图 $h(g)$, $g \in G = [0, 1, \cdots L - 1]$, 在没有任何先验信息的前提下, 阈值可选在使目标构成的概率分布和背景构成的概率分布对应的熵都最大的地方, 以使目标和背景的灰度分布尽可能均匀。

假设在阈值 t 处将原灰度直方图 $\{h(0), h(1), \cdots, h(L-1)\}$ 分开, 可以构成两个子概率分布: $\left\{\dfrac{h(0)}{P_0(t)}, \cdots, \dfrac{h(t)}{P_0(t)}\right\}$, $\left\{\dfrac{h(t+1)}{P_1(t)}, \cdots, \dfrac{h(L-1)}{P_1(t)}\right\}$, 这里

$$P_0(t) = \sum_{g=0}^{t} h(g), \quad P_1(t) = 1 - P_0(t) \tag{4.47}$$

于是这两个概率分布的 Shannon 熵表达式为

$$H_0(t) = -\sum_{g=0}^{t} \frac{h(g)}{P_0(t)} \ln \frac{h(g)}{P_0(t)} \tag{4.48}$$

$$H_1(t) = -\sum_{g=t+1}^{L-1} \frac{h(g)}{P_1(t)} \ln \frac{h(g)}{P_1(t)} \tag{4.49}$$

Kapur 等 [14] 提出使 $H_0(t)$ 和 $H_1(t)$ 之和最大为准则的阈值选取方法, 称其为最大熵阈值法。最大熵阈值法对灰度直方图的分布没有太多的限制, 阈值的选取

只强调两个子分布尽可能出现均匀性质。对于构造准则函数而言，以两个函数和为准则并非是唯一的途径，还可采用其他的表达方式。下面列出几个表达式，为了区别，Kapur 的最大熵法称为熵求和法。

$$\text{熵求和法}^{[14]} : t^* = \arg \max_{0<t<L-1} \{H_0(t) + H_1(t)\} \tag{4.50}$$

$$\text{熵取小法}^{[15]} : t^* = \arg \max_{0<t<L-1} \{H_0(t) \wedge H_1(t)\} \tag{4.51}$$

$$\text{熵求积法}^{[16]} : t^* = \arg \max_{0<t<L-1} H_0(t) \cdot H_1(t) \tag{4.52}$$

$$\text{熵求差法}^{[17]} : t^* = \arg \min_{0<t<L-1} |H_0(t) - H_1(t)|^2 \tag{4.53}$$

熵求和法、熵求积法采用了基本同样的思想，区别仅在于不同的代数运算。采用对数运算除了计算较长外，还面临着以下问题：图像中的某些灰度值 $h(g)$ 会非常小，此时 $h(g)\ln h(g)$ 的取值对阈值的正确确定需仔细对待。由于非常小的数的对数运算可能会产生潜在的大的计算误差，所获得的最优阈值可能是无效的。另外熵求和法对灰度直方图没有太多的约束，所得阈值也可能并非实际期望的。鉴于这些原因，熵取小法和熵求差法在某种程度上对上述问题有所克服。熵取小法和熵求差法都是基于阈值后两类的信息量应尽可能相等的思想提出的。对于大多数图像，这两种方法得到相同或相近的阈值。图 4.4 给出了这四种方法的示例。

上述最大熵法采用的是 Shannon 熵公式，假定各个像元间是相互无关的。实际的图像像元之间具有一定的相关性，因此选用不具有"独立性"的熵表达式也许会获得更好的分割效果。印度学者 Pal 等 [8,18] 提出了"指数熵"：$H'(P) = \sum_{i=1}^{n} p_i \mathrm{e}^{1-p_i}$，用指数运算替换对数运算。指数熵具有 Shannon 熵 (或称对数熵) 的基本性质，但不具有保证 Shannon 熵表达式唯一性要求的"独立性"。依据指数熵，可以给出类似于 Shannon 熵的阈值分割准则。吴一全等 [19,20] 提出了"倒数熵"：$H''(P) = \sum_{i=1}^{n} \frac{p_i}{1+p_i}$ 和相关的阈值选取准则。此外，还有一些其他基于信息熵的表述，有兴趣的读者可参考文献 [21]~[47] 做进一步的了解。

2. 加权最大 Shannon 熵阈值法

最大 Shannon 熵阈值法对灰度分布的假设较弱，适应性较好。这既是其优点，也是其缺点，使得对很多图像的分割效果并不尽人意。图像阈值分割问题可看成是像元的分类问题。考虑到数字图像的多样性，对于分类而言，$H_0(t)$ 和 $H_1(t)$ 的作用在很多时候是不相等的。Kapur 提出的最大 Shannon 熵阈值法可看成是求 $H_0(t)$ 和 $H_1(t)$ 的算术平均来获得阈值，这种做法没有兼顾 $H_0(t)$ 和 $H_1(t)$ 在分类上的不同作用。为此，可以使用 $H_0(t)$ 和 $H_1(t)$ 的加权平均来获得更好的阈值 [48-50]。鉴于常用的加权平均有加权算术平均、加权几何平均及加权调和平均，因此可得到如下几个表达式：

$$t^*(\lambda) = \arg\max_{t \in G}[\lambda H_0(t) + (1-\lambda)H_1(t)] \tag{4.54}$$

$$t^*(\lambda) = \arg\max_{t \in G}[H_0(t)]^\lambda [H_1(t)]^{1-\lambda} \tag{4.55}$$

$$t^*(\lambda) = \arg\max_{t \in G}\left[\dfrac{1}{\dfrac{\lambda}{H_0(t)} + \dfrac{1-\lambda}{H_1(t)}}\right] \tag{4.56}$$

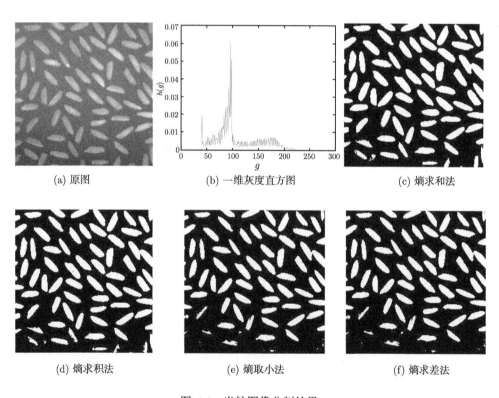

(a) 原图　　　　　　　(b) 一维灰度直方图　　　　　　(c) 熵求和法

(d) 熵求积法　　　　　　(e) 熵取小法　　　　　　(f) 熵求差法

图 4.4　米粒图像分割结果

如何选取合适的参数 λ 是使用上述准则对图像进行阈值化的关键步骤，为了在 $(0,1)$ 区间内选取最佳的参数 λ，下面给出一种基于图像分割质量评价指标并结合优化搜索的自适应参数选取方法。

选取均匀性测度作为优化的适应度函数，即选取使分割后图像具有最大的均

匀性值的参数 λ。以式 (4.54) 为例，具体的阈值 t^* 和参数 λ^* 选择准则为

$$\begin{cases} t^*(\lambda) = \arg\max_{t\in G}[\lambda H_0(t) + (1-\lambda)H_1(t)] \\ \lambda^* = \arg\max_{0<\lambda<1} U(t(\lambda)) \end{cases} \tag{4.57}$$

图 4.5 给出一个示例，其中优化算法选用的是粒子群优化算法[48]。

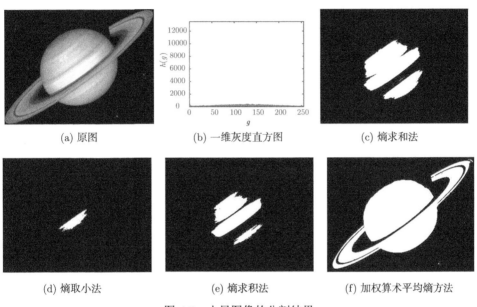

(a) 原图   (b) 一维灰度直方图   (c) 熵求和法

(d) 熵取小法   (e) 熵求积法   (f) 加权算术平均熵方法

图 4.5 土星图像的分割结果

3. 一维最大 Renyi 熵阈值法

对于概率分布 $P = (p_1, p_2, \cdots, p_n)\left(\sum_{i=1}^{n} p_i = 1\right)$，Renyi 熵[51,52] 定义为

$$H^\alpha = \frac{1}{1-\alpha}\ln\left(\sum_{i=1}^{n} p_i^\alpha\right), \quad \alpha > 0且\alpha \neq 1 \tag{4.58}$$

Renyi 熵 (也称为 α-阶熵) 是 Shannon 提出的对数熵的一种推广形式，其特点是满足广延性，即对于两个独立事件 A 和 B，Renyi 熵满足

$$H^\alpha(A+B) = H^\alpha(A) + H^\alpha(B) \tag{4.59}$$

0 阶 Renyi 熵就是 Hartrey 熵，即 $H^0 = -\ln\left(\sum_{i=1}^{n} p_i^0\right) = -\ln n$；1 阶 Renyi 熵就是 Shannon 熵，即 $\alpha \to 1$ 时有 $\lim_{\alpha \to 1} H^\alpha = -\sum_{i=1}^{n} p_i \ln p_i$；2 阶 Renyi 熵称为

2 阶 Renyi 关联熵, 即当 $\alpha = 2$ 时 $H^2 = -\ln\left(\sum\limits_{i=1}^{n} p_i^2\right)$, 这时 H^2 与信息能量 $E = \sum\limits_{i=1}^{n} p_i^2$ [53] 在性态上是互反的。α 阶 Renyi 熵称为 α 阶 Renyi 关联熵, $\ln\sum\limits_{i=1}^{n} p_i^\alpha$ 也称为 α 阶关联函数。Renyi 熵随其阶数 α 的增大而单调减小, 即 $H^{\alpha+1} < H^\alpha$。 这里要强调的是: ① Renyi 熵旨在阶, 不在熵, 2 阶以上的关联熵是有局限性的; ② Renyi 关联熵的局限性有两点, 第一点是各阶关联均指非交叉性关联, 第二点是 各阶关联均指无记忆关联。

Renyi 熵中含有参数 α, 使得对灰度直方图形状的要求可以更宽泛一些, 但同 时带来的不便是参数 α 如何选取, 阈值如何确定等问题。类似于 Kapur 的最大熵 求和法, 定义

$$H_0^\alpha(t) = \frac{1}{1-\alpha} \ln \sum_{g=0}^{t} \left(\frac{h(g)}{P_0(t)}\right)^\alpha \tag{4.60}$$

$$H_1^\alpha(t) = \frac{1}{1-\alpha} \ln \sum_{g=t+1}^{L-1} \left(\frac{h(g)}{P_1(t)}\right)^\alpha \tag{4.61}$$

则最佳阈值 $t^*(\alpha)$ 由下式确定:

$$t^*(\alpha) = \arg \max_{0<t<L-1} \{H_0^\alpha(t) + H_1^\alpha(t)\} \tag{4.62}$$

Renyi 熵阈值法 [54] 将 Kapur 的最大熵求和阈值法 [14] 和 Yen 的最大相关准 则阈值法 [40] 作为特例。参数 α 的取值对最终的分割效果有很大的影响。Sahoo 及 其合作者 [54,55] 在其报道中指出 $\alpha = 0.7$ 是一个较好的参数值, 鉴于灰度图像变化 万千, 固定的 α 值不是一个好的选择, 为此下面基于图像分割质量评价准则——均 匀性测度给出确定 α 值以及最终阈值的过程。

具体的阈值 t^* 和参数 α^* 选择准则为

$$\begin{cases} t^*(\alpha) = \arg \max\limits_{0<t<L-1} \{H_0^\alpha(t) + H_1^\alpha(t)\} \\ \alpha^* = \arg\max U(t(\alpha)), \alpha > 0 \end{cases} \tag{4.63}$$

理论上讲, α 的取值范围在 $(0, +\infty)$。对于实际问题, 可根据需求, 将 α 的取 值范围限定在 $(0,1)$ 或 $(0,10)$。为了获得最优的 α 值, 需要对其进行优化搜索。 图 4.6 和图 4.7 给出一个示例, 其中优化算法选用的是粒子群优化算法 [56]。

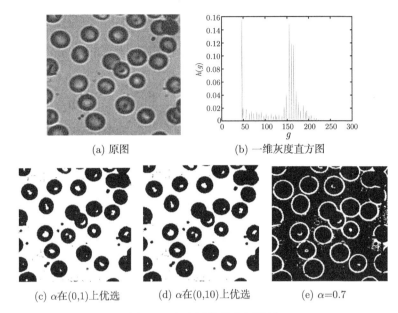

(a) 原图　　　　　　　　　(b) 一维灰度直方图

(c) α在(0,1)上优选　　　(d) α在(0,10)上优选　　　(e) $\alpha=0.7$

图 4.6　血液图像的分割结果

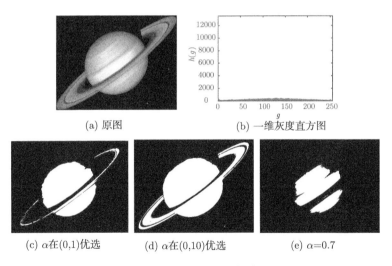

(a) 原图　　　　　　　　　(b) 一维灰度直方图

(c) α在(0,1)优选　　　(d) α在(0,10)优选　　　(e) $\alpha=0.7$

图 4.7　土星图像的分割结果

4.2.2　二维最大广延熵阈值法

以图像灰度和图像其他特征 (如邻域平均、梯度、邻域方差等) 构成的多维灰度直方图可获得更好的分割效果, 尤其是对含噪图像。类似于最大类间方差法的二维描述, 本小节介绍几个基于二维直方图的广延熵阈值分割方法。

1. 二维最大 Shannon 熵阈值法

在二维灰度直方图上, 对阈值点 (s,t), 根据

$$P_0(s,t) = \sum_{i=0}^{s} \sum_{j=0}^{t} p_{ij} \tag{4.64}$$

$$P_1(s,t) = \sum_{i=s+1}^{L-1} \sum_{j=t+1}^{L-1} p_{ij} \tag{4.65}$$

目标和背景在二维灰度直方图上的 Shannon 熵分别记作

$$H_0(s,t) = -\sum_{i=0}^{s} \sum_{j=0}^{t} \frac{p_{ij}}{P_0(s,t)} \ln \frac{p_{ij}}{P_0(s,t)} \tag{4.66}$$

$$H_1(s,t) = -\sum_{i=s+1}^{L-1} \sum_{j=t+1}^{L-1} \frac{p_{ij}}{P_1(s,t)} \ln \frac{p_{ij}}{P_1(s,t)} \tag{4.67}$$

和一维最大 Shannon 熵方法类似, 二维最大 Shannon 熵的准则函数定义为

$$熵求和法^{[57]} : t^* = \arg \max_{0<t<L-1} \{H_0(s,t) + H_1(s,t)\} \tag{4.68}$$

$$熵取小法^{[15]} : t^* = \arg \max_{0<t<L-1} \{H_0(s,t) \wedge H_1(s,t)\} \tag{4.69}$$

$$熵求积法^{[16]} : t^* = \arg \max_{0<t<L-1} H_0(s,t) \cdot H_1(s,t) \tag{4.70}$$

$$熵求差法^{[17]} : t^* = \arg \min_{0<t<L-1} |H_0(s,t) - H_1(s,t)|^2 \tag{4.71}$$

图 4.8 给出一个示例, 对于含噪图像, 二维熵方法要比一维熵方法的效果好。

二维最大 Shannon 熵法的计算量非常大, 降低时间开销的一种办法是进行量化处理[58]; 另一种办法是采用递归算法。下面仅对熵求和法进行讨论[59,60], 其他三种公式是类似的。若记

$$\overline{H_0}(s,t) = -\sum_{i=0}^{s} \sum_{j=0}^{t} p_{ij} \ln p_{ij} \tag{4.72}$$

$$\overline{H_1}(s,t) = -\sum_{i=s+1}^{L-1} \sum_{j=t+1}^{L-1} p_{ij} \ln p_{ij} \tag{4.73}$$

$$H_L = -\sum_{i=0}^{L-1} \sum_{j=0}^{L-1} p_{ij} \ln p_{ij} \tag{4.74}$$

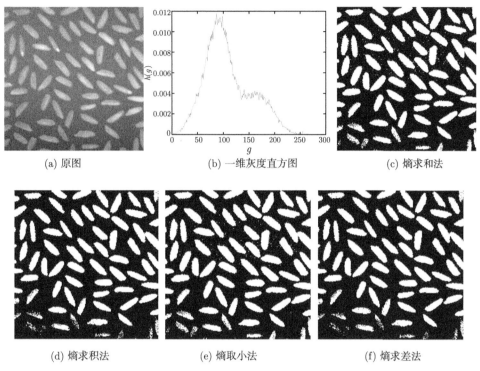

(a) 原图   (b) 一维灰度直方图   (c) 熵求和法

(d) 熵求积法   (e) 熵取小法   (f) 熵求差法

图 4.8 含噪米粒图像的分割结果

考虑到代表噪声点和边缘点信息的概率 P_{ij} 非常小, 可以忽略不计, 则有近似表达式 $P_1(s,t) \approx 1 - P_0(s,t)$, $\overline{H_1}(s,t) \approx H_L - \overline{H_0}(s,t)$。由于

$$H_0(s,t) = -\sum_{i=0}^{s}\sum_{j=0}^{t} \frac{p_{ij}}{P_0(s,t)} \ln \frac{p_{ij}}{P_0(s,t)} = \ln P_0(s,t) + \frac{\overline{H_0}(s,t)}{P_0(s,t)} \tag{4.75}$$

$$H_1(s,t) = -\sum_{i=s+1}^{L-1}\sum_{j=t+1}^{L-1} \frac{p_{ij}}{P_1(s,t)} \ln \frac{p_{ij}}{P_1(s,t)} = \ln P_1(s,t) + \frac{\overline{H_1}(s,t)}{P_1(s,t)}$$

$$\approx \ln(1 - P_0(s,t)) + \frac{H_L - \overline{H_0}(s,t)}{1 - P_0(s,t)} \tag{4.76}$$

可见二维最大熵求和法中的主要耗时是 $P_0(s,t)$ 和 $\overline{H_0}(s,t)$ 的计算。对 $\overline{H_0}(s,t)$ 的计算需进行 $s \times t$ 次的 $x \ln x$ 运算。当 s 和 t 分别从 0 取到 $L-1$ 时, 共需进行 $\sum_{s=0}^{L-1}\sum_{t=0}^{L-1} st \approx L^4/4$ 次 $x \ln x$ 运算。注意到二维灰度直方图中 $P_0(s,t)$ 和 $\overline{H_0}(s,t)$ 的特点, 有下述递推公式:

$$P_0(s,0) = P_0(s-1,0) + p_{s0} \tag{4.77}$$

$$P_0(s,t) = P_0(s,t-1) + P_0(s-1,t) - P_0(s-1,t-1) + p_{st} \tag{4.78}$$

$$\overline{H_0}(s,0) = \overline{H_0}(s-1,0) - p_{s0}\ln p_{s0} \tag{4.79}$$

$$\overline{H_0}(s,t) = \overline{H_0}(s,t-1) + \overline{H_0}(s-1,t) - \overline{H_0}(s-1,t-1) - p_{st}\ln p_{st} \tag{4.80}$$

上述递推公式中，$\overline{H_0}(s,t)$ 的值只需进行一次 $x\ln x$ 运算和三次加减法。当 s 和 t 从 0 到 $L-1$ 取值时，$x\ln x$ 的计算量为 $O(L^2)$。可见递归算法大大减少了算法的运算量。

和二维 Otsu 法类似，也可采用分解的方式通过分别求取灰度直方图和邻域平均灰度直方图的阈值来获得最终的分割结果，计算量降为 $O(L)$。有关二维熵阈值的快速算法等的相关报道，有兴趣的读者可参考文献 [61]~[66]。

此外，对于二维区域划分，除了类似第 2 章的像元归类方式外，另一种方式是 [55]

$$f^*(x,y) = \begin{cases} 0, & i \leqslant s^* \\ L-1, & i > s^* \end{cases} \tag{4.81}$$

这种方式可看成是用二维特征信息来得到一维处理结果的一种途径，对于不含噪声的图像，能够进一步提高分割精度。

2. 二维最大 Renyi 熵阈值法

类似于将一维最大熵阈值法推广到二维情形，本小节将一维 Renyi 熵阈值法推广到二维情形。在二维灰度直方图上，对阈值点 (s,t)，记

$$H_0[\alpha](s,t) = \sum_{i=0}^{s}\sum_{j=0}^{t} p_{ij}^{\alpha} \tag{4.82}$$

$$H_1[\alpha](s,t) = \sum_{i=s+1}^{L-1}\sum_{j=t+1}^{L-1} p_{ij}^{\alpha} \tag{4.83}$$

目标和背景在二维灰度直方图上的 Renyi 熵分别记作

$$\begin{aligned} H_0^{\alpha}(s,t) &= \frac{1}{1-\alpha}\ln\sum_{i=0}^{s}\sum_{j=0}^{t}\left(\frac{p_{ij}}{P_0(s,t)}\right)^{\alpha} \\ &= \frac{1}{1-\alpha}\left(\ln\sum_{i=0}^{s}\sum_{j=0}^{t}p_{ij}^{\alpha} - \ln P_0^{\alpha}(s,t)\right) \\ &= \frac{1}{1-\alpha}\left(\ln H_0[\alpha](s,t) - \ln P_0^{\alpha}(s,t)\right) \end{aligned} \tag{4.84}$$

$$H_1^\alpha(s,t) = \frac{1}{1-\alpha} \ln \sum_{i=s+1}^{L-1} \sum_{j=t+1}^{L-1} \left(\frac{p_{ij}}{P_1(s,t)}\right)^\alpha$$

$$= \frac{1}{1-\alpha} \left(\ln \sum_{i=s+1}^{L-1} \sum_{j=t+1}^{L-1} p_{ij}^\alpha - \ln P_1^\alpha(s,t) \right)$$

$$= \frac{1}{1-\alpha} \left(\ln H_1[\alpha](s,t) - \ln P_1^\alpha(s,t) \right) \tag{4.85}$$

那么二维 Renyi 熵求和法的准则函数定义为

$$\xi(s,t) = H_0^\alpha(s,t) + H_1^\alpha(s,t) \tag{4.86}$$

最佳阈值取在 (s^*, t^*) 处，满足

$$(s^*, t^*) = \arg \max_{\substack{0 < s < L-1 \\ 0 < t < L-1}} \xi(s,t) \tag{4.87}$$

对于给定的 α 值，可以通过递推公式来获取最佳阈值。采用下述近似表达式：

$$P_1(s,t) \approx 1 - P_0(s,t)$$

$$H_1[\alpha](s,t) \approx H_L[\alpha] - H_0[\alpha](s,t)$$

式中，$H_L[\alpha] = \sum_{i=1}^{L-1} \sum_{j=1}^{L-1} p_{ij}^\alpha$。

递推公式为

$$P_0(s,0) = P_0(s-1,0) + p_{s0} \tag{4.88}$$

$$P_0(s,t) = P_0(s,t-1) + P_0(s-1,t) - P_0(s-1,t-1) + p_{st} \tag{4.89}$$

$$H_0[\alpha](s,0) = H_0[\alpha](s-1,0) + p_{s0}^\alpha \tag{4.90}$$

$$H_0[\alpha](s,t) = H_0[\alpha](s,t-1) + H_0[\alpha](s-1,t) - H_0[\alpha](s-1,t-1) + p_{st}^\alpha \tag{4.91}$$

如何合理选取参数 α 是应用二维 Renyi 熵法的关键。文献 [55] 的实验结果指出，取 $\alpha \in [0.5, 0.7]$ 会获得比 $\alpha = 1$ 和 $\alpha = 2$ 更好的分割效果。有关二维 Renyi 熵法的讨论，可参考文献 [67]~[75]。图 4.9 给出一些示例。

(a) 原图

(b) α=1时分割结果

(c) α=2时分割结果

(d) α∈[0.5, 0.7]时分割结果

图 4.9　车牌图像的分割结果

4.3　最大非广延熵阈值法

4.3.1　一维最大 Tsallis 熵阈值法

熵的定义采用的是具有广延性 (可加性) 的 Shannon 熵形式, 即当一个系统分解成两个独立的子系统时, 系统总的熵等于两个子系统的熵之和。这种特性忽略了子系统之间的相互作用, 反映在阈值选择上, 忽略了目标和背景灰度概率分布之间的相关性。传统的 Shannon 熵并不能很好地表征相应系统, 因此, 应用 Shannon 熵对其进行分割, 在灰度分布复杂的情况下, 不能取得好的结果。

Tsallis 熵在统计物理学中的引入是基于物理系统内部存在的长程相互作用这一实验背景 [76-78]。对应于图像处理, 这种长程作用可理解为图像内部各个像素点的灰度值之间存在的关联, 这种关联有别于邻域像素点之间的关联, 它是全局性的。若把图像的灰度直方图看成一种概率分布, 则可以利用 Tsallis 熵的特性有效地鉴别图像内部像素灰度间存在的关联性。

对于一个离散概率分布 $P = (p_1, p_2, \cdots, p_n)\left(\sum\limits_{i=1}^{n} p_i = 1\right)$, Tsallis 定义的非广延熵为 [76−78]

$$S_q = \frac{1 - \sum\limits_{i=1}^{n} (p_i)^q}{q - 1} \tag{4.92}$$

式中, q 为实数。当 $q \to 1$ 时, Tsallis 熵趋近 Shannon 熵。对于两个独立事件 A 和 B, Tsallis 熵满足伪可加性:

$$S_q(A + B) = S_q(A) + S_q(B) + (1 - q)S_q(A)S_q(B) \tag{4.93}$$

假设在阈值 t 处将原灰度直方图 $\{h(0), h(1), \cdots, h(L-1)\}$ 分开, 构成两个子概率分布: $\left\{\dfrac{h(0)}{P_0(t)}, \cdots, \dfrac{h(t)}{P_0(t)}\right\}$, $\left\{\dfrac{h(t+1)}{P_1(t)}, \cdots, \dfrac{h(L-1)}{P_1(t)}\right\}$, 这里 $P_0(t) = \sum\limits_{g=0}^{t} h(g)$, $P_1(t) = 1 - P_0(t)$。于是这两个概率分布的 Tsallis 熵表达式为

$$S_{q0}(t) = \frac{1 - \sum\limits_{g=0}^{t} \left(\dfrac{h(g)}{P_0(t)}\right)^q}{q - 1} \tag{4.94}$$

$$S_{q1}(t) = \frac{1 - \sum\limits_{g=t+1}^{L-1} \left(\dfrac{h(g)}{P_1(t)}\right)^q}{q - 1} \tag{4.95}$$

一维 Tsallis 熵求和阈值法的目标函数为 [6]

$$S_q(t) = S_{q0}(t) + S_{q1}(t) + (1-q)S_{q0}(t)S_{q1}(t) \tag{4.96}$$

最佳阈值取在 t^* 处, 满足

$$
\begin{aligned}
t^* &= \arg \max_{0<t<L-1} S_q(t) \\
&= \arg \max_{0<t<L-1} \{S_{q0}(t) + S_{q1}(t) + (1-q)S_{q0}(t)S_{q1}(t)\}
\end{aligned}
\tag{4.97}
$$

实数 q 为一个描述像素点间长程关联强度的量, 在图像的二值化处理中, 对于目标和背景而言, 上式右边第三项就对应于像素点的长程关联。需要指出的是, 这种长程关联来自于 Tsallis 熵的内在属性, 它不仅存在于目标和背景之间, 更存在于目标 (或背景) 内部的互不相邻的像素点之间, 调节 q 值使得阈值分割更为灵活、准确。

尽管 Renyi 熵和 Tsallis 熵具有不同的性质, 但仅就图像阈值分割而言, 这两种方法却存在内在的联系, 这两种方法在参数给定的前提下是等价的 [79,80]。下面就一维情形给出证明, 当 Renyi 熵与 Tsallis 熵取相同参数时, 有如下的转换关系:

$$H^\alpha = (1-\alpha)^{-1} \ln[1 + (1-\alpha)S_q] \tag{4.98}$$

给定参数 q 的取值, 由

$$
\begin{aligned}
S_q(t) =& S_{q0}(t) + S_{q1}(t) + (1-q)S_{q0}(t)S_{q1}(t) \\
=& \frac{1 - \sum\limits_{g=0}^{t}\left(\frac{h(g)}{P_0(t)}\right)^q}{q-1} + \frac{1 - \sum\limits_{g=t+1}^{L-1}\left(\frac{h(g)}{P_1(t)}\right)^q}{q-1} \\
&+ (1-q)\frac{1 - \sum\limits_{g=0}^{t}\left(\frac{h(g)}{P_0(t)}\right)^q}{q-1} \frac{1 - \sum\limits_{g=t+1}^{L-1}\left(\frac{h(g)}{P_1(t)}\right)^q}{q-1} \\
=& \frac{1 - \sum\limits_{g=0}^{t}\left(\frac{h(g)}{P_0(t)}\right)^q}{q-1} + \frac{1 - \sum\limits_{g=t+1}^{L-1}\left(\frac{h(g)}{P_1(t)}\right)^q}{q-1} \\
&- \frac{1 - \sum\limits_{g=0}^{t}\left(\frac{h(g)}{P_0(t)}\right)^q - \sum\limits_{g=t+1}^{L-1}\left(\frac{h(g)}{P_1(t)}\right)^q + \sum\limits_{g=0}^{t}\left(\frac{h(g)}{P_0(t)}\right)^q \sum\limits_{g=t+1}^{L-1}\left(\frac{h(g)}{P_1(t)}\right)^q}{q-1} \\
=& \frac{1}{q-1}\left[1 - \sum\limits_{g=0}^{t}\left(\frac{h(g)}{P_0(t)}\right)^q \sum\limits_{g=t+1}^{L-1}\left(\frac{h(g)}{P_1(t)}\right)^q\right]
\end{aligned}
$$

知 $t^* = \arg\max\limits_{0<t<L-1} S_q(t)$

$$= \arg\max\limits_{0<t<L-1} \frac{1}{q-1}\left[1 - \sum_{g=0}^{t}\left(\frac{h(g)}{P_0(t)}\right)^q \cdot \sum_{g=t+1}^{L-1}\left(\frac{h(g)}{P_1(t)}\right)^q\right]$$

$$= \arg\min\limits_{0<t<L-1} \frac{1}{q-1} \sum_{g=0}^{t}\left(\frac{h(g)}{P_0(t)}\right)^q \cdot \sum_{g=t+1}^{L-1}\left(\frac{h(g)}{P_1(t)}\right)^q$$

$$= \arg\max\limits_{0<t<L-1} \frac{1}{1-q} \sum_{g=0}^{t}\left(\frac{h(g)}{P_0(t)}\right)^q \cdot \sum_{g=t+1}^{L-1}\left(\frac{h(g)}{P_1(t)}\right)^q$$

对于 Renyi 熵阈值法, 给定参数 α 的取值, 由

$$H_0^\alpha(t) + H_1^\alpha(t) = \frac{1}{1-\alpha}\ln\sum_{g=0}^{t}\left(\frac{h(g)}{P_0(t)}\right)^\alpha + \frac{1}{1-\alpha}\ln\sum_{g=t+1}^{L-1}\left(\frac{h(g)}{P_1(t)}\right)^\alpha$$

$$= \frac{1}{1-\alpha}\ln\left[\sum_{g=0}^{t}\left(\frac{h(g)}{P_0(t)}\right)^\alpha \cdot \sum_{g=t+1}^{L-1}\left(\frac{h(g)}{P_1(t)}\right)^\alpha\right]$$

可知最佳阈值 t^* 由下式确定:

$$t^* = \arg\max\limits_{0<t<L-1}\left\{H_0^\alpha(t) + H_1^\alpha(t)\right\}$$

$$= \arg\max\limits_{1<t<L-1} \frac{1}{1-\alpha}\ln\left[\sum_{g=0}^{t}\left(\frac{h(g)}{P_0(t)}\right)^\alpha \cdot \sum_{g=t+1}^{L-1}\left(\frac{h(g)}{P_1(t)}\right)^\alpha\right]$$

因此当 $q = \alpha$ 时, 二者获得的阈值是一样的。这里需要指出的是, 若允许参数 q 和 α 变化, 这两个公式获得的阈值可能不一样。文献 [79] 分析了这两个熵在阈值选取时的差异, 当 $q = \alpha$ 且它们取较小值, 如 $q < 1$ 或 $\alpha < 1$ 时, 这两个判别式具有相同的变化趋势, 只是幅值不同, 因此能取到相同的阈值; 当 q 较大时, 不能得到相同的阈值。因为从 Tsallis 熵的判别函数可以看出, 分子很小而分母较大, 也就是说只有 q 起作用, 则不论 t 为何值都得到相同的熵值, 所以无法计算出最佳阈值。而从 Renyi 熵的判别函数可知, 因为对数函数里的数值是小数, 小数经过对数运算值就较大, 所以当 α 较大时, 不会出现类似 Tsallis 熵判别式的情况。

对于目标和背景之间不存在明显关联的图像, 用两个具有不同 q 参数的 Tsallis 熵分别描述目标集合与背景集合, 文献 [81] 提出一种双 q 值的阈值分割法, 选择合适的 q 值来确定这两个集合各自的像素灰度关联强度, 可充分保证 Tsallis 熵的有效性, 在该文献中选择的 q 参数范围定为 $0.1 \leqslant q \leqslant 1.5$。

由于图像类别的多样性和复杂性, 并非所有图像内部的像素灰度关联都是均匀的和全局性的。例如, 基于热辐射原理的红外成像, 对于目标整体而言, 其表面

各点的温度分布存在一定联系, 导致目标内各像素的亮度值之间存在关联, 但目标和背景之间的温度分布则未必相关。文献 [82] 和 [83] 分析了无损检测图片, 通过一维灰度直方图分布可以看出背景部分的像素点分布非常集中, 形成尖峰, 而目标像素点的灰度分布则比较广泛。针对其背景的灰度相对比较均匀, 而目标部分的灰度差别较大, 由此判定该图中背景像素的灰度值之间存在长程关联, 而目标区域内像素的灰度值关联相对较弱, 甚至可能并不存在。因为目标内像素点灰度间的关联性弱, 则用于衡量关联性强弱的非广延参数 q 可近似为 1, 于是可用 Shannon 熵描述。而对于背景部分采用 Tsallis 熵的形式, 该部分内部像素之间的关联性可通过 q 值进行描述。最佳阈值取在 $t^* = \arg \max\limits_{0<t<L-1} \min(H_0(t), S_{q1}(t))$, 其

中 $H_0(t) = -\sum\limits_{g=0}^{t} \dfrac{h(g)}{P_0(t)} \ln \dfrac{h(g)}{P_0(t)}$, $S_{q1}(t) = \dfrac{1 - \sum\limits_{g=t+1}^{L-1} \left(\dfrac{h(g)}{P_1(t)}\right)^q}{q-1}$。

本小节仅给出一维 Tsallis 熵阈值法的描述, 没有讨论多阈值情形以及二维、三维 Tsallis 熵阈值法, 有兴趣的读者可参阅文献 [84]~[97]。

4.3.2 一维最大 Arimoto 熵阈值法

Arimoto 在研究有限参量估计问题时定义了一种广义熵函数——Arimoto 熵, 该熵在处理决策误差概率时非常有效, 并且能得到误差概率的上界。对于一个离散概率分布 $P = (p_1, p_2, \cdots, p_n) \left(\sum\limits_{i=1}^{n} p_i = 1 \right)$, Arimoto 熵的定义为 [98]

$$H_\alpha(P) = \frac{\alpha}{\alpha - 1} \left[1 - \left(\sum\limits_{i=1}^{n} p_i^\alpha \right)^{\frac{1}{\alpha}} \right], \alpha > 0 且 \alpha \neq 1 \tag{4.99}$$

Arimoto 熵因其形式类似于向量的 R-范数, 也被称作 R-范数熵。当 $\alpha \to 1$ 时, Arimoto 熵等同于 Shannon 熵, 即 $\lim\limits_{\alpha \to 1} H_\alpha(P) = H_1(P) = -\sum\limits_{i=1}^{n} p_i \ln p_i$。Arimoto 熵还具有伪可加性, 即若事件 A 与 B 相互独立, 那么

$$H_\alpha(A+B) = H_\alpha(A) + H_\alpha(B) - \frac{\alpha-1}{\alpha} H_\alpha(A) H_\alpha(B) \tag{4.100}$$

Arimoto 熵和 Renyi 熵存在一定的关系, 即

$$H_\alpha(P) = \frac{\alpha}{\alpha - 1} \left[1 - \exp\left(\frac{1-\alpha}{\alpha} H^\alpha(P) \right) \right] \tag{4.101}$$

当 $\alpha \gg 1$ 时, $H_\alpha(P) = \dfrac{\alpha}{\alpha - 1} \left[1 - \exp\left(\dfrac{1-\alpha}{\alpha} H^\alpha(P) \right) \right] \approx 1 - \exp(-H^\alpha(P)) \approx H^\alpha(P)$。

假设在阈值 t 处将原灰度直方图 $\{h(0), h(1), \cdots, h(L-1)\}$ 分开，构成两个子概率分布：$\left\{\dfrac{h(0)}{P_0(t)}, \cdots, \dfrac{h(t)}{P_0(t)}\right\}$，$\left\{\dfrac{h(t+1)}{P_1(t)}, \cdots, \dfrac{h(L-1)}{P_1(t)}\right\}$，这里 $P_0(t) = \sum\limits_{g=0}^{t} h(g)$，$P_1(t) = 1 - P_0(t)$。于是这两个概率分布的 Arimoto 熵表达式为

$$H_{\alpha 0}(t) = \frac{\alpha}{\alpha - 1}\left\{ 1 - \left[\sum_{g=0}^{t}\left(\frac{h(g)}{P_0(t)}\right)^{\alpha}\right]^{\frac{1}{\alpha}}\right\} \tag{4.102}$$

$$H_{\alpha 1}(t) = \frac{\alpha}{\alpha - 1}\left\{ 1 - \left[\sum_{g=t+1}^{L-1}\left(\frac{h(g)}{P_1(t)}\right)^{\alpha}\right]^{\frac{1}{\alpha}}\right\} \tag{4.103}$$

一维 Arimoto 熵求和阈值法的目标函数为 [99]

$$H_{\alpha}(t) = H_{\alpha 0}(t) + H_{\alpha 1}(t) - \frac{\alpha - 1}{\alpha} H_{\alpha 0}(t) H_{\alpha 1}(t) \tag{4.104}$$

最佳阈值取在 t^* 处，满足

$$\begin{aligned} t^* &= \arg \max_{0 < t < L-1} H_{\alpha}(t) \\ &= \arg \max_{0 < t < L-1} \left\{ H_{\alpha 0}(t) + H_{\alpha 1}(t) - \frac{\alpha - 1}{\alpha} H_{\alpha 0}(t) H_{\alpha 1}(t) \right\} \end{aligned} \tag{4.105}$$

一般取参数 $\alpha \in [0.1, 2.0]$，文献 [99] 建议可取 $\alpha = 0.1$。有关二维 Arimoto 熵阈值法可参阅文献 [100]~[102]。图 4.10 给出一个示例。

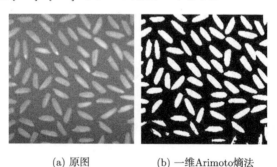

(a) 原图   (b) 一维Arimoto熵法

图 4.10 米粒图像的分割结果 $(t^* = 122)$

4.3.3 一维最大 Kaniadakis 熵阈值法

在广义统计力学理论中，Kaniadakis 基于概率的 κ 分布提出一种广义形态的熵——κ 熵 [103]。与 Renyi 熵、Tsallis 熵一样，κ 熵也是 Shannon 熵的一种泛化形态，在统计力学理论中已证明它具有较好地处理拖尾形态的概率分布的能

力 [103-105]。在广义统计力学文献中，κ 熵也被称为 Kaniadakis 熵。对于一个离散概率分布 $P = (p_1, p_2, \cdots, p_n)\left(\sum\limits_{i=1}^{n} p_i = 1\right)$，Kaniadakis 定义的 κ 熵表达式为

$$S_\kappa = -\sum_{i=1}^{n} \frac{p_i^{1+\kappa} - p_i^{1-\kappa}}{2\kappa} \tag{4.106}$$

式中，κ 为 Kaniadakis 熵的熵指数，一般取 $0 < \kappa < 1$。当 $\kappa \to 0$ 时，式 (4.106) 收敛于经典的 Shannon 熵。对于统计独立的两个概率分布系统 A 和 B，Kaniadakis 熵满足 κ 型可加性：

$$S_\kappa(A + B) = S_\kappa(A) \overset{\kappa}{\oplus} S_\kappa(B) \tag{4.107}$$

也即

$$S_\kappa(A + B) = S_\kappa(A)K(B) + S_\kappa(B)K(A) \tag{4.108}$$

式中，$A = \{a_i\}$，$B = \{b_i\}$，$i = 1, \cdots, n$，且 $a_i \geqslant 0$，$b_i \geqslant 0$，$\sum\limits_{i=1}^{n} a_i = 1$，$\sum\limits_{i=1}^{n} b_i = 1$。则有

$$S_\kappa(A) = -\frac{1}{2\kappa} \sum_{i=1}^{n} (a_i^{1+\kappa} - a_i^{1-\kappa}) \tag{4.109}$$

$$S_\kappa(B) = -\frac{1}{2\kappa} \sum_{i=1}^{n} (b_i^{1+\kappa} - b_i^{1-\kappa}) \tag{4.110}$$

$$K(A) = \frac{1}{2} \sum_{i=1}^{n} (a_i^{1+\kappa} + a_i^{1-\kappa}) \tag{4.111}$$

$$K(B) = \frac{1}{2} \sum_{i=1}^{n} (b_i^{1+\kappa} + b_i^{1-\kappa}) \tag{4.112}$$

Kaniadakis 熵具有良好地处理拖尾能量特性分布的能力，被广泛应用于宇宙射线流能量分布，以及脆性材料的裂纹扩展等方面的研究。在工业无损检测及红外监控场景图像中，目标像素只占整幅图像像素的很小比例，该类图像的直方图分布常呈现一种拖尾分布的复杂形态。运用 Kaniadakis 熵进行图像分割时，假设在阈值 t 处将原灰度直方图 $\{h(0), h(1), \cdots, h(L-1)\}$ 分开，构成两个子概率分布：$\left\{\dfrac{h(0)}{P_0(t)}, \cdots, \dfrac{h(t)}{P_0(t)}\right\}$，$\left\{\dfrac{h(t+1)}{P_1(t)}, \cdots, \dfrac{h(L-1)}{P_1(t)}\right\}$，这里 $P_0(t) = \sum\limits_{g=0}^{t} h(g)$，$P_1(t) = 1 - P_0(t)$。首先令

$$S_{\kappa 0}(t) = -\frac{1}{2\kappa} \sum_{g=0}^{t} \left[\left(\frac{h(t)}{P_0(t)}\right)^{1+\kappa} - \left(\frac{h(t)}{P_0(t)}\right)^{1-\kappa}\right] \tag{4.113}$$

$$S_{\kappa 1}(t) = -\frac{1}{2\kappa}\sum_{g=t+1}^{L-1}\left[\left(\frac{h(t)}{P_1(t)}\right)^{1+\kappa} - \left(\frac{h(t)}{P_1(t)}\right)^{1-\kappa}\right] \tag{4.114}$$

$$K_0(t) = \frac{1}{2}\sum_{g=0}^{t}\left[\left(\frac{h(t)}{P_0(t)}\right)^{1+\kappa} + \left(\frac{h(t)}{P_0(t)}\right)^{1-\kappa}\right] \tag{4.115}$$

$$K_1(t) = \frac{1}{2}\sum_{g=t+1}^{L-1}\left[\left(\frac{h(t)}{P_1(t)}\right)^{1+\kappa} + \left(\frac{h(t)}{P_1(t)}\right)^{1-\kappa}\right] \tag{4.116}$$

一维 Kaniadakis 熵阈值法的目标函数为 [106]

$$S_{\kappa}(t) = S_{\kappa 0}(t)K_1(t) + S_{\kappa 1}(t)K_0(t) \tag{4.117}$$

最佳阈值取在 t^* 处，满足

$$
\begin{aligned}
t^* &= \arg\max_{0<t<L-1} S_{\kappa}(t)\\
&= \arg\max_{0<t<L-1}\{S_{\kappa 0}(t)K_1(t) + S_{\kappa 1}(t)K_0(t)\}
\end{aligned}
\tag{4.118}
$$

图 4.11 给出一个示例。

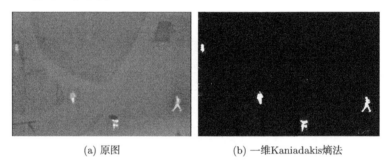

(a) 原图   (b) 一维Kaniadakis熵法

图 4.11   红外图像的分割结果 ($\kappa = 0.6, t^* = 126$)

   对于 Kaniadakis 熵来说，κ 型可加性式满足的前提条件是两个分离的概率分布系统 A 和 B 必须是统计独立的。在对图像进行二值阈值化时，根据最佳分割阈值 t 获得的目标与背景概率分布，从图像像素分布来说，其统计独立性条件有时并不能轻易得到满足，考虑到图像在成像过程中受多种因素影响，成像场景中各景物的目标灰度级像素的出现有着千丝万缕的关联，文献 [107] 对 Kaniadakis 熵阈值法进行了改进，其表达式为：$\overline{S}_{\kappa}(t) = S_{\kappa 0}(t)K_1(t)$ 或 $\overline{S}_{\kappa}(t) = S_{\kappa 1}(t)K_0(t)$。在该表达式中，通过图像目标 (或背景) 的 Kaniadakis 熵与图像另外一部分的 Kaniadakis 熵的伴生式进行相乘，使之表征图像两部分之间的关联与纠缠关系。最佳阈值选在使上式达到最大值的灰度处。文献 [107] 建议 Kaniadakis 熵阈值法中，熵参数 κ 值设定为 0.8。相比于 Sparavigna 提出的 Kaniadakis 熵阈值法 [106]，改进方式对熵参数 κ 值的选取比较敏感，因图像而异。

4.3.4 一维最大 Masi 熵阈值法

Masi 基于对传统热力学熵的分析，结合 Renyi 熵和 Tsallis 熵，提出了一个新的熵表述。对于一个离散概率分布 $P = (p_1, p_2, \cdots, p_n)\left(\sum\limits_{i=1}^{n} p_i = 1\right)$，Masi 熵定义为 [108]

$$S_r(P) = \frac{1}{1-r} \ln\left[1 - (1-r)\sum_{i=1}^{n} p_i \ln p_i\right], r > 0, r \neq 1 \tag{4.119}$$

Masi 熵不满足可加性或伪可加性。图像像元之间的信息具有可加性或非可加性，如长程相关、长时记忆、分形等。Renyi 熵和 Tsallis 熵不能同时处理这些信息，而 Masi 给出的广义熵形式在一定程度上可弥补 Renyi 熵和 Tsallis 熵的问题。

假设在阈值 t 处将原灰度直方图 $\{h(0), h(1), \cdots, h(L-1)\}$ 分开，构成两个子概率分布：$\left\{\dfrac{h(0)}{P_0(t)}, \cdots, \dfrac{h(t)}{P_0(t)}\right\}$，$\left\{\dfrac{h(t+1)}{P_1(t)}, \cdots, \dfrac{h(L-1)}{P_1(t)}\right\}$，这里 $P_0(t) = \sum\limits_{g=0}^{t} h(g)$，$P_1(t) = 1 - P_0(t)$。于是这两个概率分布的 Masi 熵表达式为

$$S_{r0}(t) = \frac{1}{1-r} \ln\left[1 - (1-r)\sum_{g=0}^{t} \frac{h(g)}{P_0(t)} \ln\frac{h(g)}{P_0(t)}\right] \tag{4.120}$$

$$S_{r1}(t) = \frac{1}{1-r} \ln\left[1 - (1-r)\sum_{g=t+1}^{L-1} \frac{h(g)}{P_1(t)} \ln\frac{h(g)}{P_1(t)}\right] \tag{4.121}$$

一维 Masi 熵阈值法的目标函数为 [109]

$$S_r(t) = S_{r0}(t) + S_{r1}(t) \tag{4.122}$$

最佳阈值取在 t 处，满足

$$t^* = \arg\max_{0 < t < L-1} S_r(t) = \arg\max_{0 < t < L-1} S_{r0}(t) + S_{r1}(t) \tag{4.123}$$

在图像分割中，一般取参数 $r \in [0.5, 1.5]$，文献 [109] 建议可取 $\alpha = 1.2$。图 4.12 给出一个示例。

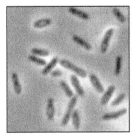
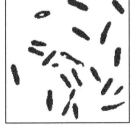

(a) 原图   (b) 一维Masi熵法

图 4.12 细菌图像的分割结果 ($r = 0.8, t^* = 95$)

4.4   最大空间图像熵阈值法

对于一个离散概率分布 $P = (p_1, p_2, \cdots, p_n)\left(\sum\limits_{i=1}^{n} p_i = 1\right)$，Shannon 给出的熵

表达式 $H = -\sum\limits_{i=1}^{n} p_i \ln p_i$ 推广到连续随机变量情形时，简单的模仿公式为

$$H = -\int p(x) \ln p(x) \mathrm{d}x \tag{4.124}$$

Jaynes[110] 已经指出这种推广是无效的。由于对于连续分布，把变量 x 变换成 $y(x)$ 不具有不变性，并且极限不再是一个正确的信息测度。在连续情形下，熵公式为

$$H = -\int p(x) \ln \frac{p(x)}{m(x)} \mathrm{d}x \tag{4.125}$$

式中，$m(x)$ 一般是一个和离散点的极限密度成比例的 "不变量测度" 函数，即和 x 的抽样相关。上述两种积分表达式的定义区域为所给分布的定义区域。Skilling [111] 给出离散情形的对应表达式：

$$H = -\sum\limits_{i=1}^{n} p_i \ln \frac{p_i}{m_i} \tag{4.126}$$

上述表达式是一个相对熵，分布 P 的熵的确定和定义在同样区域上的测度 m 有关。对于图像处理，m 通常被解释成一个基于已知约束 (先验信息) 的 "模型"，与给定 "数据"(后验信息) 产生的新分布 P 所得到的熵的测量有关。当 m_i 均取为先验的均匀分布时，上述表达式等价于香农熵表达式。

Frieden[112] 认为数字图像可看成是一个概率分布，每个像元的灰度值表示了到达该点的光子数 (或 "概率" 的估计值)。设想景物是由固定数目光子 (单位灰度值)G 成像的，初始的图像是由 $M \times N$ 个单元 (像元) 组成的空格子或光栅。这 G 个光子以均匀概率一次一个地落在 $M \times N$ 个单元上 [110]。由于该过程类似于一群猴子向二维排列的 $M \times N$ 个箱子里随机地扔 G 个球 [111,113-116]，因此称为 "猴子模型"(monkey model)。每个球表示了一个单位灰度值且每一个箱子表示一个像元。为了清楚地描述该模型，一维情况下的猴子模型由图 4.13 给出，其中 $G = 20$ 个光子。

Jaynes 的最大退化原则指出 [110]，在先验约束下，用某种方式形成最多的退化图像是最可能出现的图像。换句话说，在可以拥有的有关系统的任何先验知识的前提下，希望图像估计的退化最大化。对于面临的模型，仅有的先验约束是非负性，即 $g_{ij} \geqslant 0, 1 \leqslant i, j \leqslant M \times N$。这里 g_{ij} 表示像元 (i, j) 处的灰度值。光子被看成是不

可分辨的, 并且每一个单元可容纳任意多个光子数。任何给定的图像有一个对应的并非唯一的灰度直方图, 形成一般图像 $(g_{11}, \cdots, g_{MN})$ 的方式数 W 由 Boltzmann 定律确定:

$$W(g_{11}, \cdots, g_{MN}) = \frac{G!}{g_{11}!, \cdots, g_{MN}!} \tag{4.127}$$

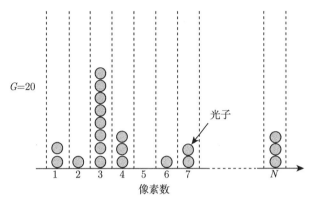

图 4.13　光子/单元灰度层分配模型 (一维 "猴子模型")

依据 Jaynes 基本定律, 令方式数 $W = \max$ 或者等价的方式数的对数 $\ln W = \max$, 应用 Stirling 近似公式 $\ln m! \simeq m \ln m - m$, 则

$$\ln W = \ln G! - \sum_{i=1}^{M} \sum_{j=1}^{N} \ln g_{ij}!$$

$$= G \ln G - G - \sum_{i=1}^{M} \sum_{j=1}^{N} (g_{ij} \ln g_{ij} - g_{ij})$$

$$= G \ln G - \sum_{i=1}^{M} \sum_{j=1}^{N} g_{ij} \ln g_{ij} - G + \sum_{i=1}^{M} \sum_{j=1}^{N} g_{ij}$$

应用 $G = \sum\limits_{i=1}^{M} \sum\limits_{j=1}^{N} g_{ij}$, 有

$$\ln W = G \ln G - \sum_{i=1}^{M} \sum_{j=1}^{N} g_{ij} \ln g_{ij} = \sum_{i=1}^{M} \sum_{j=1}^{N} g_{ij} \ln \frac{g_{ij}}{G}$$

等式两端除以 G, 得

$$\frac{\ln W}{G} = - \sum_{i=1}^{M} \sum_{j=1}^{N} \frac{g_{ij}}{G} \ln \frac{g_{ij}}{G} \tag{4.128}$$

如果认为对于每一个图像，G 都是恒定不变的常值，那么这种表达式正好是 Shannon 熵公式，称为图像熵。

图像熵公式假设了个体事件 (像元)g_{ij} 是相互独立的，或者说，没有相关性假设。这说明图像的像元可以随意排列但不会改变熵值。这一点是违背直觉的，像元的内在关联关系是随着图像的变化而变化的，m 可用于处理这个问题。尽管像元内在相关的精确特征是随着图像的变化而变化的，可容易地获得图像的局部灰度变化，一个简单的方式是用局部灰度方差，通过每一个像元的邻域 (如 3×3 邻域 N_3) 可以计算出局部灰度方差。3×3 邻域的方差计算公式为 $\sigma_{ij}^2 = \sum\limits_{N_3} \dfrac{(g_{\bar{i}\bar{j}} - \mu_{ij})^2}{9}$，

这里 μ_{ij} 是 3×3 邻域内灰度的均值，$g_{\bar{i}\bar{j}}$ 是 3×3 邻域内的灰度值。

应用离散熵表达式 $H = -\sum\limits_{i=1}^{n} p_i \ln \dfrac{p_i}{m_i}$，对于图像，相应的空间图像熵表示为

$$H = -\sum_{i=1}^{M} \sum_{j=1}^{N} p_{ij} \ln \frac{p_{ij}}{m_{ij}} \tag{4.129}$$

式中，$p_{ij} = \dfrac{g_{ij}}{G}$；$m_{ij} = 1 + \sigma_{ij}^2$。之所以取 m_{ij} 为 $1 + \sigma_{ij}^2$ 是为了避免 $\sigma_{ij}^2 = 0$ 的问题。

m_{ij} 可看成是图像像元照明概率 p_{ij} 的 "加权" 因子。m_{ij} 表达式的精确选择基于人类视觉系统的定性的先验信息：边缘与边界，以及与人的视觉理解必不可少的相似区域细节，它们是视觉和自动解释所希望的，因此这些信息应该在阈值图像内被保留。用方差来表示 m_{ij} 就是为了在阈值选取时强调这种特征，这里选用了 3×3 邻域的方差，当然也可以选用梯度算子 (gradient operators)、纹理 (texture)、繁忙度 (busyness measures) 等。

下面给出最大空间图像熵阈值法。假设阈值 t 将图像分成两类 C_0 和 C_1，记 $G_0(t) = \sum\limits_{(i,j) \in C_0} g_{ij}$，$G_1(t) = \sum\limits_{(i,j) \in C_1} g_{ij}$，则 C_0 的图像熵为 $H_0(t) = -\sum\limits_{(i,j) \in C_0} \dfrac{g_{ij}}{G_0(t)} \times \ln \dfrac{g_{ij}}{G_0(t)}$，$C_1$ 的图像熵为 $H_1(t) = -\sum\limits_{(i,j) \in C_1} \dfrac{g_{ij}}{G_1(t)} \ln \dfrac{g_{ij}}{G_1(t)}$。

如果考虑到图像的空间信息，则 C_0 的空间图像熵为

$$\overline{\overline{H_0}}(t) = -\sum_{(i,j) \in C_0} \frac{g_{ij}}{G_0(t)} \ln \frac{g_{ij}}{G_0(t)m_{ij}} \tag{4.130}$$

$$\overline{\overline{H_1}}(t) = -\sum_{(i,j) \in C_1} \frac{g_{ij}}{G_1(t)} \ln \frac{g_{ij}}{G_1(t)m_{ij}} \tag{4.131}$$

类似于最大熵阈值法，对于空间图像熵，可写出相对应的阈值选择标准：

$$\text{熵求和法：} t^* = \arg \max_{0<t<L-1} \{\overline{\overline{H_0}}(t) + \overline{\overline{H_1}}(t)\} \tag{4.132}$$

$$\text{熵取小法：} t^* = \arg \max_{0<t<L-1} \{\overline{\overline{H_0}}(t) \wedge \overline{\overline{H_1}}(t)\} \tag{4.133}$$

$$\text{熵求积法：} t^* = \arg \max_{0<t<L-1} \overline{\overline{H_0}}(t)\overline{\overline{H_1}}(t) \tag{4.134}$$

$$\text{熵求差法：} t^* = \arg \min_{0<t<L-1} \left|\overline{\overline{H_0}}(t) - \overline{\overline{H_1}}(t)\right|^2 \tag{4.135}$$

Brink[116,117] 通过实例指出空间图像熵法要比最大熵阈值法的效果好，图 4.14 给出一个示例。

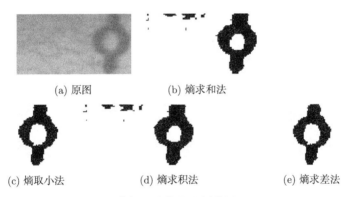

(a) 原图　　　　　(b) 熵求和法

(c) 熵取小法　　　　　(d) 熵求积法　　　　　(e) 熵求差法

图 4.14　空间图像熵的分割结果

参 考 文 献

[1] COVER T M, THOMAS J A. 信息论基础 [M]. 2 版. 阮吉寿, 张华, 译. 北京: 机械工业出版社, 2008.

[2] HAMMING R W. Coding and Information Theory[M]. 2nd Edition. Englewood Cliffs: Prentice Hall, 1986.

[3] KULLBACK S. Information Theory and Statistics[M]. New York: Wiley, 1959.

[4] 范九伦, 谢勰, 张雪锋. 离散信息论基础 [M]. 北京: 北京大学出版社, 2010.

[5] JAYNES E T. Information theory and statistical mechanics[J]. Physical Review B, 1957, 106(4): 620-630.

[6] ALBUQUERQUE M P D, ESQUEF I A, MELLO A R G, et al. Image thresholding using Tsallis entropy[J]. Pattern Recognition Letters, 2004, 25(9): 1059-1065.

[7] PUN T. Entropic thresholding, a new approach[J]. CVGIP: Graphical Models and Image Processing, 1981, 16(3): 210-239.

[8] PAL N R, PAL S K. Object-background segmentation using new definitions of entropy[J]. IEEE Proceedings, 1989, 136(4): 284-295.

[9]　PUN T. Entropic thresholding, a new approach[J]. CVGIP: Graphical Models and Image Processing, 1981, 16(3): 210-239.

[10]　HORIBE Y. Entropy and correlation[J]. IEEE Transactions on Systems, Man, and Cybernetics, 1985, 15(5): 641-642.

[11]　WONG A K C, SAHOO P K. A gray-level threshold selection method based on maximum entropy principle[J]. IEEE Transactions on Systems, Man, and Cybernetics, 1989, 19(4): 866-871.

[12]　FREUND D, SAXENA D. An algorithm for a class of discrete maximum entropy problems[J]. Operations Research, 1984, 32(1): 210-215.

[13]　LEWNG C K, LAM F K. Maximum segmental image information thresholding[J]. CVGIP: Graphical Models and Image Processing, 1998, 60(1): 57-76.

[14]　KAPUR N, SAHOO P K, WONG A K C. A new method for gray-level picture thresholding using the entropy of the histogram[J]. Computer Vision Graphics and Image Processing, 1985, 29(3): 273-285.

[15]　BRING A D. Thresholding of digital images using two-dimensional entropies[J]. Pattern Recognition, 1992, 25(8): 803-808.

[16]　付忠良. 一些新的图像阈值选取方法 [J]. 计算机应用，2010, 20(10): 13-15.

[17]　SAHOO P K, SLAAF D W, ALBERT T A. Threshold selection using a minimal histogram entropy different[J]. Optical Engineering, 1997, 36(7): 1976-1981.

[18]　PAL N R, PAL S K. Entropic thresholding[J]. Signal Processing, 1989, 16(2): 97-108.

[19]　吴一全, 殷骏, 毕硕本. 最大倒数熵 / 倒数灰度熵多阈值选取 [J]. 信号处理, 2013, 29(2): 143-151.

[20]　吴一全, 占必超. 基于混沌粒子群优化的倒数熵阈值选取方法 [J]. 信号处理, 2010, 26(7): 1044-1049.

[21]　BARDERA A, BOADA I, FEIXAS M, et al. Image segmentation using excess entropy[J]. Journal of Signal Processing Systems, 2009, 54(1/2/3): 205-214.

[22]　BEGHDADL A, NEGRATE A L, DE LESEGNO P V. Entropic thresholding using a block source model[J]. Graphical models and image Processing, 1995, 57(3): 197-205.

[23]　曹力, 史忠科. 基于最大熵原理的多阈值自动选取新方法 [J]. 中国图象图形学报, 2002, 7(A)(5): 461-465.

[24]　CHANG Y, FU A M N, YAN H, et al. Efficient two-level image thresholding method based on Bayesian formulation and the maximum entropy principle[J]. Optical Engineering, 2002, 41(10): 2487-2498.

[25]　陈修桥, 胡以华, 黄友锐, 等. 二维最大相关准则图像阈值分割递推算法 [J]. 计算机工程与应用, 2005, 32: 91-93.

[26]　HANNAH I, PATEL D, DAVIES R. The use of variance and entropy threshloding methods for image segmentation[J]. Pattern Recognition, 1995, 28(8): 1135-1143.

[27]　JANSING E D, ALBEST T A, CHENOWETH D L. Two-dimensional entropic segmentation[J]. Pattern Recognition Letters, 1999, 20(3): 329-336.

[28]　LEE S S, HORNG S J, TSAI H R. Entropy thresholding and its parallel algorithm on the reconfigurable array of processors with wider bus networks[J]. IEEE Transactions on Image Processing, 1999, 8(9): 1229-1242.

[29]　罗希平, 田捷. 用最大熵原则作多阈值选择的条件迭代算法 [J]. 软件学报, 2000, 11(3): 379-385.

[30]　潘喆, 吴一全. 二维指数熵图像阈值选取方法及其快速算法 [J]. 计算机应用, 2007, 27(4): 982-985.

[31] TSENG D C, SHEIH W S. Plume extraction using entropy thresholding and region growing[J]. Pattern Recognition, 1993, 26(5): 805-817.

[32] 王帅, 李婷, 于永利. 反积型信息熵及其在图像分割中的应用 [J]. 装甲兵工程学院学报, 2018, 32(1): 113-118.

[33] XIAO Y, CAO Z, ZHONG S. New entropic thresholding approach using gray-level spatial correlation histogram[J]. Optical Engineering, 2010, 49(12): 127007-1-127007-13.

[34] XIAO Y, CAO Z, YUAN J. Entropic image thresholding based on GLGM histogram[J]. Pattern Recognition Letters, 2014, 40(15): 47-55.

[35] 吴一全, 纪守新. 灰度熵和混沌粒子群的图像多阈值选取 [J]. 智能系统学报, 2010, 5(6): 522-529.

[36] 吴一全, 纪守新, 吴诗婳, 等. 基于二维直分与斜分灰度熵的图像阈值选取 [J]. 天津大学学报 (自然科学版), 2011, 44(12): 1043-1049.

[37] 吴一全, 潘喆, 吴文怡. 二维直方图区域斜分的最大熵阈值分割算法 [J]. 模式识别与人工智能, 2009, 22(1): 162-168.

[38] 吴一全, 孟天亮, 吴诗婳, 等. 基于二维倒数灰度熵的河流遥感图像分割 [J]. 华中科技大学学报 (自然科学版), 2014, 42(12): 70-74.

[39] 吴一全, 张金矿. 二维直方图 θ 划分最大 Shannon 熵图像阈值分割 [J]. 物理学报, 2010, 59(8): 5487-5495.

[40] YEN J C, CHANG F J, CHANG S. A new criterion for automatic multilevel thresholding[J]. IEEE Transactions on Image Processing, 1995, 4(3): 370-378.

[41] YIMIT A, HAGIHARA Y, MIYOSHI T, et al. 2-D direction histogram based entropic thresholding[J]. Neurocomputing, 2013, 120(23): 287-297.

[42] YIN P. Maximum entropy-based optimal threshold selection using deterministic reinforcement learning with controlled randomization[J]. Signal Processing, 2002, 82(7): 993-1006.

[43] 周德龙, 朱立明, 潘泉, 等. 基于最大相关准则的阈值处理算法 [J]. 电子与信息学报, 2002, 24(2): 136-139.

[44] 赵凤, 范九伦. 一种结合二维熵和模糊熵的图像分割方法 [J]. 计算机工程与应用, 2006, 42(32): 17-20.

[45] WANG B, CHEN L, CHENG J. New result on maximum entropy threshold image segmentation based on P system[J]. Optik, 2018, 163: 81-85.

[46] CHOWDHURY K, CHAUDHURI D, PAL A K. A new image segmentation technique using bi-entropy function minimization[J]. Multimedia Tools and Applications, 2018, 77(16): 20889-20915.

[47] CHEN J, GUAN B, WANG H, et al. Image thresholding segmentation based on two dimensional histogram using gray level and local entropy information[J]. IEEE Access, 2018, 6: 5269-5275.

[48] 雷博, 范九伦. 加权调和平均型最大熵图像阈值选取法 [J]. 模式识别与人工智能, 2009, 22(6): 884-890.

[49] 吴成茂. 基于加权香农熵的图像阈值法 [J]. 计算机工程与应用, 2008, 44(18): 177-180.

[50] 张弘, 范九伦. 灰度 - 梯度共生矩阵模型的加权条件熵阈值法 [J]. 计算机工程与应用, 2010, 46(6): 10-13.

[51] RENYI A. On measures of entropy and information[C].Fourth Berkeley Symposium. Mathematics Statistical and Probability. Berkeley: University of California Press, 1961, 547-561.

[52] TEIXEIRA A, MATOS A, ANTUNES L. Conditional Rényi entropies[J]. IEEE Transactions on Information Theory, 2012, 58(7): 4273-4277.

[53] ONICESCU O. Energie informationelle[J]. Comptes-Rendus Acad. Sci. Paris, 1966, 263(22): 841-842.

[54] SAHOO P K, WILKINS C, YEAGES J. Threshold selection using Renyi's entropy[J]. Pattern Recognition, 1997, 30(1): 71-84.

[55] SAHOO P K, ARORA G. A thresholding method based on two-dimensional Renyi's entropy[J]. Pattern Recognition, 2004, 37(6): 1149-1161.

[56] 雷博, 范九伦. 一维 Renyi 熵阈值法中参量的自适应选取 [J]. 光子学报, 2009, 38(9): 439-443.

[57] ABUTALEB A S. Automatic thresholding of gray-level pictures using two-dimensional entropy[J]. Computer Vision Graphics and Image Processing, 1989, 47(2): 22-32.

[58] CHEN W T, WEN C H, YANG C W. A fast two-dimension entropy thresholding algorithm[J]. Pattern Recognition, 1994, 27(7): 885-893.

[59] GONG J, LI L, CHEN W. Fast recursive algorithm for two dimensional thresholding[J]. Pattern Recognition, 1998, 31(3): 295-300.

[60] 刘健庄. 基于二维熵的图像阈值选择快速算法 [J]. 模式识别与人工智能, 1991, 4(3): 46-52.

[61] 华长发, 范建平, 高传善, 等. 基于二维熵阈值的图像分割及其快速算法 [J]. 模式识别与人工智能, 2000, 13(1): 42-45.

[62] 刘京南, 陈从颜, 余玲玲, 等. 一种快速二维熵阈值分割算法 [J]. 计算机应用研究, 2002, 19(1): 67-68.

[63] 吴成茂, 田小平, 谭铁牛. 二维熵阈值法的修改及其快速迭代算法 [J]. 模式识别与人工智能, 2010, 23(1): 127-136.

[64] XU X, ZHANG Y, XIA L. A fast recurring two-dimensional entropic thresholding algorithm[J]. Pattern Recognition, 1999, 32(12): 2055-2061.

[65] 张新明, 张爱丽, 郑延斌, 等. 改进的最大熵阈值分割及其快速实现 [J]. 计算机科学, 2011, 38(8): 278-283.

[66] 张毅军, 吴雪箐, 夏良正. 二维熵图像阈值分割的快速递推算法 [J]. 模式识别与人工智能, 1997, 10(37): 259-264.

[67] 龚劬, 王菲菲, 倪麟. 基于分解的二维 Renyi 灰度熵的图像阈值分割 [J]. 计算机工程与应用, 2013, 49(1): 181-185.

[68] 黄金杰, 郭鲁强, 逯仁虎. 改进的二维 Renyi 熵图像阈值分割 [J]. 计算机科学, 2010, 37(10): 251-253.

[69] 雷博. 二维直线型 Renyi 熵阈值分割方法 [J]. 西安邮电学院学报, 2010, 15(3): 19-22.

[70] 雷博, 范九伦. 二维 Renyi 熵阈值分割方法中参数的自适应选取 [J]. 计算机工程与应用, 2010, 46(22): 16-19.

[71] 潘喆, 吴一全. 二维 Renyi 熵图像阈值选取快速递推算法 [J]. 中国体视学与图像分析, 2007, 12(2): 93-97.

[72] SARKAR S, DAS S, CHAUDHURI S S. Hyper-spectral image segmentation using Rényi entropy based multi-level thresholding aided with differential evolution[J]. Expert Systems With Applications, 2016, 50(15): 120-129.

[73] 王菲菲, 龚劬, 倪麟, 等. 基于三维直方图重建和降维的 Renyi 熵阈值分割算法 [J]. 计算机应用研究, 2013, 30(4): 1223-1225.

[74] 吴成茂, 范九伦. 对二维 Renyi 熵阈值法的错误纠正 [J]. 计算机工程与应用, 2006, 42(9): 34-37.

[75] 张新明, 薛占熬, 郑延斌. 二维直方图准分的 Renyi 熵快速图像阈值分割 [J]. 模式识别与人工智能, 2012, 25(3): 411-418.

[76] TSALLIS C. Possible generalization of Boltzman-Gibbs statistics[J]. Journal of Statistical Physics, 1988, 52(1/2): 479-487.

[77] TSALLIS C, MENDES R S, PLASTINO A R. The role of constraints within generalized non-extensive statistics[J]. Journal of Physics A, 1998, 261(3-4): 534-554.

[78] TSALLIS C. Nonextensive Statistical Mechanics and Its Applications[M]. Berlin: Springer, 2001.

[79] 黎燕, 樊晓平. Renyi 熵与 Tsallis 熵的等价关系 [J]. 计算机仿真, 2008, 25(1): 229-232.

[80] TONG W S, CHUNG F L. Note on the equivalence relationship between Renyi Entropy based and Tsallis entropy based image thresholding[J]. Pattern Recognition Letters, 2005, 26(14): 2309-2312.

[81] 宋亚玲, 欧聪杰.Tsallis 熵的参数在图像阈值分割中的应用 [J]. 传感器与微系统, 2015, 34(11): 147-149.

[82] 林爱英, 李辉, 吴莉莉, 等. 二维 Tsallis 熵阈值法中基于粒子群优化的参数选取 [J]. 郑州大学学报 (理学版), 2012, 41(1): 50-55.

[83] LIN Q, OU C. Tsallis entropy and the long-range correlation in image thresholding[J]. Signal Process, 2012, 92(12): 2931-2939.

[84] AGRAWAL S, PANDA R, BHUYAN S, et al. Tsallis entropy based optimal multilevel thresholding using cuckoo search algorithm[J]. Swarm and Evolutionary Computation, 2013, 11: 16-30.

[85] BHANDARI A K, KUMAR A, SINGH G K. Tsallis entropy based multilevel thresholding for colored satellite image segmentation using evolutionary algorithm[J]. Expert Systems with Applications, 2015, 42(22): 8707-8730.

[86] EL-FEGHI I, GALHOUD M, SID-AADHMED M A, et al. Three-level gray-scale images segmentation using non-extensive entropy[C]. 4th International Conference on Computer Graphics, Imaging and Visualization. Bangkok: IEEE Press, 2007: 14-16.

[87] MOHANALIN J, KALRA P K, KUMAR N. An automatic method to enhance microcalcifications using normalized Tsallis entropy[J]. Signal Processing, 2010, 90(3): 952-958.

[88] RODRIGUES P S, GIRALDI G A. Improving the non-extensive medical image segmentation based on Tsallis entropy[J]. Pattern Analysis and Applications, 2011, 14(4): 369-379.

[89] SAHOO P K, ARORA G. Image thresholding using two-dimensional Tsallis-Havrda-Charv at entropy[J]. Pattern Recognition Letters, 2006, 27(6): 520-528.

[90] SRKAR S, DAS S. Multilevel image thresholding based on 2D histogram and maximum Tsallis entropy—a differential evolution approach[J]. IEEE Transactions on Image Processing, 2013, 22(12): 4788-4797.

[91] 吴一全, 潘喆, 吴文怡. 二维直方图斜分 Tsallis-Havrda-Charvát 熵图像阈值分割 [J]. 光电工程, 2008, 35(7): 53-58.

[92] 吴一全, 潘喆. 二维 Tsallis·Havrda·Charvat 熵阈值分割的快速递推算法 [J]. 信号处理, 2009, 25(4): 665-668.

[93] 吴一全, 吴诗婳, 张晓杰. 利用混沌 PSO 或分解的 2 维 Tsallis 灰度熵阈值分割 [J]. 中国图象图形学报, 2012,17(8): 902-910.

[94] 吴一全, 张金矿. 二维直方图 θ- 划分 Tsallis 熵阈值分割算法 [J]. 信号处理, 2010, 26(8): 1162-1168.

[95] 张新明, 张贝, 涂强. 广义概率 Tsallis 熵的快速多阈值图像分割 [J]. 数学采集与处理, 2013, 31(3): 502-511.

[96] 张新明, 郑延斌. 二维直方图准分的 Tsallis 熵阈值分割及其快速实现 [J]. 仪器仪表学报, 2011, 32(8): 1796-1802.

[97] ZHANG Y D, WU L N. Optimal multi-level thresholding based on maximum Tsallis entropy via an artificial bee colony approach[J]. Entropy, 2011, 13: 841-859.

[98]　ARIMOTO S. Information theoretical consideration on estimation problems[J]. Information and Control, 1971, 19(3): 181-194.

[99]　ZHANG H. One-dimensional Arimoto entropy threshold segmentation method based on parameters optimization[C]. International Conference on Applied Informatics and Communication, Berlin: Springer, 2011: 573-581.

[100]　吴一全, 曹鹏祥, 王凯, 等. 二维 Arimoto 灰度熵阈值分割 [J]. 应用科学学报, 2014, 32(4): 331-340.

[101]　吴一全, 朱丽, 吴诗婳. 基于二维 Arimoto 灰度熵的图像阈值分割快速迭代算法 [J]. 华南理工大学学报, 2016, 44(5): 48-57.

[102]　张弘, 范九伦. 二维 Arimoto 熵直线型阈值分割法 [J]. 光子学报, 2013, 42(2): 234-240.

[103]　KANIADAKIS G. Statistical mechanics in the context of special relativity[J]. Physical Review E, 2002, 66: 056125.

[104]　KANIADAKIS G. Theoretical foundations and mathematical formalism of the power-law tailed statistical distributions[J]. Entropy, 2013, 15(10):3983-4010.

[105]　BECK C. Generalised information and entropy measures in physics[J]. Contemporary Physics, 2009, 50(4): 495-510.

[106]　SPARAVIGNA A C. Shannon, Tsallis and Kaniadakis entropy in bi-level image thresholding [J]. International Journal of Sciences, 2015, 4: 35-43.

[107]　聂方彦, 李建奇, 张平凤, 等. 复杂图像的 Kaniadakis 熵阈值分割方法 [J]. 激光与红外, 2007, 47(8): 1040-1045.

[108]　MASI M. A step beyond Tsallis and Rényi entropies[J]. Physics Letters A, 2005, 338(3): 217-224.

[109]　NIE F, ZHANG P, LI J, et al. A novel generalized entropy and its application in image thresholding[J]. Signal Processing, 2017, 134: 23-34.

[110]　JAYNES E T. Prior probability[J]. IEEE Transactions on Systems, Man, and Cybernetics, 1968, 4(3): 227-241.

[111]　SKILLING J. Theory of Maximum Entropy Image Reconstruction[M].Cambridge: Cambridge University Press, 1986: 156-178.

[112]　FRIEDEN C R. Statistical models for the image restoration problem[J]. Computer Graphics and Image Processing, 1980, 12(1): 40-59.

[113]　FRIEDEN B R. Restoring with maximum likelihood and maximum entropy[J]. Journal of the Optical Society of America, 1972, 62(4): 511-518.

[114]　GULL S F, DANIELL G J. Image reconstruction from incomplete and noisy data[J]. Nature, 1978, 272(20): 686-690.

[115]　JAYNES E T. Monkeys, Kangaroos and N[M]. Cambridge: Cambridge University Press, 1986.

[116]　BRINK A D. Minimum spatial entropy threshold selection[J]. IEEE Proceeding-Vision, Image and Signal Processing, 1995, 142(3): 128-132.

[117]　BRINK A D. Using spatial information as an aid to maximum entropy image threshold selection[J]. Pattern Recognition Letters, 1996, 17(1): 29-36.

第 5 章　模型匹配阈值法

图像的灰度直方图反映出图像具有的灰度分布信息,对于具有良好照明的图像,其灰度直方图会呈现出明显的峰和谷,阈值一般选在谷底的位置。尽管有时没有明确声明其理论假设,但通常假设灰度直方图服从混合正态分布或混合泊松分布,很多阈值分割方法的提出也是在这些分布模型假设下获得的。例如,前面介绍的最大类间方差法的实际假设模型是目标和背景服从同一方差、不同均值的混合正态分布,最小交叉熵法的实际假设模型是目标和背景服从不同均值的混合泊松分布。除了在常规上假设目标和背景服从混合正态分布或混合泊松分布外,研究者们也提出了其他的分布模型,如针对 SAR 图像的瑞利分布模型 [1] 或更复杂的概率分布 [2]。本章针对这些假设模型,叙述相应的一些阈值分割方法,这些方法提出的基本思路是假设的理想分布模型和实际的灰度直方图之间进行模型匹配,模型匹配的准则通常采用信息论中概率分布之间的信息距离。

本章重点介绍基于相对熵的阈值选取准则,相对熵是由 Kullback[3] 首先提出的,可看成是 Shannon 信息熵的推广。相对熵既可看成是两个概率分布系统 P 与 Q 的信息量差异,也可看成是采用 P 取代 Q 作为系统概率分布时,单个系统信息量变化的期望值,因而可以用最小相对熵作为判决准则求解条件极值问题,或实现系统的参数估计和假设检验。相对熵具有较强的嵌入能力和普适能力,在第 3 章中已经介绍了一些基于相对熵的阈值选取方式,本章从灰度概率分布估计的角度叙述基于相对熵的一些阈值选取准则。

除了基本的相对熵公式外,人们也提出了一些广义相对熵表述,如 Tsallis 相对熵 [4,5]。基于 Tsallis 相对熵等,也可给出相关的分割方法,但得到简化表述较为困难,有兴趣的读者可参考文献 [6]。

5.1　正态分布假设下的最小误差阈值法

本节基于正态分布 (高斯分布) 模型,叙述相关阈值选取方法。

5.1.1　一维最小误差阈值法

1. 一维最小误差阈值法表达式

Kittler 等 [7] 认为如果由目标和背景构成的混合概率密度分布是已知的并且能够被估计出来,则最优的阈值可以通过概率统计知识来确定。Kittler 等假设直方图服从正态分布, 即由目标和背景构成的混合概率密度函数是由两个服从正态分布的子分布组成的, 这两个子分布分别表示目标构成的概率分布和背景构成的概率分布, 基于 Bayes 的最小误差分类概率提出了一种称为最小误差阈值法的图像分割方法。

对于一个大小为 $M \times N$, 像素在 L 个灰度级 $G = [0, 1, \cdots L - 1]$ 上取值的图像, 原图像的灰度统计信息用一个概率分布 $P = \{h(0), \cdots, h(g), \cdots, h(L-1)\}$ 来表示。如果以灰度 t 作为阈值, 假设估计的灰度直方图 $p(g)$ 的两个子分布 $h(g|i,t)$ 分别服从均值为 μ_i, 方差为 σ_i 的正态分布 $(i = 0, 1)$, 即 $p(g) = P_0(t)h(g|0,t) + P_1(t)h(g|1,t)$, 如图 5.1 所示。

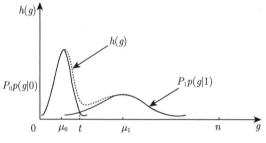

图 5.1　灰度直方图和假设模型

子分布的先验概率为 P_i, 即

$$P_0(t) = \sum_{g=0}^{t} h(g) \tag{5.1}$$

$$P_1(t) = \sum_{g=t+1}^{L-1} h(g) \tag{5.2}$$

这里 $h(g|i,t) = \dfrac{1}{\sqrt{2\pi}\sigma_i(t)} \exp\left[-\dfrac{(g-\mu_i(t))^2}{2\sigma_i^2(t)}\right]$, 均值 $\mu_0(t)$、$\mu_1(t)$ 和方差 $\sigma_0^2(t)$、$\sigma_1^2(t)$ 分别为

$$\mu_0(t) = \sum_{g=0}^{t} \frac{gh(g)}{P_0(t)} \tag{5.3}$$

$$\mu_1(t) = \sum_{g=t+1}^{L-1} \frac{gh(g)}{P_1(t)} \tag{5.4}$$

$$\sigma_0^2(t) = \sum_{g=0}^{t} \frac{h(g)(g-\mu_0(t))^2}{P_0(t)} \tag{5.5}$$

$$\sigma_1^2(t) = \sum_{g=t+1}^{L-1} \frac{h(g)(g - \mu_1(t))^2}{P_1(t)} \tag{5.6}$$

灰度 g 被二值之一正确替代的条件概率为

$$e(g,t) = h(g\,|\,i\,,t)\frac{P_i(t)}{h(g)}, \quad i = \begin{cases} 0, & g \leqslant t \\ 1, & g > t \end{cases} \tag{5.7}$$

忽略掉常数 $h(g)$，对式 (5.7) 取对数并乘以 -2 得

$$\varepsilon(g,t) = \left[\frac{g - \mu_i(t)}{\sigma_i(t)}\right]^2 + 2\ln\sigma_i(t) - 2\ln P_i(t)\,, \quad i = \begin{cases} 0, & g \leqslant t \\ 1, & g > t \end{cases} \tag{5.8}$$

对阈值 $t \in \{0, 1, \cdots, L-1\}$，Kittler 等 [7] 给出下面的函数：

$$J(t) = \sum_g h(g)\varepsilon(g,t) \tag{5.9}$$

最佳阈值 t^* 取在

$$t^* = \arg\min_{0 < t < L-1} J(t) \tag{5.10}$$

图 5.2 给出最小误差阈值法的一个示例。

在实际应用最小误差阈值法时，要求两个子分布的相交部分要小。需要指出的是，在上述的最小误差阈值法中，由于阈值 t 的截断效应，对均值、方差的估计是有偏的。为了弥补这种估计上的不足，在实际操作中可以补偿估计中的偏差，有兴趣的读者可参考文献 [8]～[10]。

2. 迭代算法

通常最佳阈值可以通过穷举搜索的方式获得，Kittler 等 [7] 给出了求解阈值的迭代算法。该方法是采用 Bayes 最小误差准则来进行的。给定参数 $\mu_0(t)$、$\mu_1(t)$、$\sigma_0(t)$、$\sigma_1(t)$、$P_0(t)$、$P_1(t)$，如果灰度 g 满足

$$\left(\frac{g - \mu_0(t)}{\sigma_0(t)}\right)^2 + 2(\ln\sigma_0(t) - \ln P_0(t)) \leqslant \left(\frac{g - \mu_1(t)}{\sigma_1(t)}\right)^2 + 2(\ln\sigma_1(t) - \ln P_1(t))$$

则指派 g 为 C_0 类，否则指派 g 为 C_1 类。

由判断规则获得的阈值可通过求解一元二次方程

$$g^2\left(\frac{1}{\sigma_0^2(t)} - \frac{1}{\sigma_1^2(t)}\right) - 2g\left(\frac{\mu_0(t)}{\sigma_0^2(t)} - \frac{\mu_1(t)}{\sigma_1^2(t)}\right) + \frac{\mu_0^2(t)}{\sigma_0^2(t)} - \frac{\mu_1^2(t)}{\sigma_1^2(t)}$$
$$+ 2(\ln\sigma_0(t) - \ln\sigma_1(t)) - 2(\ln P_0(t) - \ln P_1(t)) = 0 \tag{5.11}$$

获得，由此给出下面的迭代算法。

步骤 1：任意选取阈值 t；

步骤 2：计算 $\mu_0(t)$、$\mu_1(t)$、$\sigma_0(t)$、$\sigma_1(t)$、$P_0(t)$、$P_1(t)$；

步骤 3：通过求解一元二次方程式 (5.11) 得到 t'；

步骤 4：如果获得的新阈值 $t' = t$，停止；否则回到步骤 2。

(a) 原图

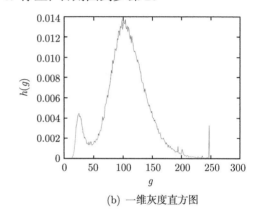

(b) 一维灰度直方图

(c) 最小误差阈值法

图 5.2   航拍图像的分割结果

上述算法在合理给出初始值时能够获得较好的最终阈值，但和所有的迭代算法一样，该算法的性能取决于初始点的选择。不好的初始点会导致陷入局部阈值，甚至无解。另外，迭代算法的潜在危险是求解一元二次方程的根可能获得复数。当求解的根是复数或负数时，迭代算法就不能运行下去。

3. 等价描述

下面给出基于正态分布的最小误差阈值分割法的几种解释。

1) 统计相关解释

Ye 等 [10] 用统计相关来解释最小误差阈值法，实际的分布和假设的模型之间的匹配测度可用统计相关来描述。记

$$C(t) = \sum_{g=0}^{L-1} \{h(g)[h(g\,|0,t)P_0(t) + h(g\,|1,t)P_1(t)]\} \tag{5.12}$$

式 (5.12) 是乘积 $h(g) \times h(g\,|i,t)$ 的和，该式是对实际的分布和假设的模型相匹配程度的一个测度。该式的最大值将对应于实际的分布和假设的模型的最佳匹配。

为了简化式 (5.12) 的计算，对 $C(t)$ 取对数，这样最大化 $C(t)$ 变成最小化下式:

$$J(t) = \sum_{g=0}^{L-1} \{h(g)[-2\ln(h(g\,|0,t)P_0(t)) - 2\ln(h(g\,|1,t)P_1(t))]\}$$

$$= 1 + 2[P_0(t)\ln\sigma_0(t) + P_1(t)\ln\sigma_1(t)] - 2[P_0(t)\ln P_0(t) + P_1(t)\ln P_1(t)]$$

2) 信息熵解释

Morri[11] 用香农熵来解释最小误差阈值图像分割法，这种解释与图像分割没有任何关系。将 $\mu_0(t)$, $\mu_1(t)$ 看成是信道中的输入信号 X，$\mu_0(t)$ 和 $\mu_1(t)$ 分别带有高斯噪声 $G(n_0; 0, \sigma_0)$ 和 $G(n_1; 0, \sigma_1)$。$\mu_0(t)$, $\mu_1(t)$ 的先验概率为 $P_0(t)$, $P_1(t)$，输出为实际信号 Y，如图 5.3 所示。

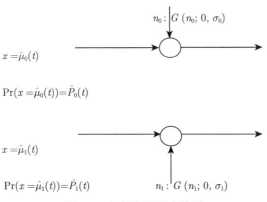

图 5.3 加性高斯噪声信道

Y 的条件混合概率密度为: $p(y\,|x = \mu_i(t)) = G(y - \mu_i(t); 0, \sigma_i(t))$, $i = 0, 1$。则 $\xi(t) = H(X) + H(Y\,|X) = H(XY) = J(t)$。

3) 最大相关原则解释

如果取阈值 t 将灰度分成两类 C_0 和 C_1，并认为参数与阈值有关，则阈值 t 可被选为使得混合模型联合分布的相关函数值最大。假设灰度的分布为混合正态分

布，则混合模型的联合分布的相关函数变成

$$L(G\,|\Theta; B(t)) = \prod_{i=1}^{N} \prod_{j=0}^{1} \left\{ \tau_j(t) \frac{1}{\sqrt{2\pi\sigma_j^2(t)}} \exp\left[-\frac{(g_i - \mu_j(t))^2}{2\sigma_j^2(t)} \right] \right\}^{\theta_{ji}(t)} \tag{5.13}$$

式中，G、Θ 和 $B(t)$ 分别是参数 g、θ、$\{\mu_0(t), \mu_1(t), \sigma_0(t), \sigma_1(t)\}$ 的值构成的集合。假设 $\sigma_0(t), \sigma_1(t)$ 是不相等的，对式 (5.13) 取对数，得

$$l^*(G\,|\Theta; B(t)) = \prod_{i=1}^{N} \prod_{j=0}^{1} \theta_{ji}(t) \left[\ln \tau_j(t) + \ln \frac{1}{\sqrt{2\pi}} - \ln \sigma_j(t) - \frac{(g - \mu_j(t))^2}{2\sigma_j^2(t)} \right] \tag{5.14}$$

由于 $\displaystyle\sum_{j=0}^{1} \tau_j(t) = 1$，记

$$l(G\,|\Theta; B(t)) = l^*(G\,|\Theta; B(t)) + \xi \left(1 - \sum_{j=0}^{1} \tau_j(t) \right) \tag{5.15}$$

由 $\dfrac{\partial l}{\partial \tau_j(t)} = \dfrac{\displaystyle\sum_{i=1}^{N} \theta_{ji}}{\tau_j(t)} - \xi = 0$ 得 $\displaystyle\sum_{i=1}^{N} \theta_{ji} = \tau_j(t)\xi$，$N = \displaystyle\sum_{j=0}^{1} \sum_{i=1}^{N} \theta_{ji}(t) = \sum_{j=0}^{1} \tau_j(t)\xi = \xi$，

因此 $\tau_j(t) = \dfrac{1}{N} \displaystyle\sum_{i=1}^{N} \theta_{ji}(t) = P_j(t)$。

由 $\dfrac{\partial l}{\partial \mu_j(t)} = -\displaystyle\sum_{i=1}^{N} 2\theta_{ji}(t)(g_i - \mu_j(t)) = 0$ 得

$$\mu_j(t) = \frac{\displaystyle\sum_{i=1}^{N} \theta_{ji}(t) g_i}{\displaystyle\sum_{i=1}^{N} \theta_{ji}(t)} = \frac{\dfrac{1}{N}\displaystyle\sum_{i=1}^{N} \theta_{ji}(t) g_i}{\dfrac{1}{N}\displaystyle\sum_{i=1}^{N} \theta_{ji}(t)} = \begin{cases} \dfrac{\displaystyle\sum_{g=0}^{t} g h(g)}{\displaystyle\sum_{g=0}^{t} h(g)} = \mu_0(t), & j = 0 \\[4mm] \dfrac{\displaystyle\sum_{g=t+1}^{L-1} g h(g)}{\displaystyle\sum_{g=t+1}^{L-1} h(g)} = \mu_1(t), & j = 1 \end{cases}$$

由 $\dfrac{\partial l}{\partial \sigma_j(t)} = -\sum_{i=1}^{N} \theta_{ji}(t) \left[\dfrac{1}{\sigma_j(t)} - \dfrac{(g_i - \mu_j(t))^2}{\sigma_j^2(t)} \right] = 0$ 得

$$\sigma_j^2(t) = \frac{\displaystyle\sum_{i=1}^{N} \theta_{ji}(t)(g_i - \mu_j(t))^2}{\displaystyle\sum_{i=1}^{N} \theta_{ji}(t)}$$

$$= \frac{\dfrac{1}{N}\displaystyle\sum_{i=1}^{N} \theta_{ji}(t)(g_i - \mu_j(t))^2}{\dfrac{1}{N}\displaystyle\sum_{i=1}^{N} \theta_{ji}(t)} = \begin{cases} \dfrac{\displaystyle\sum_{g=0}^{t} h(g)(g - \mu_0(t))^2}{\displaystyle\sum_{g=0}^{t} h(g)} = \sigma_0^2, & j=0 \\[3em] \dfrac{\displaystyle\sum_{g=t+1}^{L-1} h(g)(g - \mu_1(t))^2}{\displaystyle\sum_{g=t+1}^{L-1} h(g)} = \sigma_1^2, & j=1 \end{cases}$$

因此最大相关对数为

$$l^*(G, \Theta; B(t)) = \sum_{i=1}^{N}\sum_{j=0}^{1} \theta_{ji} \left[\ln \tau_j(t) + \ln \frac{1}{\sqrt{2\pi}} - \ln \sigma_j(t) - \frac{(g - \mu_j(t))^2}{2\sigma_j^2(t)} \right]$$

$$= \sum_{i=1}^{N}\sum_{j=0}^{1} \theta_{ji} \ln \tau_j(t) + \sum_{i=1}^{N}\sum_{j=0}^{1} \theta_{ji} \ln \frac{1}{\sqrt{2\pi}}$$

$$\quad - \sum_{i=1}^{N}\sum_{j=0}^{1} \theta_{ji} \ln \sigma_j(t) - \sum_{i=1}^{N}\sum_{j=0}^{1} \theta_{ji} \frac{(g - \mu_j(t))^2}{2\sigma_j^2(t)}$$

$$= N\left[\sum_{i=1}^{N}\sum_{j=0}^{1} \frac{\theta_{ji} \ln \tau_j(t)}{N} + \sum_{i=1}^{N}\sum_{j=0}^{1} \frac{\theta_{ji}}{N} \ln \frac{1}{\sqrt{2\pi}} \right.$$

$$\left. \quad - \sum_{i=1}^{N}\sum_{j=0}^{1} \frac{\theta_{ji}}{N} \ln \sigma_j(t) - \sum_{i=1}^{N}\sum_{j=0}^{1} \frac{\theta_{ji}}{N} \frac{(g - \mu_j(t))^2}{2\sigma_j^2(t)} \right]$$

$$= N\left[\sum_{j=0}^{1} P_j(t) \ln P_j(t) - \frac{1}{2}\ln(2\pi) - \sum_{j=0}^{1} P_j(t) \ln \sigma_j(t) - \frac{1}{2} \right]$$

如果不考虑常数因子, 上式等价于最小误差阈值分割法 [9]。

由上述结果可见，最小误差阈值分割法的适用范围要比 Otsu 分割法的适用范围广，因其不要求目标构成的子分布的方差和背景构成的子分布的方差相等。

4) 相对熵解释

Kittler 等得到最小误差阈值公式是用了合理的假设。Ye 等用统计相关的方法来解释该方法，不过推导过程是不严格的。Morii 用香农熵来解释最小误差阈值分割法，这种解释与图像没有任何关系。Kurita 等 [9] 证明了如果假设直方图服从正态分布且两个子分布的方差是不相等的，基于联合分布的最大相关原则的阈值分割法与最小误差阈值分割法是等价的。本节用相对熵来解释最小误差阈值分割法，这种解释是直观的和精确的 [12]。

对于直方图 $h(g)$ 以及相应的估计 $p(g) = P_0(t)h(g\,|0,t) + P_1(t)h(g\,|1,t)$，如果用 $p(g)$ 来匹配 $h(g)$，可以用相对熵来选取最佳阈值 t，即

$$R(t) = \sum_{g=0}^{L-1} h(g) \ln \frac{h(g)}{p(g)} \tag{5.16}$$

$R(t)$ 的最小值对应于模型与直方图的最佳匹配：

$$R(t) = \sum_{g=0}^{L-1} h(g) \ln \frac{h(g)}{p(g)}$$

$$= \sum_{g=0}^{t} h(g) \ln \frac{h(g)}{h(g|0,t)P_0(t)} + \sum_{g=t+1}^{L-1} h(g) \ln \frac{h(g)}{h(g|1,t)P_1(t)}$$

$$= \left[\sum_{g=0}^{t} h(g) \ln h(g) + \sum_{g=t+1}^{L-1} h(g) \ln h(g) \right]$$

$$\quad - \left[\sum_{g=0}^{t} h(g) \ln h(g|0,t)P_0(t) + \sum_{g=t+1}^{L-1} h(g) \ln h(g|1,t)P_1(t) \right]$$

$$= \sum_{g=0}^{L-1} h(g) \ln h(g) - \sum_{g=0}^{t} h(g) \ln h(g\,|0\,,t) - \sum_{g=0}^{t} h(g) \ln P_0(t)$$

$$\quad - \sum_{g=t+1}^{L-1} h(g) \ln h(g\,|1\,,t) - \sum_{g=t+1}^{L-1} h(g) \ln P_1(t)$$

$$= \sum_{g=0}^{L-1} h(g) \ln h(g) - \sum_{g=0}^{t} h(g) \ln \left\{ \frac{1}{\sqrt{2\pi}\sigma_0(t)} \exp\left[-\frac{(g-\mu_0(t))^2}{2\sigma_0^2(t)} \right] \right\} - P_0(t) \ln P_0(t)$$

$$- \sum_{g=t+1}^{L-1} h(g) \ln \left\{ \frac{1}{\sqrt{2\pi}\sigma_1(t)} \exp\left[-\frac{(g-\mu_1(t))^2}{2\sigma_1^2(t)}\right] \right\} - P_1(t) \ln P_1(t)$$

$$= \sum_{g=0}^{L-1} h(g) \ln h(g) + \sum_{g=0}^{t} h(g) \ln(\sqrt{2\pi}\sigma_0(t)) + \sum_{g=0}^{t} h(g) \frac{(g-\mu_0(t))^2}{2\sigma_0^2(t)} - P_0(t) \ln P_0(t)$$

$$+ \sum_{g=t+1}^{L-1} h(g) \ln(\sqrt{2\pi}\sigma_1(t)) + \sum_{g=t+1}^{L-1} h(g) \frac{(g-\mu_1(t))^2}{2\sigma_1^2(t)} - P_1(t) \ln P_1(t)$$

$$= \sum_{g=0}^{L-1} h(g) \ln h(g) + \sum_{g=0}^{t} h(g) \ln \sqrt{2\pi} + \sum_{g=0}^{L-1} h(g) \ln \sigma_0(t) + \sum_{g=t+1}^{L-1} h(g) \ln \sigma_1(t)$$

$$+ \sum_{g=0}^{t} h(g) \frac{(g-\mu_0(t))^2}{2\sigma_0^2(t)} + \sum_{g=t+1}^{L-1} h(g) \frac{(g-\mu_1(t))^2}{2\sigma_1^2(t)} - P_0(t) \ln P_0(t) - P_1(t) \ln P_1(t)$$

由于

$$\sum_{g=0}^{t} h(g) \frac{(g-\mu_0(t))^2}{\sigma_0^2(t)} + \sum_{g=t+1}^{L-1} h(g) \frac{(g-\mu_1(t))^2}{\sigma_1^2(t)} = P_0(t) + P_1(t) = 1$$

因此有

$$R(t) = \sum_{g=0}^{L-1} h(g) \ln h(g) + \ln \sqrt{2\pi} + \frac{1}{2} + P_0(t) \ln \sigma_0(t) + P_1(t) \ln \sigma_1(t)$$

$$- P_0(t) \ln P_0(t) - P_1(t) \ln P_1(t)$$

即

$$2R(t) = 2 \sum_{g=0}^{L-1} h(g) \ln h(g) + 2 \ln \sqrt{2\pi} + 1 + 2P_0(t) \ln \sigma_0(t) + 2P_1(t) \ln \sigma_1(t)$$

$$- 2P_0(t) \ln P_0(t) - 2P_1(t) \ln P_1(t)$$

由于 $R(t) \geqslant 0$, $\displaystyle\sum_{g=0}^{L-1} h(g) \ln h(g) + \ln \sqrt{2\pi}$ 是常数, 最小化 $R(t)$ 等价于最小化下面的

函数: $J(t) = 1 + 2(P_0(t) \ln \sigma_0(t) + P_1(t) \ln \sigma_1(t)) - 2(P_0(t) \ln P_0(t) + P_1(t) \ln P_1(t))$

由上述证明可见, 基于正态分布的最小误差阈值法具有明确的数学意义。

5.1.2　二维最小误差阈值法

1. 二维最小误差阈值法表达式

对于一幅大小为 $M \times N$ 的数字图像 $X = \{f(x,y)\}$, 用 $g(x,y)$ 表示图像上坐

标为 (x, y) 的像素点的 $k \times k$ 邻域的平均灰度值。根据二维直方图的定义，假设在阈值 (s, t) 处将图像分割成四个区域，主对角区域分别对应目标和背景区域，记为 $C_0(s, t)$ 和 $C_1(s, t)$。

二维正态分布随机变量 (X, Y) 的概率密度函数定义为

$$p(x, y)$$
$$= \frac{1}{2\pi\sigma_1\sigma_2\sqrt{(1-\rho^2)}} \exp\left\{ \frac{-1}{2(1-\rho^2)} \left[\frac{(x-\mu_1)^2}{\sigma_1^2} - 2\rho\frac{(x-\mu_1)(y-\mu_2)}{\sigma_1\sigma_2} + \frac{(y-\mu_2)^2}{\sigma_2^2} \right] \right\}$$

式中，μ_1、μ_2 分别为随机变量 X 和 Y 的均值；σ_1^2、σ_2^2 分别为随机变量 X 和 Y 的方差；ρ 是随机变量 X 和 Y 的相关系数。

对于灰度图像上的二维直方图，假设在阈值 (s, t) 处相应地有一个二维混合正态分布：

$$p_{ij} = P_0(s, t)p(i, j \,|\, 0) + P_1(s, t)p(i, j \,|\, 1) \tag{5.17}$$

式中，$P_0(s, t)$、$P_1(s, t)$ 是先验概率；$p(i, j \,|\, 0)$ 和 $p(i, j \,|\, 1)$ 是两个子正态分布。记 $p(i, j \,|\, 0)$ 和 $p(i, j \,|\, 1)$ 的均值、方差分别为 $\vec{\mu}_0(s, t) = (\mu_{00}(s, t), \mu_{01}(s, t))'$、$\vec{\mu}_1(s, t) = (\mu_{10}(s, t), \mu_{11}(s, t))'$、$\vec{\sigma}_0^2(s, t) = (\sigma_{00}^2(s, t), \sigma_{01}^2(s, t))'$，$\vec{\sigma}_1^2(s, t) = (\sigma_{10}^2(s, t), \sigma_{11}^2(s, t))'$，$p(i, j \,|\, 0)$ 和 $p(i, j \,|\, 1)$ 的相关系数分别为 ρ_0、ρ_1，各个参数的估计如下：

$$P_0(s, t) = \sum_{(i,j)\in C_0(s,t)} p_{ij} = \sum_{i=0}^{s}\sum_{j=0}^{t} p_{ij} \tag{5.18}$$

$$P_1(s, t) = \sum_{(i,j)\in C_1(s,t)} p_{ij} = \sum_{i=s+1}^{L-1}\sum_{j=t+1}^{L-1} p_{ij} \tag{5.19}$$

考虑到二维灰度直方图区域中远离对角线的区域对应于边缘和噪声，一般认为在这些区域上所有的 $p_{ij} \approx 0$，因此满足

$$P_0(s, t) + P_1(s, t) = 1 \tag{5.20}$$

$$\vec{\mu}_0(s, t) = (\mu_{00}(s, t), \mu_{01}(s, t))' = \left(\frac{\displaystyle\sum_{i=0}^{s}\sum_{j=0}^{t} ip_{ij}}{P_0(s, t)}, \frac{\displaystyle\sum_{i=0}^{s}\sum_{j=0}^{t} jp_{ij}}{P_0(s, t)} \right)' \tag{5.21}$$

$$\vec{\mu}_1(s, t) = (\mu_{10}(s, t), \mu_{11}(s, t))' = \left(\frac{\displaystyle\sum_{i=s+1}^{L-1}\sum_{j=t+1}^{L-1} ip_{ij}}{P_1(s, t)}, \frac{\displaystyle\sum_{i=s+1}^{L-1}\sum_{j=t+1}^{L-1} jp_{ij}}{P_1(s, t)} \right)' \tag{5.22}$$

$$\vec{\sigma}_0^2(s,t) = (\sigma_{00}^2(s,t), \sigma_{01}^2(s,t))'$$

$$= \left(\frac{\sum\limits_{i=0}^{s}\sum\limits_{j=0}^{t}(i-\mu_{00}(s,t))^2 p_{ij}}{P_0(s,t)}, \frac{\sum\limits_{i=0}^{s}\sum\limits_{j=0}^{t}(j-\mu_{01}(s,t))^2 p_{ij}}{P_0(s,t)} \right)' \quad (5.23)$$

$$\vec{\sigma}_1^2(s,t) = (\sigma_{10}^2(s,t), \sigma_{11}^2(s,t))'$$

$$= \left(\frac{\sum\limits_{i=s+1}^{L-1}\sum\limits_{j=t+1}^{L-1}(i-\mu_{10}(s,t))^2 p_{ij}}{P_1(s,t)}, \frac{\sum\limits_{i=s+1}^{L-1}\sum\limits_{j=t+1}^{L-1}(j-\mu_{11}(s,t))^2 p_{ij}}{P_1(s,t)} \right)' \quad (5.24)$$

$$\rho_0(s,t) = \frac{\sum\limits_{i=0}^{s}\sum\limits_{j=0}^{t}[(i-\mu_{00}(s,t))(j-\mu_{01}(s,t))p_{ij}]/P_0(s,t)}{\sigma_{00}(s,t)\sigma_{01}(s,t)} \quad (5.25)$$

$$\rho_1(s,t) = \frac{\sum\limits_{i=s+1}^{L-1}\sum\limits_{j=t+1}^{L-1}[(i-\mu_{10}(s,t))(j-\mu_{11}(s,t))p_{ij}]/P_1(s,t)}{\sigma_{10}(s,t)\sigma_{11}(s,t)} \quad (5.26)$$

二维直方图上总的均值矢量为

$$\vec{\mu}_{\mathrm{T}} = (\mu_{\mathrm{T}0}, \mu_{\mathrm{T}1})' = \left(\sum_{i=0}^{L-1}\sum_{j=0}^{L-1} i p_{ij}, \sum_{i=0}^{L-1}\sum_{j=0}^{L-1} j p_{ij} \right)' \quad (5.27)$$

对于图像真实的二维灰度直方图概率 p_{ij} 和估计的二维正态分布混合概率 p_{ij}'，采用一维最小误差阈值法的相对熵解释，可以用相对熵来计算这两个二维分布的"匹配程度"，记

$$R(s,t) = \sum_{i=0}^{s}\sum_{j=0}^{t} p_{ij}\ln\frac{p_{ij}}{P_0(s,t)p(i,j\,|\,0)} + \sum_{i=s+1}^{L-1}\sum_{j=t+1}^{L-1} p_{ij}\ln\frac{p_{ij}}{P_1(s,t)p(i,j\,|\,1)} \quad (5.28)$$

由于

$$\sum_{i=0}^{s}\sum_{j=0}^{t} p_{ij}\ln p(i,j|0)$$

$$= \sum_{i=0}^{s}\sum_{j=0}^{t} p_{ij}\ln\left(\frac{1}{2\pi\sigma_{00}(s,t)\sigma_{01}(s,t)\sqrt{1-\rho_0^2(s,t)}}\exp\left\{ \frac{-1}{2(1-\rho_0^2(s,t))}\left[\frac{(i-\mu_{00}(s,t))^2}{\sigma_{00}^2(s,t)} \right. \right.$$

$$
-2\rho_0(s,t)\frac{(i-\mu_{00}(s,t))(j-\mu_{01}(s,t))}{\sigma_{00}(s,t)\sigma_{01}(s,t)}+\frac{(j-\mu_{01}(s,t))^2}{\sigma_{01}^2(s,t)}\Bigg]\Bigg\}\Bigg)
$$

$$
=-\sum_{i=0}^{s}\sum_{j=0}^{t}p_{ij}\ln 2\pi-\sum_{i=0}^{s}\sum_{j=0}^{t}p_{ij}\ln\sigma_{00}(s,t)\sigma_{01}(s,t)-\sum_{i=0}^{s}\sum_{j=0}^{t}p_{ij}\ln\sqrt{1-\rho_0^2(s,t)}
$$

$$
+\sum_{i=0}^{s}\sum_{j=0}^{t}\frac{-p_{ij}}{2(1-\rho_0^2(s,t))}\Bigg[\frac{(i-\mu_{00}(s,t))^2}{\sigma_{00}^2(s,t)}-2\rho_0(s,t)\frac{(i-\mu_{00}(s,t))(j-\mu_{01}(s,t))}{\sigma_{00}(s,t)\sigma_{01}(s,t)}
$$

$$
+\frac{(j-\mu_{01}(s,t))^2}{\sigma_{01}^2(s,t)}\Bigg]
$$

$$
=-P_0(s,t)\ln 2\pi-P_0(s,t)\ln\sigma_{00}(s,t)\sigma_{01}(s,t)-P_0(s,t)\ln\sqrt{1-\rho_0^2(s,t)}
$$

$$
-\frac{1}{2(1-\rho_0^2(s,t))}\Bigg[\sum_{i=0}^{s}\sum_{j=0}^{t}\frac{p_{ij}(i-\mu_{00}(s,t))^2}{\sigma_{00}^2(s,t)}
$$

$$
-2\rho_0(s,t)\sum_{i=0}^{s}\sum_{j=0}^{t}\frac{p_{ij}(i-\mu_{00}(s,t))(j-\mu_{01}(s,t)}{\sigma_{00}(s,t)\sigma_{01}(s,t)}+\sum_{i=0}^{s}\sum_{j=0}^{t}\frac{p_{ij}(i-\mu_{01}(s,t))^2}{\sigma_{01}^2(s,t)}\Bigg]
$$

$$
=-P_0(s,t)\ln 2\pi-P_0(s,t)\ln\sigma_{00}(s,t)\sigma_{01}(s,t)-P_0(s,t)\ln\sqrt{1-\rho_0^2(s,t)}-P_0(s,t)
$$

$$
\tag{5.29}
$$

这里应用了

$$
\frac{1}{2(1-\rho_0^2(s,t))}\sum_{i=0}^{s}\sum_{j=0}^{t}\Bigg[\frac{p_{ij}(i-\mu_{00}(s,t))^2}{\sigma_{00}^2(s,t)}-2\rho_0(s,t)\frac{p_{ij}(i-\mu_{00}(s,t))(j-\mu_{01}(s,t))}{\sigma_{00}(s,t)\sigma_{01}(s,t)}
$$

$$
+\frac{p_{ij}(i-\mu_{01}(s,t))^2}{\sigma_{01}^2(s,t)}\Bigg]=P_0(s,t)
\tag{5.30}
$$

因此

$$
\sum_{i=0}^{s}\sum_{j=0}^{t}p_{ij}\ln\frac{p_{ij}}{P_0(s,t)p(i,j\,|\,0)}
$$

$$
=\sum_{i=0}^{s}\sum_{j=0}^{t}p_{ij}\ln p_{ij}-P_0(s,t)\ln P_0(s,t)+P_0(s,t)\ln 2\pi
$$

$$
+P_0(s,t)\ln\sigma_{00}(s,t)\sigma_{01}(s,t)+P_0(s,t)\ln\sqrt{1-\rho_0^2(s,t)}+P_0(s,t)
\tag{5.31}
$$

类似可得

$$\sum_{i=s+1}^{L-1}\sum_{j=t+1}^{L-1} p_{ij}\ln\frac{p_{ij}}{P_1(s,t)p(i,j\,|\,1)}$$

$$=\sum_{i=s+1}^{L-1}\sum_{j=t+1}^{L-1} p_{ij}\ln p_{ij}-P_1(s,t)\ln P_1(s,t)+P_1(s,t)\ln 2\pi$$

$$+P_1(s,t)\ln\sigma_{10}(s,t)\sigma_{11}(s,t)+P_1(s,t)\ln\sqrt{1-\rho_1^2(s,t)}+P_1(s,t)\quad(5.32)$$

考虑到非对角线区域上假设 $p_{ij}\approx 0$, 有

$$\sum_{i=0}^{s}\sum_{j=0}^{t} p_{ij}\ln p_{ij}+\sum_{i=s+1}^{L-1}\sum_{j=t+1}^{L-1} p_{ij}\ln p_{ij}\approx\sum_{i=0}^{L-1}\sum_{j=0}^{L-1} p_{ij}\ln p_{ij}\quad(5.33)$$

$$P_0(s,t)+P_1(s,t)\approx 1\quad(5.34)$$

于是忽略掉上述常数项后可将 $R(s,t)$ 换作

$$J(s,t)=1-P_0(s,t)\ln P_0(s,t)-P_1(s,t)\ln P_1(s,t)$$

$$+P_0(s,t)\ln\sigma_{00}(s,t)\sigma_{01}(s,t)+P_1(s,t)\ln\sigma_{10}(s,t)\sigma_{11}(s,t)$$

$$+P_0(s,t)\ln\sqrt{1-\rho_0^2(s,t)}+P_1(s,t)\ln\sqrt{1-\rho_1^2(s,t)}\quad(5.35)$$

上述表达式是一维最小误差阈值法的一般性二维推广表达式。如果考虑到二维灰度直方图的构造过程，则两个相关系数 ρ_0 和 ρ_1 应为灰度邻域大小的函数，而与点 (s,t) 的位置没有关系，因此可以看作常数。由 2.3 节的有关知识得 [13] $\rho_0=\rho_1=\dfrac{1}{k}$, k 为邻域窗口大小，于是可以进一步将式 (5.35) 简化为

$$J^*(s,t)=1-P_0(s,t)\ln P_0(s,t)-P_1(s,t)\ln P_1(s,t)+P_0(s,t)\ln\sigma_{00}(s,t)\sigma_{01}(s,t)$$

$$+P_1(s,t)\ln\sigma_{10}(s,t)\sigma_{11}(s,t)\quad(5.36)$$

可见式 (5.36) 是一维最小误差阈值法对应的二维推广表达式，最佳阈值选为使 $J^*(s,t)$ 取最小值的 $(s,t)=(s^*,t^*)$, 即 [14]

$$(s^*,t^*)=\arg\min_{0<s<L-1,0<t<L-1}J^*(s,t)\quad(5.37)$$

类似于二维最大类间方差法的像元归类过程，依据式 (5.37) 的像元归类可以有对应的方式。例如，二维阈值分割后图像可表示为

$$\overline{f}(x,y)=\begin{cases}0, & f(x,y)<t^*,\ g(x,y)<s^*\\ L-1, & \text{其他}\end{cases}\quad(5.38)$$

图 5.4 给出加了 $N(0,0.005)$ 噪声的航拍图像的分割示意图。

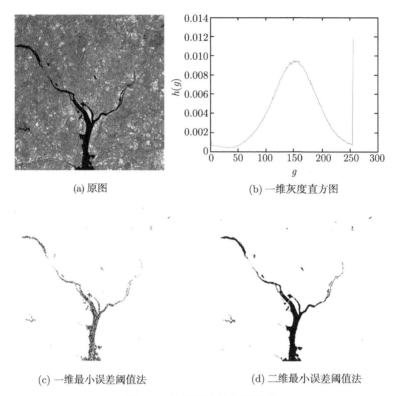

(a) 原图   (b) 一维灰度直方图

(c) 一维最小误差阈值法   (d) 二维最小误差阈值法

图 5.4   航拍图像的分割结果

2. 快速递推算法

由于二维阈值法计算量太大, 不能满足实时性的要求, 通过分析该方法, 为避免每次都从 (0,0) 开始的重复计算, 下面给出该方法的递推公式. 记

$$\overline{\mu}_{00}(s,t) = \sum_{i=0}^{s}\sum_{j=0}^{t} i p_{ij}, \quad \overline{\mu}_{01}(s,t) = \sum_{i=0}^{s}\sum_{j=0}^{t} j p_{ij},$$

$$\overline{\sigma}_{00}^2(s,t) = \sum_{i=0}^{s}\sum_{j=0}^{t} i^2 p_{ij}, \quad \overline{\sigma}_{01}^2(s,t) = \sum_{i=0}^{s}\sum_{j=0}^{t} j^2 p_{ij},$$

$$\overline{\sigma}_{T0}^2(s,t) = \sum_{i=0}^{L-1}\sum_{j=0}^{L-1} i^2 p_{ij}, \quad \overline{\sigma}_{T1}^2(s,t) = \sum_{i=0}^{L-1}\sum_{j=0}^{L-1} j^2 p_{ij}.$$

那么

$$\mu_{00}(s,t) = \frac{\displaystyle\sum_{i=0}^{s}\sum_{j=0}^{t} i p_{ij}}{P_0(s,t)} = \frac{\overline{\mu}_{00}(s,t)}{P_0(s,t)} \qquad (5.39)$$

$$\mu_{01}(s,t) = \frac{\sum\limits_{i=0}^{s}\sum\limits_{j=0}^{t} j p_{ij}}{P_0(s,t)} = \frac{\overline{\mu}_{01}(s,t)}{P_0(s,t)} \tag{5.40}$$

$$\mu_{10}(s,t) = \frac{\sum\limits_{i=s+1}^{L-1}\sum\limits_{j=t+1}^{L-1} i p_{ij}}{P_1(s,t)} \approx \frac{\mu_{\mathrm{T}0}(s,t) - \overline{\mu}_{00}(s,t)}{1 - P_0(s,t)} \tag{5.41}$$

$$\mu_{11}(s,t) = \frac{\sum\limits_{i=s+1}^{L-1}\sum\limits_{j=t+1}^{L-1} j p_{ij}}{P_1(s,t)} \approx \frac{\mu_{\mathrm{T}1}(s,t) - \overline{\mu}_{01}(s,t)}{1 - P_0(s,t)} \tag{5.42}$$

$$\sigma_{00}^2(s,t) = \frac{\sum\limits_{i=0}^{s}\sum\limits_{j=0}^{t} i^2 p_{ij}}{P_0(s,t)} - \mu_{00}^2(s,t) = \frac{\overline{\sigma}_{00}^2(s,t)}{P_0(s,t)} - \mu_{00}^2(s,t) \tag{5.43}$$

$$\sigma_{01}^2(s,t) = \frac{\sum\limits_{i=0}^{s}\sum\limits_{j=0}^{t} j^2 p_{ij}}{P_0(s,t)} - \mu_{01}^2(s,t) = \frac{\overline{\sigma}_{01}^2(s,t)}{P_0(s,t)} - \mu_{01}^2(s,t) \tag{5.44}$$

$$\sigma_{10}^2(s,t) = \frac{\sum\limits_{i=s+1}^{L-1}\sum\limits_{j=t+1}^{L-1} i^2 p_{ij}}{P_1(s,t)} - \mu_{10}^2(s,t) \approx \frac{\overline{\sigma}_{\mathrm{T}0}^2(s,t) - \overline{\sigma}_{00}^2(s,t)}{1 - P_0(s,t)} - \mu_{10}^2(s,t) \tag{5.45}$$

$$\sigma_{11}^2(s,t) = \frac{\sum\limits_{i=s+1}^{L-1}\sum\limits_{j=t+1}^{L-1} j^2 p_{ij}}{P_1(s,t)} - \mu_{11}^2(s,t) \approx \frac{\overline{\sigma}_{\mathrm{T}1}^2(s,t) - \overline{\sigma}_{01}^2(s,t)}{1 - P_0(s,t)} - \mu_{11}^2(s,t) \tag{5.46}$$

具体的递推过程如下：

$$P_0(0,0) = p_{00} \tag{5.47}$$

$$P_0(s,0) = P_0(s-1,0) + p_{s0} \tag{5.48}$$

$$P_0(0,t) = P_0(0,t-1) + p_{0t} \tag{5.49}$$

$$P_0(s,t) = P_0(s,t-1) + P_0(s-1,t) - P_0(s-1,t-1) + p_{st} \tag{5.50}$$

$$\overline{\mu}_{00}(0,0) = 0 \tag{5.51}$$

$$\overline{\mu}_{00}(s,0) = \overline{\mu}_{00}(s-1,0) + s \cdot p_{s0} \tag{5.52}$$

$$\overline{\mu}_{00}(0,t) = \overline{\mu}_{00}(0,t-1) + 0 \cdot p_{0t} \tag{5.53}$$

$$\overline{\mu}_{00}(s,t) = \overline{\mu}_{00}(s-1,t) + \overline{\mu}_{00}(s,t-1) - \overline{\mu}_{00}(s-1,t-1) + s \cdot p_{st} \qquad (5.54)$$

$$\overline{\mu}_{01}(0,0) = 0 \qquad (5.55)$$

$$\overline{\mu}_{01}(s,0) = \overline{\mu}_{01}(s-1,0) + 0 \cdot p_{s0} \qquad (5.56)$$

$$\overline{\mu}_{01}(0,t) = \overline{\mu}_{01}(0,t-1) + t \cdot p_{0t} \qquad (5.57)$$

$$\overline{\mu}_{01}(s,t) = \overline{\mu}_{01}(s-1,t) + \overline{\mu}_{01}(s,t-1) - \overline{\mu}_{01}(s-1,t-1) + t \cdot p_{st} \qquad (5.58)$$

$$\overline{\sigma}_{00}^2(0,0) = 0 \qquad (5.59)$$

$$\overline{\sigma}_{00}^2(s,0) = \overline{\sigma}_{00}^2(s-1,0) + s^2 \cdot p_{s0} \qquad (5.60)$$

$$\overline{\sigma}_{00}^2(0,t) = \overline{\sigma}_{00}^2(0,t-1) + 0 \cdot p_{0t} \qquad (5.61)$$

$$\overline{\sigma}_{00}^2(s,t) = \overline{\sigma}_{00}^2(s-1,t) + \overline{\sigma}_{00}^2(s,t-1) - \overline{\sigma}_{00}^2(s-1,t-1) + s^2 \cdot p_{st} \qquad (5.62)$$

$$\overline{\sigma}_{01}^2(0,0) = 0 \qquad (5.63)$$

$$\overline{\sigma}_{01}^2(s,0) = \overline{\sigma}_{01}^2(s-1,0) + 0 \cdot p_{s0} \qquad (5.64)$$

$$\overline{\sigma}_{01}^2(0,t) = \overline{\sigma}_{01}^2(0,t-1) + t^2 \cdot p_{0t} \qquad (5.65)$$

$$\overline{\sigma}_{01}^2(s,t) = \overline{\sigma}_{01}^2(s-1,t) + \overline{\sigma}_{01}^2(s,t-1) - \overline{\sigma}_{01}^2(s-1,t-1) + t^2 \cdot p_{st} \qquad (5.66)$$

用以上快速递推公式，每次计算不必都从 $(0,0)$ 开始，将计算复杂度从 $O(L^4)$ 降低到 $O(L^2)$，大大节省了计算时间。同时快速递推的过程还减少了计算过程所需的存储空间，提高了算法的效率。

5.1.3 二维直线阈值型最小误差阈值法

1. 二维直线阈值型最小误差阈值法表达式

类似于二维直线阈值型最大类间方差法，本小节给出二维直线阈值型最小误差阈值法的推导过程，如图 5.5 所示。

如果 (s,t) 是选取的阈值点，作过 (s,t) 的曲线 $r(i,j)$ 将二维区域分成 $C_0(s,t)$ 和 $C_1(s,t)$，分别表示目标和背景 (图 5.5(a))。假设在曲线 $r(i,j)$ 处相应地有二维混合正态分布：

$$p'_{ij} = P_0(s,t)p(i,j|0) + P_1(s,t)p(i,j|1) \qquad (5.67)$$

式中，$P_0(s,t)$、$P_1(s,t)$ 是先验概率；$p(i,j|0)$ 和 $p(i,j|1)$ 是两个子正态分布。记 $p(i,j|0)$ 和 $p(i,j|1)$ 的均值、方差分别为 $\overrightarrow{\mu}_0(s,t) = (\mu_{00}(s,t),\mu_{01}(s,t))'$，$\overrightarrow{\mu}_1(s,t) =$

$(\mu_{10}(s,t),\mu_{11}(s,t))'$, $\vec{\sigma}_0^2(s,t)=(\sigma_{00}^2(s,t),\sigma_{01}^2(s,t))'$, $\vec{\sigma}_1^2(s,t)=(\sigma_{10}^2(s,t),\sigma_{11}^2(s,t))'$,
$p(i,j\,|\,0)$ 和 $p(i,j\,|\,1)$ 的相关系数分别为 ρ_0 和 ρ_1。各个参数的估计如下:

$$P_0(s,t)=\sum_{(i,j)\in C_0(s,t)}p_{ij} \tag{5.68}$$

$$P_1(s,t)=\sum_{(i,j)\in C_1(s,t)}p_{ij} \tag{5.69}$$

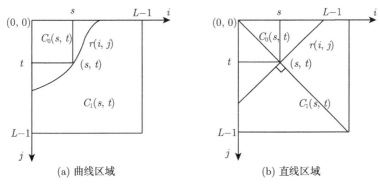

(a) 曲线区域   (b) 直线区域

图 5.5   二维灰度直方图区域

这里, $P_0(s,t)+P_1(s,t)=1$。两类对应的均值矢量为

$$\vec{\mu}_0(s,t)=(\mu_{00}(s,t),\mu_{01}(s,t))'=\left(\frac{\displaystyle\sum_{(i,j)\in C_0(s,t)}ip_{ij}}{P_0(s,t)},\frac{\displaystyle\sum_{(i,j)\in C_0(s,t)}jp_{ij}}{P_0(s,t)}\right)' \tag{5.70}$$

$$\vec{\mu}_1(s,t)=(\mu_{10}(s,t),\mu_{11}(s,t))'=\left(\frac{\displaystyle\sum_{(i,j)\in C_1(s,t)}ip_{ij}}{P_1(s,t)},\frac{\displaystyle\sum_{(i,j)\in C_1(s,t)}jp_{ij}}{P_1(s,t)}\right)' \tag{5.71}$$

两类对应的方差矢量为

$$\vec{\sigma}_0^2(s,t)=(\sigma_{00}^2(s,t),\sigma_{01}^2(s,t))'$$
$$=\left(\frac{\displaystyle\sum_{(i,j)\in C_0(s,t)}(i-\mu_{00}(s,t))^2p_{ij}}{P_0(s,t)},\frac{\displaystyle\sum_{(i,j)\in C_0(s,t)}(j-\mu_{01}(s,t))^2p_{ij}}{P_0(s,t)}\right)' \tag{5.72}$$

$$\vec{\sigma}_1^2(s,t)=(\sigma_{10}^2(s,t),\sigma_{11}^2(s,t))'$$

$$= \left(\frac{\displaystyle\sum_{(i,j)\in C_1(s,t)} (i-\mu_{10}(s,t))^2 p_{ij}}{P_1(s,t)}, \frac{\displaystyle\sum_{(i,j)\in C_1(s,t)} (j-\mu_{11}(s,t))^2 p_{ij}}{P_1(s,t)} \right)' \tag{5.73}$$

两类对应的相关系数为

$$\rho_0(s,t) = \frac{\displaystyle\sum_{(i,j)\in C_0(s,t)} [(i-\mu_{00}(s,t))(j-\mu_{01}(s,t))p_{ij}]/P_0(s,t)}{\sigma_{00}(s,t)\sigma_{01}(s,t)} \tag{5.74}$$

$$\rho_1(s,t) = \frac{\displaystyle\sum_{(i,j)\in C_1(s,t)} [(i-\mu_{10}(s,t))(j-\mu_{11}(s,t))p_{ij}]/P_1(s,t)}{\sigma_{10}(s,t)\sigma_{11}(s,t)} \tag{5.75}$$

二维直方图上总的均值矢量为

$$\vec{\mu}_{\mathrm{T}} = (\mu_{\mathrm{T}0}, \mu_{\mathrm{T}1}) = \left(\sum_{i=0}^{L-1}\sum_{j=0}^{L-1} i p_{ij}, \sum_{i=0}^{L-1}\sum_{j=0}^{L-1} j p_{ij} \right)' \tag{5.76}$$

如何选取曲线 $r(i,j)$ 是一个关键问题, 本小节取 $r(i,j)$ 为过 (s,t) 且垂直于二维直方图定义域对角线的直线。这时得到的阈值不再是一个点, 而是一条 $i+j=s+t$ 的直线, 如图 5.5(b) 所示, 根据这条直线对原始图像进行分割, 像元的归类方式为

$$f_{\overline{X}}(x,y) = \begin{cases} 0, & i+j \leqslant s+t \\ L-1, & i+j > s+t \end{cases} \tag{5.77}$$

式中, $f_{\overline{X}}(x,y)$ 表示分割后的图像在 (x,y) 处的灰度值。

对于图像真实的二维灰度直方图概率 p_{ij} 和估计的二维正态分布混合概率 p'_{ij}, 采用一维最小误差阈值法的相对熵解释, 可以用相对熵来计算这两个二维分布的"匹配程度", 记

$$R(s,t) = \sum_{i+j\leqslant s+t} p_{ij}\ln\frac{p_{ij}}{P_0(s,t)p(i,j\,|\,0)} + \sum_{i+j>s+t} p_{ij}\ln\frac{p_{ij}}{P_1(s,t)p(i,j\,|\,1)} \tag{5.78}$$

由于

$$\sum_{i+j\leqslant s+t} p_{ij}\ln p(i,j\,|\,0)$$

$$= \sum_{i+j\leqslant s+t} p_{ij}\ln\left(\frac{1}{2\pi\sigma_{00}(s,t)\sigma_{01}(s,t)\sqrt{1-\rho_0^2(s,t)}} \exp\left\{ \frac{-1}{2(1-\rho_0^2(s,t))}\left[\frac{(i-\mu_{00}(s,t))^2}{\sigma_{00}^2(s,t)} \right. \right. \right.$$

$$\left.\left.-2\rho_0(s,t)\frac{(i-\mu_{00}(s,t))(j-\mu_{01}(s,t))}{\sigma_{00}(s,t)\sigma_{01}(s,t)}+\frac{(j-\mu_{01}(s,t))^2}{\sigma_{01}^2(s,t)}\right]\right\}\right)$$

$$=\sum_{i+j\leqslant s+t}p_{ij}\ln 2\pi-\sum_{i+j\leqslant s+t}p_{ij}\ln\sigma_{00}(s,t)\sigma_{01}(s,t)-\sum_{i+j\leqslant s+t}p_{ij}\ln\sqrt{1-\rho_0^2(s,t)}$$

$$+\sum_{i+j\leqslant s+t}\frac{-p_{ij}}{2(1-\rho_0^2(s,t))}\left[\frac{(i-\mu_{00}(s,t))^2}{\sigma_{00}^2(s,t)}-2\rho_0(s,t)\frac{(i-\mu_{00}(s,t))(j-\mu_{01}(s,t))}{\sigma_{00}(s,t)\sigma_{01}(s,t)}\right.$$

$$\left.+\frac{(j-\mu_{01}(s,t))^2}{\sigma_{01}^2(s,t)}\right]$$

$$=-P_0(s,t)\ln 2\pi-P_0(s,t)\ln\sigma_{00}(s,t)\sigma_{01}(s,t)-P_0(s,t)\ln\sqrt{1-\rho_0^2(s,t)}$$

$$-\frac{1}{2(1-\rho_0^2(s,t))}\left[\sum_{i+j\leqslant s+t}\frac{p_{ij}(i-\mu_{00}(s,t))^2}{\sigma_{00}^2(s,t)}-2\rho_0(s,t)\frac{p_{ij}(i-\mu_{00}(s,t))(j-\mu_{01}(s,t))}{\sigma_{00}(s,t)\sigma_{01}(s,t)}\right.$$

$$\left.+\frac{p_{ij}(j-\mu_{01}(s,t))^2}{\sigma_{01}^2(s,t)}\right]$$

$$=-P_0(s,t)\ln 2\pi-P_0(s,t)\ln\sigma_{00}(s,t)\sigma_{01}(s,t)-P_0(s,t)\ln\sqrt{1-\rho_0^2(s,t)}-P_0(s,t)$$

这里应用了

$$\frac{1}{2(1-\rho_0^2(s,t))}\sum_{i+j\leqslant s+t}\left[\frac{p_{ij}(i-\mu_{00}(s,t))^2}{\sigma_{00}^2(s,t)}-2\rho_0(s,t)\frac{p_{ij}(i-\mu_{00}(s,t))(j-\mu_{01}(s,t))}{\sigma_{00}(s,t)\sigma_{01}(s,t)}\right.$$

$$\left.+\frac{p_{ij}(i-\mu_{01}(s,t))^2}{\sigma_{01}^2(s,t)}\right]=P_0(s,t)$$

因此

$$\sum_{i+j\leqslant s+t}p_{ij}\ln\frac{p_{ij}}{P_0(s,t)p(i,j\,|\,0)}$$

$$=\sum_{i+j\leqslant s+t}p_{ij}\ln p_{ij}-\sum_{i+j\leqslant s+t}p_{ij}\ln P_0(s,t)-\sum_{i+j\leqslant s+t}p_{ij}\ln p(i,j\,|\,0)$$

$$=\sum_{i+j\leqslant s+t}p_{ij}\ln p_{ij}-\sum_{i+j\leqslant s+t}p_{ij}\ln P_0(s,t)$$

$$-P_0(s,t)\ln 2\pi-P_0(s,t)\ln\sigma_{00}(s,t)\sigma_{01}(s,t)-P_0(s,t)\ln\sqrt{1-\rho_0^2(s,t)}-P_0(s,t)$$

类似地可得

$$\sum_{i+j>s+t}p_{ij}\ln\frac{p_{ij}}{P_1(s,t)p(i,j\,|\,1)}$$

$$= \sum_{i+j>s+t} p_{ij} \ln p_{ij} - \sum_{i+j>s+t} p_{ij} \ln P_1(s,t) - \sum_{i+j>s+t} p_{ij} \ln p(i,j\,|\,1)$$

$$= \sum_{i+j>s+t} p_{ij} \ln p_{ij} - \sum_{i+j>s+t} p_{ij} \ln P_1(s,t)$$

$$- P_1(s,t) \ln 2\pi - P_1(s,t) \ln \sigma_{10}(s,t)\sigma_{11}(s,t) - P_1(s,t) \ln \sqrt{1-\rho_1^2(s,t)} - P_1(s,t)$$

由于

$$\sum_{u+j\leqslant s+t} p_{ij} \ln p_{ij} + \sum_{i+j>s+t} p_{ij} \ln p_{ij} = \sum_{i=0}^{L-1} \sum_{j=0}^{L-1} p_{ij} \ln p_{ij}$$

$$P_0(s,t) + P_1(s,t) = 1$$

于是忽略掉上述常数项后, 可将 $R(s,t)$ 换写成

$$\begin{aligned} J(s,t) = &1 - P_0(s,t) \ln P_0(s,t) - P_1(s,t) \ln P_1(s,t) \\ &+ P_0(s,t) \ln \sigma_{00}(s,t)\sigma_{01}(s,t) + P_1(s,t) \ln \sigma_{10}(s,t)\sigma_{11}(s,t) \\ &+ P_0(s,t) \ln \sqrt{1-\rho_0^2(s,t)} + P_1(s,t) \ln \sqrt{1-\rho_1^2(s,t)} \end{aligned} \tag{5.79}$$

应用 [13] $\rho_0 = \rho_1 = \dfrac{1}{k}$, 其中 k 为邻域窗口大小, 式 (5.79) 简化为

$$\begin{aligned} \overline{J}^*(s,t) = &1 - P_0(s,t) \ln P_0(s,t) - P_1(s,t) \ln P_1(s,t) + P_0(s,t) \ln \sigma_{00}(s,t)\sigma_{01}(s,t) \\ &+ P_1(s,t) \ln \sigma_{10}(s,t)\sigma_{11}(s,t) \end{aligned} \tag{5.80}$$

最佳阈值选为使 $\overline{J}^*(a,t)$ 最小化的 $(s,t) = (s^*,t^*)$, 即 [15]

$$(s^*,t^*) = \arg \min_{0<s<L-1,0<t<L-1} \overline{J}^*(s,t) \tag{5.81}$$

图 5.6 给出加了 $N(0,0.005)$ 噪声的车牌图像的分割示意图。

2. 快速递推算法

由于二维阈值法计算量太大, 不能满足实时性的要求。下面通过分析该方法, 避免每次都从 (0,0) 开始的重复计算, 给出该方法的递推公式。记

$$\overline{\mu}_{00}(s,t) = \sum_{i+j\leqslant s+t} i p_{ij}, \quad \overline{\mu}_{01}(s,t) = \sum_{i+j\leqslant s+t} j p_{ij}$$

$$\overline{\sigma}_{00}^2(s,t) = \sum_{i+j\leqslant s+t} i^2 p_{ij}, \quad \overline{\sigma}_{01}^2(s,t) = \sum_{i+j\leqslant s+t} j^2 p_{ij}$$

$$\overline{\sigma}_{\mathrm{T0}}^2(s,t) = \sum_{i=0}^{L-1}\sum_{j=0}^{L-1} i^2 p_{ij}, \overline{\sigma}_{\mathrm{T1}}^2(s,t) = \sum_{i=0}^{L-1}\sum_{j=0}^{L-1} j^2 p_{ij}$$

(a) 原图

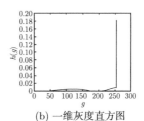

(b) 一维灰度直方图

(c) 一维最小误差阈值法

(d) 二维直线型最小误差阈值法

图 5.6 车牌图像的分割结果

那么

$$\mu_{00}(s,t) = \frac{\displaystyle\sum_{i+j\leqslant s+t} i p_{ij}}{P_0(s,t)} = \frac{\overline{\mu}_{00}(s,t)}{P_0(s,t)} \tag{5.82}$$

$$\mu_{01}(s,t) = \frac{\displaystyle\sum_{i+j\leqslant s+t} j p_{ij}}{P_0(s,t)} = \frac{\overline{\mu}_{01}(s,t)}{P_0(s,t)} \tag{5.83}$$

$$\mu_{10}(s,t) = \frac{\displaystyle\sum_{i+j> s+t} i p_{ij}}{P_1(s,t)} = \frac{\mu_{\mathrm{T0}}(s,t) - \overline{\mu}_{00}(s,t)}{1 - P_0(s,t)} \tag{5.84}$$

$$\mu_{11}(s,t) = \frac{\displaystyle\sum_{i+j> s+t} j p_{ij}}{P_1(s,t)} = \frac{\mu_{\mathrm{T1}}(s,t) - \overline{\mu}_{01}(s,t)}{1 - P_0(s,t)} \tag{5.85}$$

$$\sigma_{00}^2(s,t) = \frac{\displaystyle\sum_{i+j\leqslant s+t} i^2 p_{ij}}{P_0(s,t)} - \mu_{00}^2(s,t) = \frac{\overline{\sigma}_{00}^2(s,t)}{P_0(s,t)} - \mu_{00}^2(s,t) \tag{5.86}$$

$$\sigma_{01}^2(s,t) = \frac{\displaystyle\sum_{i+j\leqslant s+t} j^2 p_{ij}}{P_0(s,t)} - \mu_{01}^2(s,t) = \frac{\overline{\sigma}_{01}^2(s,t)}{P_0(s,t)} - \mu_{01}^2(s,t) \tag{5.87}$$

$$\sigma_{10}^2(s,t) = \frac{\displaystyle\sum_{i+j> s+t} i^2 p_{ij}}{P_1(s,t)} - \mu_{10}^2(s,t) = \frac{\overline{\sigma}_{\mathrm{T0}}^2(s,t) - \overline{\sigma}_{00}^2(s,t)}{1 - P_0(s,t)} - \mu_{10}^2(s,t) \tag{5.88}$$

$$\sigma_{11}^2(s,t) = \frac{\displaystyle\sum_{i+j>s+t} j^2 p_{ij}}{P_1(s,t)} - \mu_{11}^2(s,t) = \frac{\overline{\sigma}_{T1}^2(s,t) - \overline{\sigma}_{01}^2(s,t)}{1 - P_0(s,t)} - \mu_{11}^2(s,t) \tag{5.89}$$

具体的递推过程如下:

$$P_0(0,0) = p_{00}, \quad s = 0 \tag{5.90}$$

$$P_0(s-1,s) = P_0(s-1,s-1) + \sum_{i+j=2s-1} p_{ij}, \quad s > 0 \tag{5.91}$$

$$P_0(s,s) = P_0(s-1,s) + \sum_{i+j=2s} p_{ij}, \quad s > 0 \tag{5.92}$$

$$\overline{\mu}_{00}(0,0) = 0, \quad s = 0 \tag{5.93}$$

$$\overline{\mu}_{00}(s-1,s) = \overline{\mu}_{00}(s-1,s-1) + \sum_{i+j=2s-1} i p_{ij}, \quad s > 0 \tag{5.94}$$

$$\overline{\mu}_{00}(s,s) = \overline{\mu}_{00}(s-1,s) + \sum_{i+j=2s} i p_{ij}, \quad s > 0 \tag{5.95}$$

$$\overline{\mu}_{01}(0,0) = 0, \quad s = 0 \tag{5.96}$$

$$\overline{\mu}_{01}(s-1,s) = \overline{\mu}_{01}(s-1,s-1) + \sum_{i+j=2s-1} j p_{ij}, \quad s > 0 \tag{5.97}$$

$$\overline{\mu}_{01}(s,s) = \overline{\mu}_{01}(s-1,s) + \sum_{i+j=2s} j p_{ij}, \quad s > 0 \tag{5.98}$$

$$\overline{\sigma}_{00}^2(0,0) = 0, \quad s = 0 \tag{5.99}$$

$$\overline{\sigma}_{00}^2(s,s-1) = \overline{\sigma}_{00}^2(s-1,s-1) + \sum_{i+j=2s-1} i^2 p_{ij}, \quad s > 0 \tag{5.100}$$

$$\overline{\sigma}_{00}^2(s,s) = \overline{\sigma}_{00}^2(s-1,s) + \sum_{i+j=2s} i^2 p_{ij}, \quad s > 0 \tag{5.101}$$

$$\overline{\sigma}_{01}^2(0,0) = 0, \quad s = 0 \tag{5.102}$$

$$\overline{\sigma}_{01}^2(s,s-1) = \overline{\sigma}_{01}^2(s-1,s-1) + \sum_{i+j=2s-1} j^2 p_{ij}, \quad s > 0 \tag{5.103}$$

$$\overline{\sigma}_{01}^2(s,s) = \overline{\sigma}_{01}^2(s-1,s) + \sum_{i+j=2s} j^2 p_{ij}, \quad s > 0 \tag{5.104}$$

由以上的递推公式可以看出，每次计算不必都从 $(0,0)$ 开始，将计算复杂度从 $O(L^4)$ 降低到 $O(L^3)$，节省了计算时间。同时，最佳阈值 (s^*, t^*) 的确定不必遍历整个二维直方图，只需遍历二维直方图定义域的主对角线和一条次主对角线，搜索空间为 $2L - 1$ 个点。

针对一维和二维灰度直方图，研究者也给出了一些其他处理过程，有兴趣的读者可参考文献 [16]~[29]。上述研究结果也可推广到三维灰度直方图上，有兴趣的读者可参考文献 [30]~[32]。

5.2　泊松分布假设下的最小误差阈值法

5.2.1　泊松分布假设下的一维最小误差阈值法

Pal 等 [33,34] 基于 Dainty 等 [35] 提出的理想图像的构造理论，提出了很多基于泊松分布的图像分割方法，其中一个方法是对 Kittler 等最小误差阈值分割方法的修改，本小节将利用相对熵和最大相关原则来解释这一方法。

假设灰度值等于相应的图像系统的接收器记录的光子数，即一致照明度意义下的灰度值服从泊松分布，则一个数字图像的灰度直方图是由均值分别为 λ_o 和 λ_b 的泊松分布构成的混合分布。$h(g)$ 是对目标与背景构成的混合概率密度函数 $p(g)(g = 0, 1 \cdots, L - 1)$ 的估计。假设两个分量 $p(g|j)$ $(j = 0, 1)$ 是具有先验概率 P_j，均值为 μ_j 的泊松分布，即

$$p(g) = \sum_{i=0}^{1} P_i p(g|i) \tag{5.105}$$

式中，$p(g|j) = \dfrac{1}{g!} \mathrm{e}^{-\mu_j} (\mu_j)^g$。

假设选取灰度值 t 为阈值，阈值后的两个分布是具有先验概率 $P_j(t)$ 和均值 $\mu_j(t)$ 的泊松分布 $h(g|j, t)$：

$$P_0(t) = \sum_{g=0}^{t} h(g) \tag{5.106}$$

$$P_1(t) = \sum_{g=t+1}^{L-1} h(g) \tag{5.107}$$

$$\mu_0(t) = \sum_{g=0}^{t} \frac{g h(g)}{P_0(t)} \tag{5.108}$$

$$\mu_1(t) = \sum_{g=t+1}^{L-1} \frac{g h(g)}{P_1(t)} \tag{5.109}$$

类似于 Kittler 等的处理过程, Pal 等 [33] 给出下面的最小误差阈值公式:

$$J^*(t) = \mu - P_0(t)(\ln P_0(t) + \mu_0(t)\ln\mu_0(t)) - P_1(t)(\ln P_1(t) + \mu_1(t)\ln\mu_1(t)) \quad (5.110)$$

最优阈值 t^* 为

$$t^* = \arg\min_{0<t<L-1} J^*(t) \quad (5.111)$$

图 5.7 给出了该方法的一个示例。

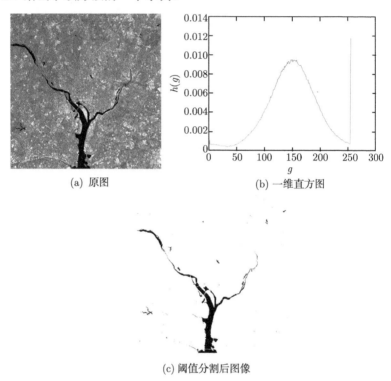

(a) 原图   (b) 一维直方图

(c) 阈值分割后图像

图 5.7   航拍图像分割结果

5.2.2   等价描述

1. 最大相关原则解释

如果取阈值 t 将灰度分成两类 C_0 和 C_1, 并认为参数与阈值有关, 阈值 t 可被选为使得混合模型联合分布的相关函数值最大。假设灰度的分布为泊松分布, 则混合模型的联合分布的相关函数变成

$$L^*(G,\Theta;B(t)) = \prod_{i=1}^{N}\prod_{j=0}^{1}[\tau_j(t)\frac{1}{g_i!}\mathrm{e}^{-\lambda_j(t)}(\lambda_j(t))^{g_i}]^{\theta_{ji}(t)} \quad (5.112)$$

式中, G、Θ 和 $B(t)$ 分别是参数 g、θ 和 $\{\lambda_0(t), \lambda_1(t)\}$ 的值构成的集合。对式 (5.112) 取对数, 有

$$l^*(G, \Theta; B(t)) = \sum_{i=1}^{N} \sum_{j=0}^{1} \theta_{ji}(t)[\ln \tau_j(t) - \lambda_j(t) + g_i \ln \lambda_j(t) - \ln(g_i!)] \qquad (5.113)$$

由于 $\displaystyle\sum_{j=0}^{1} \tau_j(t) = 1$, 记

$$l(G, \Theta; B(t)) = l^*(G, \Theta; B(t)) + \xi \left(1 - \sum_{j=0}^{1} \tau_j(t)\right) \qquad (5.114)$$

由 $\dfrac{\partial l}{\partial \tau_j(t)} = \dfrac{\displaystyle\sum_{i=1}^{N} \theta_{ji}}{\tau_j(t)} - \xi = 0$ 得 $\displaystyle\sum_{i=1}^{N} \theta_{ji} = \tau_j(t)\xi$, $N = \displaystyle\sum_{j=0}^{1}\sum_{i=1}^{N} \theta_{ji}(t) = \sum_{j=0}^{1} \tau_j(t)\xi = \xi$,

因此 $\tau_j(t) = \dfrac{1}{N} \displaystyle\sum_{i=1}^{N} \theta_{ji}(t)$。

由 $\dfrac{\partial l}{\partial \lambda_j(t)} = -\displaystyle\sum_{i=1}^{N} \theta_{ji}(t) + \dfrac{\displaystyle\sum_{i=1}^{N} g_i \theta_{ji}(t)}{\lambda_j(t)} = 0$, 得

$$\lambda_j(t) = \frac{\displaystyle\sum_{i=1}^{N} g_i \theta_{ji}(t)}{\displaystyle\sum_{i=1}^{N} \theta_{ji}(t)} = \frac{\dfrac{1}{N}\displaystyle\sum_{i=1}^{N} g_i \theta_{ji}(t)}{\dfrac{1}{N}\displaystyle\sum_{i=1}^{N} \theta_{ji}(t)} \qquad (5.115)$$

如果选取阈值为 t, 则 $\tau_j(t) = P_j(t)$, $\lambda_j(t) = \mu_j(t)$, $j = 0, 1$。因此最大相关对数为

$$l^*(G, \Theta; B(t)) = \sum_{i=1}^{N}\sum_{j=0}^{1} \theta_{ji}(t)[\ln \tau_j(t) - \lambda_j(t) + g_i \ln \lambda_j(t) - \ln(g_i!)]$$

$$= N\left[\frac{1}{N}\sum_{i=1}^{N}\sum_{j=0}^{1}\theta_{ji}(t)\ln\tau_j(t) - \frac{1}{N}\sum_{i=1}^{N}\sum_{j=0}^{1}\theta_{ji}(t)\lambda_j(t)\right.$$

$$\left. + \frac{1}{N}\sum_{i=1}^{N}\sum_{j=0}^{1}\theta_{ji}(t)g_i\ln\lambda_j(t) - \frac{1}{N}\sum_{i=1}^{N}\sum_{j=0}^{1}\theta_{ji}(t)\ln(g_i!)\right]$$

$$= N\left[\sum_{j=0}^{1}P_j(t)\ln P_j(t) - \sum_{j=0}^{1}P_j(t)\mu_j(t) + \sum_{j=0}^{1}P_j(t)\mu_j(t)\ln\mu_j(t) - \sum_{j=0}^{1}h(g)\ln(g!)\right]$$

$$=N\left[-\mu + \sum_{j=0}^{1} P_j(t)\ln P_j(t) + \sum_{j=0}^{1} P_j(t)\mu_j(t)\ln\mu_j(t) - \sum_{g=0}^{L-1} h(g)\ln(g!)\right]$$

如果不考虑常数因子, 上式等价于 $J^*(t)^{[36]}$。

2. 相对熵解释

对于一个图像, 根据灰度直方图 $h(g)$ 和混合泊松分布假设的概率密度函数估计 $p(g) = P_0(t)h(g\,|0,t) + P_1(t)h(g\,|1,t)$, 应用相对熵公式, 有

$$R^*(t) = \sum_{g=0}^{L-1} h(g)\ln\frac{h(g)}{p(g)}$$

$$= \sum_{g=0}^{t} h(g)\ln\frac{h(g)}{h(g|0,t)P_0(t)} + \sum_{g=t+1}^{L-1} h(g)\ln\frac{h(g)}{h(g|1,t)P_1(t)}$$

$$= \left[\sum_{g=0}^{t} h(g)\ln h(g) + \sum_{g=t+1}^{L-1} h(g)\ln h(g)\right]$$

$$\quad - \left[\sum_{g=0}^{t} h(g)\ln h(g|0,t)P_0(t) + \sum_{g=t+1}^{L-1} h(g)\ln h(g|1,t)P_1(t)\right]$$

$$= \sum_{g=0}^{L-1} h(g)\ln h(g) - \sum_{g=0}^{t} h(g)\ln h(g\,|0\,,t) - \sum_{g=0}^{t} h(g)\ln P_0(t)$$

$$\quad - \sum_{g=t+1}^{L-1} h(g)\ln h(g|1,t) - \sum_{g=t+1}^{L-1} h(g)\ln P_1(t)$$

$$= \sum_{g=0}^{L-1} h(g)\ln h(g) - \sum_{g=0}^{t} h(g)\ln\left[\frac{1}{g!}\mathrm{e}^{-\mu_0(t)}(\mu_0(t))^g\right] - P_0(t)\ln P_0(t)$$

$$\quad - \sum_{g=t+1}^{L-1} h(g)\ln\left[\frac{1}{g!}\mathrm{e}^{-\mu_1(t)}(\mu_1(t))^g\right] - P_1(t)\ln P_1(t)$$

$$= \sum_{g=0}^{L-1} h(g)\ln h(g) + \sum_{g=0}^{t} h(g)\ln(g!) + \sum_{g=0}^{t} h(g)\mu_0(t) - \sum_{g=0}^{t} gh(g)\ln\mu_0(t) - P_0(t)\ln P_0(t)$$

$$\quad + \sum_{g=t+1}^{L-1} h(g)\ln(g!) + \sum_{g=t+1}^{L-1} h(g)\mu_1(t) - \sum_{g=t+1}^{L-1} gh(g)\ln\mu_1(t) - P_1(t)\ln P_1(t)$$

$$= \sum_{g=0}^{L-1} h(g)\ln h(g) + \sum_{g=0}^{L-1} h(g)\ln(g!) + P_0(t)\mu_0(t) + P_1(t)\mu_1(t)$$

$$- P_0(t)\mu_0(t)\ln\mu_0(t) - P_1(t)\mu_1(t)\ln P_1(t) - P_0(t)\ln P_0(t) - P_1(t)\ln P_1(t)$$

$$= \sum_{g=0}^{L-1} h(g)\ln h(g) + \sum_{g=0}^{L-1} h(g)\ln(g!) + \mu$$

$$- P_0(t)\mu_0(t)\ln\mu_0(t) - P_1(t)\mu_1(t)\ln P_1(t) - P_0(t)\ln P_0(t) - P_1(t)\ln P_1(t)$$

由于 $R(t)\geqslant 0$, $\sum_{g=0}^{L-1} h(g)\ln h(g) + \sum_{g=0}^{L-1} h(g)\ln h(g!)$ 是常数, 最小化 $R^*(t)$ 等价于最小化下面的函数 [7]:

$$J^*(t) = \mu - P_0(t)(\ln P_0(t) + \mu_0(t)\ln\mu_0(t)) - P_1(t)(\ln P_1(t) + \mu_1(t)\ln\mu_1(t))$$

5.3 瑞利分布假设下的最小误差阈值法

5.3.1 瑞利分布假设下的一维最小误差阈值法

SAR 图像在遥感、军事、水文、地矿等领域有着广泛的应用, 由于其成像过程和内容的特殊性, 图像中各类模式的灰度直方图常用 Rayleigh 分布 [1] 或更复杂的概率分布 [2] 来逼近。Rayleigh 分布定义为

$$p(r) = \frac{r}{\sigma^2}\mathrm{e}^{-\frac{r^2}{2\sigma^2}}, \quad r > 0 \tag{5.116}$$

对于一个图像, 假设其中包含目标和背景两个类, 先验概率分别为 $P_0(t)$ 和 $P_1(t)$, 有灰度直方图 $h(g)$ 和概率密度函数估计 $p(g) = P_0(t)h(g\,|\,0,t) + P_1(t)h(g\,|\,1,t)$。当类条件概率分布 $h(g\,|\,0,t)$ 和 $h(g\,|\,1,t)$ 定义为偏移 Rayleigh 分布 [37]:

$$h(g\,|\,0,t) = \begin{cases} 0, & g \leqslant \bar{g}_0 \\ \dfrac{2(g-\bar{g}_0)}{R_0(t)}\mathrm{e}^{-\frac{(g-\bar{g}_0)^2}{R_0(t)}}, & g > \bar{g}_0 \end{cases} \tag{5.117}$$

$$h(g\,|\,1,t) = \begin{cases} 0, & g \leqslant \bar{g}_1 \\ \dfrac{2(g-\bar{g}_1)}{R_1(t)}\mathrm{e}^{-\frac{(g-\bar{g}_1)^2}{R_1(t)}}, & g > \bar{g}_1 \end{cases} \tag{5.118}$$

此时 $P_0(t) = \sum_{g=0}^{t} h(g) = \sum_{g>g_0}^{t} h(g)$, 式 (5.117) 和式 (5.118) 中的 $R_0(t)$、$R_1(t)$ 通过下式估计:

$$R_0(t) = \frac{1}{P_0(t)}\sum_{g=0}^{t} h(g)(g-\bar{g}_0)^2 = \frac{1}{P_0(t)}\sum_{g>g_0}^{t} h(g)(g-\bar{g}_0)^2 \tag{5.119}$$

$$R_1(t) = \frac{1}{P_1(t)} \sum_{g=t+1}^{L-1} h(g)(g - \overline{g}_1)^2 \tag{5.120}$$

给定阈值 t, 正确分类的后验概率为

$$p_t(0\,|\,g,t) = \frac{P_0(t)h(g\,|\,0,t)}{h(g)}, \overline{g}_0 < g \leqslant t \tag{5.121}$$

$$p_t(1\,|\,g,t) = \frac{P_1(t)h(g\,|\,1,t)}{h(g)}, t+1 \leqslant g \leqslant L-1 \tag{5.122}$$

式 (5.121) 和式 (5.122) 中 $h(g)$ 与 t 无关, 略去后取对数, 再取负作为等效的误分率指标, 得

$$J_1(t) = \ln R_0(t) + \frac{(g - \overline{g}_0)^2}{R_0(t)} - \ln P_0(t) - \ln 2 - \ln(g - \overline{g}_0), \overline{g}_0 < g \leqslant t \tag{5.123}$$

$$J_2(t) = \ln R_1(t) + \frac{(g - \overline{g}_1)^2}{R_1(t)} - \ln P_1(t) - \ln 2 - \ln(g - \overline{g}_1), t+1 \leqslant g \leqslant L-1 \tag{5.124}$$

取 $J(t)$ 为整个灰度范围内的平均误分率, 并略去与 t 无关的项, 整理后得到基于偏移 Rayleigh 分布假设的最小误差准则为 [37]

$$\begin{aligned} J(t) = &- P_0(t)\ln P_0(t) - P_1(t)\ln P_1(t) + P_0(t)\ln R_0(t) + P_1(t)\ln R_1(t) \\ &- \sum_{g>g_0}^{t} h(g)\ln(g - \overline{g}_0) - \sum_{g=t+1}^{L-1} h(g)\ln(g - \overline{g}_1) \end{aligned} \tag{5.125}$$

在实际场合 [3], $\overline{g}_0$ 取 0 与具有非零概率的最小灰度的平均值, $\overline{g}_1$ 取阈值 t 与均值

$$\mu_1(t) = \frac{\displaystyle\sum_{g=t+1}^{L-1} h(g)g}{P_1(t)}$$ 的平均值。

图 5.8 给出了该方法的一个示例。

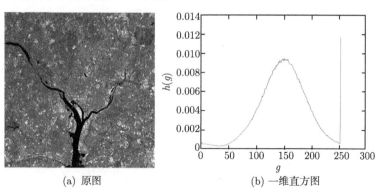

(a) 原图　　　　　　　　　　　　(b) 一维直方图

(c) 阈值分割后图像

图 5.8　航拍图像的分割结果

5.3.2　等价描述

下面给出基于偏移 Rayleigh 分布假设的最小误差阈值分割法的两种解释。

1. 最大相关原则解释

在基于偏移 Rayleigh 分布假设的最小误差阈值分割法中，$R_0(t)$ 和 $R_1(t)$ 的估计是通过式 (5.119) 和式 (5.120) 计算的，但从上述的推导过程中并不能看出其原因所在。本小节说明 $R_0(t)$ 和 $R_1(t)$ 按这种方式估计的理由。

如果取阈值 t 将灰度分成两类 C_0 和 C_1，并认为参数与阈值有关，阈值 t 可被选为使得混合模型联合分布的相关函数值最大。对于阈值 $\overline{g}_0 < t < L - 1$，假设灰度的分布为混合偏移 Rayleigh 分布，类条件概率分布定义为偏移 Rayleigh 分布：

$$h(g\,|\,0,t) = \begin{cases} 0, & g \leqslant \overline{g}_0 \\ \dfrac{2(g - \overline{g}_0)}{R_0(t)} \mathrm{e}^{-\frac{(g - \overline{g}_0)^2}{R_0(t)}}, & g > \overline{g}_0 \end{cases} \tag{5.126}$$

$$h(g\,|\,1,t) = \begin{cases} 0, & g \leqslant \overline{g}_1 \\ \dfrac{2(g - \overline{g}_1)}{R_1(t)} \mathrm{e}^{-\frac{(g - \overline{g}_1)^2}{R_1(t)}}, & g > \overline{g}_1 \end{cases} \tag{5.127}$$

式中，$0 \leqslant \overline{g}_0 < \overline{g}_1 < L - 1$。则混合模型的联合分布的相关函数变成

$$L(G\,|\,\Theta\,;B(t)) = \prod_{i=1}^{N} \prod_{j=0}^{1} [\tau_j(t) h(g_i\,|\,j\,,t)]^{\theta_{ji}(t)} \tag{5.128}$$

式中，G、Θ 和 $B(t)$ 分别是参数 g、θ 和 $\{R_0(t), R_1(t)\}$ 的值构成的集合。对式 (5.128) 取对数，得

$$l^*(G, \Theta; B(t)) = \sum_{i=1}^{N} \sum_{j=0}^{1} \theta_{ji}(t)[\ln \tau_j(t) + \ln h(g_i\,|\,j\,,t)] \tag{5.129}$$

根据 $h(g_i\,|\,j,t)$ 的定义可知, 当 $g_i \leqslant \overline{g}_0$ 时, $\theta_{0i}=0$; 当 $g_i \leqslant \overline{g}_1$ 时, $\theta_{1i}=0$。于是

$$l^*(G,\Theta;B(t)) = \sum_{i=1}^{N}\sum_{j=0}^{1}\theta_{ji}(t)[\ln\tau_j(t)+\ln h(g_i\,|\,j,t)]$$

$$= \sum_{i=1}^{N}\sum_{j=0}^{1}\theta_{ji}(t)\ln\tau_j(t) + \sum_{i=1}^{N}\sum_{j=0}^{1}\theta_{ji}(t)\ln h(g_i\,|\,j,t)$$

$$= \sum_{i=1}^{N}\sum_{j=0}^{1}\theta_{ji}(t)\ln\tau_j(t) + \sum_{i=1}^{N}\sum_{j=0}^{1}\theta_{ji}(t)\ln 2 + \sum_{i=1}^{N}\sum_{j=0}^{1}\theta_{ji}(t)\ln(g_i-\overline{g}_j)$$

$$- \sum_{i=1}^{N}\sum_{j=0}^{1}\theta_{ji}(t)\ln R_j(t) - \sum_{i=1}^{N}\sum_{j=0}^{1}\theta_{ji}(t)\frac{(g_i-\overline{g}_j)^2}{R_j(t)}$$

由于 $\displaystyle\sum_{j=0}^{1}\tau_j(t)=1$, 记

$$l(G,\Theta;B(t)) = l^*(G,\Theta;B(t)) + \xi\left(1-\sum_{j=0}^{1}\tau_j(t)\right) \tag{5.130}$$

由 $\displaystyle\frac{\partial l}{\partial\tau_j(t)} = \frac{\sum_{i=1}^{N}\theta_{ji}}{\tau_j(t)} - \xi = 0$ 得 $\displaystyle\sum_{i=1}^{N}\theta_{ji}=\tau_j(t)\xi$, $\displaystyle N=\sum_{j=0}^{1}\sum_{i=1}^{N}\theta_{ji}(t)=\sum_{j=0}^{1}\tau_j(t)\xi=\xi$,

因此 $\displaystyle\tau_j(t)=\frac{1}{N}\sum_{i=1}^{N}\theta_{ji}(t)=P_j(t)$, 即 $\displaystyle P_0(t)=\sum_{g=0}^{t}h(g)=\sum_{g>\overline{g}_0}^{t}h(g)$, $\displaystyle P_1(t)=\sum_{g=t+1}^{L-1}h(g)$。

由 $\displaystyle\frac{\partial l}{\partial R_j(t)} = -\sum_{i=1}^{N}\theta_{ji}(t)\left[\frac{1}{R_j(t)}-\frac{(g_i-\overline{g}_j)^2}{R_j^2(t)}\right]=0$ 得

$$R_j(t) = \frac{\displaystyle\sum_{i=1}^{N}\theta_{ji}(t)(g_i-\overline{g}_j(t))^2}{\displaystyle\sum_{i=1}^{N}\theta_{ji}(t)} = \frac{\displaystyle\frac{1}{N}\sum_{i=1}^{N}\theta_{ji}(t)(g_i-\overline{g}_j(t))^2}{\displaystyle\frac{1}{N}\sum_{i=1}^{N}\theta_{ji}(t)}$$

$$= \begin{cases} \dfrac{\displaystyle\sum_{g>\overline{g}_0}^{t}h(g)(g-\overline{g}_0(t))^2}{\displaystyle\sum_{g>\overline{g}_0}^{t}h(g)} = \dfrac{\displaystyle\sum_{g=0}^{t}h(g)(g-\overline{g}_0(t))^2}{\displaystyle\sum_{g=0}^{t}h(g)} = R_0(t), & g\leqslant t \\[3em] \dfrac{\displaystyle\sum_{g=t+1}^{L-1}h(g)(g-\overline{g}_1(t))^2}{\displaystyle\sum_{g=t+1}^{L-1}h(g)} = R_1(t), & g>t \end{cases}$$

因此最大相关对数为

$$
\begin{aligned}
l^*(G, \Theta; B(t)) &= \sum_{i=1}^{N}\sum_{j=0}^{1} \theta_{ji}(t) \ln \tau_j(t) + \sum_{i=1}^{N}\sum_{j=0}^{1} \theta_{ji}(t) \ln 2 + \sum_{i=1}^{N}\sum_{j=0}^{1} \theta_{ji}(t) \ln(g_i - \overline{g}_j) \\
&\quad - \sum_{i=1}^{N}\sum_{j=0}^{1} \theta_{ji}(t) \ln R_j(t) - \sum_{i=1}^{N}\sum_{j=0}^{1} \theta_{ji}(t)\frac{(g_i - \overline{g}_j)^2}{R_j(t)} \\
&= N\left[\sum_{i=1}^{N}\sum_{j=0}^{1} \frac{\theta_{ji}(t)\ln \tau_j(t)}{N} + \sum_{i=1}^{N}\sum_{j=0}^{1} \frac{\theta_{ji}(t)}{N}\ln 2 + \sum_{i=1}^{N}\sum_{j=0}^{1} \frac{\theta_{ji}(t)}{N}\ln(g_i - \overline{g}_j) \right. \\
&\quad \left. - \sum_{i=1}^{N}\sum_{j=0}^{1} \frac{\theta_{ji}(t)}{N}\ln R_j(t) - \sum_{i=1}^{N}\sum_{j=0}^{1} \frac{\theta_{ji}(t)}{N}\frac{(g_i - \overline{g}_j)^2}{R_j(t)} \right] \\
&= N\left[\sum_{j=0}^{1} P_j(t)\ln P_j(t) + \ln 2 \sum_{j=0}^{1} P_j(t) + \sum_{g=\overline{g}_0+1}^{t} h(g)\ln(g - \overline{g}_0) \right. \\
&\quad \left. + \sum_{g=t+1}^{L-1} h(g)\ln(g - \overline{g}_1) - \sum_{j=0}^{1} P_j(t)\ln R_j(t) - \sum_{j=0}^{1} P_j(t) \right] \\
&= N\left[\sum_{j=0}^{1} P_j(t)\ln P_j(t) + \ln 2 + \sum_{g=\overline{g}_0+1}^{t} h(g)\ln(g - \overline{g}_0) \right. \\
&\quad \left. + \sum_{g=t+1}^{L-1} h(g)\ln(g - \overline{g}_1) - \sum_{j=0}^{1} P_j(t)\ln R_j(t) - 1 \right]
\end{aligned}
$$

忽略掉常数项，最大化上式等价于最小化下式：

$$
\begin{aligned}
J(t) &= -P_0(t)\ln P_0(t) - P_1(t)\ln P_1(t) + P_0(t)\ln R_0(t) + P_1(t)\ln R_1(t) \\
&\quad - \sum_{g>\overline{g}_0}^{t} h(g)\ln(g - \overline{g}_0) - \sum_{g=t+1}^{L-1} h(g)\ln(g - \overline{g}_1)
\end{aligned}
$$

2. 相对熵解释

对于一个图像，有灰度直方图 $h(g)$ 和概率密度函数估计 $p(g) = P_0(t)h(g\,|0, t) + P_1(t)h(g\,|1, t)$，当类条件概率分布 $h(g\,|0, t)$ 和 $h(g\,|1, t)$ 定义为偏移 Rayleigh 分布时，假设 $\overline{g}_0$ 取为 0 与具有非零概率的最小灰度的平均值，$\overline{g}_1$ 取为阈值 t 与均值

$\mu_1(t) = \dfrac{\displaystyle\sum_{g=t+1}^{L-1} h(g)g}{P_1(t)}$ 的均值，则 $\displaystyle\sum_{g>\overline{g}_0}^{L-1} h(g) = \sum_{g=0}^{L-1} h(g) = 1$，$\displaystyle\sum_{g>\overline{g}_0}^{t} h(g) = \sum_{g=0}^{t} h(g) = P_0(t)$。

应用相对熵公式, 有

$$
R^*(t) = \sum_{g=0}^{L-1} h(g) \ln \frac{h(g)}{p(g)}
$$

$$
= \sum_{g>\bar{g}_0}^{L-1} h(g) \ln \frac{h(g)}{p(g)}
$$

$$
= \sum_{g>\bar{g}_0}^{t} h(g) \ln \frac{h(g)}{h(g\,|0\,,t)P_0(t)} + \sum_{g=t+1}^{L-1} h(g) \ln \frac{h(g)}{h(g\,|1\,,t)P_1(t)}
$$

$$
= \sum_{g>\bar{g}_0}^{t} h(g) \ln h(g) - \sum_{g>\bar{g}_0}^{t} h(g) \ln P_0(t) - \sum_{g>\bar{g}_0}^{t} h(g) \ln h(g\,|0\,,t)
$$

$$
+ \sum_{g=t+1}^{L-1} h(g) \ln h(g) - \sum_{g=t+1}^{L-1} h(g) \ln P_1(t) - \sum_{g=t+1}^{L-1} h(g) \ln h(g\,|1\,,t)
$$

$$
= \sum_{g>\bar{g}_0}^{t} h(g) \ln h(g) - \sum_{g>\bar{g}_0}^{t} h(g) \ln P_0(t) - \sum_{g>\bar{g}_0}^{t} h(g) \ln 2
$$

$$
- \sum_{g>\bar{g}_0}^{t} h(g) \ln(g - \bar{g}_0) + \sum_{g>\bar{g}_0}^{t} h(g) \ln R_0(t) + \sum_{g>\bar{g}_0}^{t} h(g) \frac{(g - \bar{g}_0)^2}{R_0(t)}
$$

$$
+ \sum_{g=t+1}^{L-1} h(g) \ln h(g) - P_1(t) \ln P_1(t) - P_1(t) \ln 2
$$

$$
- \sum_{g=t+1}^{L-1} h(g) \ln(g - \bar{g}_1) + P_1(t) \ln R_1(t) + \sum_{g=t+1}^{L-1} h(g) \frac{(g - \bar{g}_1)^2}{R_1(t)}
$$

$$
= \sum_{g>\bar{g}_0}^{L-1} h(g) \ln h(g) - P_0(t) \ln P_0(t) - P_0(t) \ln 2
$$

$$
- \sum_{g>\bar{g}_0}^{t} h(g) \ln(g - \bar{g}_0) + P_0(t) \ln R_0(t)
$$

$$
+ \sum_{g>\bar{g}_0}^{t} h(g) - P_1(t) \ln P_1(t) - P_1(t) \ln 2
$$

$$
- \sum_{g=t+1}^{L-1} h(g) \ln(g - \bar{g}_1) + P_1(t) \ln R_1(t) + \sum_{g=t+1}^{L-1} h(g)
$$

$$
= \sum_{g>\bar{g}_0}^{L-1} h(g) \ln h(g) + 1 - \ln 2 - P_0(t) \ln P_0(t)
$$

$$- \sum_{g > \overline{g}_0}^{t} h(g) \ln(g - \overline{g}_0) + P_0(t) \ln R_0(t)$$

$$- P_1(t) \ln P_1(t) - \sum_{g = t+1}^{L-1} h(g) \ln(g - \overline{g}_1) + P_1(t) \ln R_1(t)$$

如果不考虑常数因子，上式等价于基于偏移 Rayleigh 分布假设的最小误差阈值分割法。

参 考 文 献

[1] ZITO R R. The shape of SAR histograms[J]. Computer Vision, Graphics, Image Processing, 1988, 43(3): 81-293.

[2] MOSER G, SERPICO S B. Generalized minimum-error thresholding for unsupervised change detection from SAR amplitude imagery[J]. IEEE Transactions on Geoscience and Remote Sensing, 2006, 44(10): 2972-2982.

[3] KULLBACK S. Information Theory and Statistics[M]. New York: Wiley, 1959.

[4] FURUICHI S, YANAGI K, KURIYAMA K. Fundamental properties of Tsallis relative entropy[J]. Journal of Mathematical Physics, 2004, 45(12): 4868-4877.

[5] TSALLIS C. Non-extensive Statistical Mechanics and Its Applications[M]. Heidelberg: Springer-Verlag, 2001.

[6] 聂方彦, 李建奇, 张平凤, 等. 一种基于 Tsallis 相对熵的图像分割阈值选取方法 [J]. 激光与光电子学进展, 2017, 54(7): 71002-1.

[7] KITTLER J, ILLINGWORTH J. Minimum error thresholding[J]. Pattern Recognition, 1986, 19(1): 41-47.

[8] CHO S, HARALICK R, YI S. Improvement of Kittler and Illingworth's minimum error thresholding[J]. Pattern Recognition, 1989, 22(5): 609-617.

[9] KURITA T, OTSU N, ABDELMALEK N. Maximum likelihood thresholding based on population mixture models[J]. Pattern Recognition, 1992, 25(10): 1231-1240.

[10] YE Q Z, DANIELSSON P E. On minimum error thresholding and its implementations[J]. Pattern Recognition Letter, 1988, 7(4): 201-206.

[11] MORRI F. A note on minimum error thresholding[J]. Pattern Recognition Letters, 1991,12(6): 349-351.

[12] FAN J L, XIE W X. Minimum error thresholding: A note[J]. Pattern Recognition Letters, 1997, 18 (8): 705-709.

[13] 李立源, 龚坚, 陈维南. 基于二维灰度直方图最佳一维投影的图像分割方法 [J]. 自动化学报, 1996, 2(3): 315-322.

[14] 范九伦, 雷博. 灰度图像最小误差阈值分割法的二维推广 [J]. 自动化学报, 2009, 35(4): 386-393.

[15] 范九伦, 雷博. 二维直线型最小误差阈值分割法 [J]. 电子与信息学报, 2009, 31(8): 1801-1806.

[16] 刘俊, 徐远远, 张跃飞, 等. 粒子群优化在图像最小误差阈值化中的应用 [J]. 计算机应用, 2008, 28(9): 2306-2311.

[17] 龙建武, 申铉京, 陈海鹏. 自适应最小误差阈值分割算法 [J]. 自动化学报, 2012, 38(7): 134-144.

[18] PAL N R. On minimum cross-entropy thresholding[J]. Pattern Recognition, 1996, 29(4): 575-580.

[19] 宋斌, 杨恢先, 曾金芳, 等. 基于平均中值离差的 2 维最小误差阈值分割法 [J]. 激光技术, 2015, 39(5): 717-722.

[20] 吴一全, 张晓杰, 吴诗婳, 等. 基于混沌 PSO 或分解的二维最小误差阈值分割 [J]. 浙江大学学报 (工学版), 2011, 45(7): 1198-1205.

[21] 吴一全, 张晓杰, 吴诗婳, 等. 二维直方图 θ-划分最小误差图像阈值分割 [J]. 上海交通大学学报, 2012, 46(6): 892-899.

[22] 薛景浩, 章毓晋, 林行刚. 基于最大类间后验交叉熵的阈值化分割算法 [J]. 中国图象图形学报, 1999, 4(A)(2): 110-114.

[23] XUE J, TITTERINGTON D M. Median-based image thresholding[J]. Image and Vision Computing, 2011, 29(9): 631-637.

[24] 张新明, 李振云, 孙印杰. 快速二维直方图斜分最小误差的图像阈值分割 [J]. 电光与控制, 2012, 19(6): 8-12.

[25] 张新明, 冯云芝, 闫林, 等. 一种改进的二维最小误差阈值分割方法 [J]. 计算机科学, 2012, 39(8): 259-262.

[26] 张新明, 冯文惠, 何文涛, 等. 基于人工蜂群算法的二维最小误差阈值分割 [J]. 广西大学学报 (自然科学版), 2013, 38(5): 1126-1133.

[27] 朱齐丹, 荆丽秋, 毕荣生, 等. 最小误差阈值分割法的改进算法 [J]. 光电工程, 2010, 37(7): 107-113.

[28] KALAISELVI T, NAGARAJAP. A rapid automatic brain tumor detection method for MRI images using modified minimum error thresholdingtechnique[J]. Internation Journal of Image Systems and Technology, 2015, 25(1): 77-85.

[29] GHANBARI M, AKBARI V. Unsupervised change detection in polarimetric SAR data with the Hotelling-Lawley trace statistic and minimum-errorthresholding[J]. IEEE Journal of Selected Topics in Applied Earth Observation and Remote Sensing, 2018, 11(12): 4551-4562.

[30] 刘金, 金炜东. 3 维自适应最小误差阈值分割法 [J]. 中国图象图形学报, 2013, 18(11): 1416-1424.

[31] 刘金, 余志斌, 金炜东. 三维最小误差阈值法及其快速递推算法 [J]. 电子与信息学报, 2013, 35(9): 2073-2080.

[32] 刘金, 唐权华, 余志斌, 等. 基于三维直方图降维和重建的快速最小误差阈值法 [J]. 电子与信息学报, 2014, 36(8): 1859-1865.

[33] PAL N R, BHANDARI D. On object background classification[J]. International Journal of Systems Science, 1992, 23(11): 1903-1920.

[34] PAL N R, PAL S K. Image model, Poisson distribution and object extraction[J]. International Journal of Pattern Recognition and Artificial Intelligence, 1991, 5(3): 439-483.

[35] DAINTY J C, SHAW R. Image Science[M]. New York: Academic Press, 1974.

[36] FAN J L. Notes on Poisson distribution-based minimum error thresholding[J]. Pattern Recognition Letters, 1998, 19(5-6): 425-431.

[37] 薛景浩, 章毓晋, 林行刚. SAR 图像基于 Rayleigh 分布假设的最小误差阈值化分割 [J]. 电子科学学刊, 1999, 21(2): 219-225.

第6章　共生矩阵阈值法

前面几章介绍了基于判别分析、信息熵、模型匹配的一些阈值分割方法，这些方法是依据一维灰度直方图信息或二维 (三维) 灰度直方图信息进行叙述的。在反映图像区域信息方面，二维灰度直方图要比一维灰度直方图更有效。关于二维灰度直方图，前面几章重点介绍了 "灰度–邻域平均灰度" 构成的二维直方图，当然，也可以将 "邻域平均灰度" 特征改成 "梯度" 等其他图像特征。在实际的图像分割中，特征维的选取是和希望的结果以及面对的图像密切相关的，只不过选取 "邻域平均灰度" 特征的优点在于灰度值和邻域平均灰度值比较接近，能够在二维灰度直方图的主对角线上形成明显的二维峰谷，便于理论分析。

本章介绍另一种构造灰度二维直方图的方式，这种方式基于图像空间信息，依据图像区域信息特征的表达方式: 共生矩阵。共生矩阵 (也称为灰度级空间相关矩阵) 使用了图像的局部信息，描述了像元灰度值与邻近像元灰度值之间的一种空间关系。共生矩阵是 Haralink 等 [1] 在分析图像纹理时引入的。将共生矩阵应用于图像分割源于 Ahuja 等 [2] 的工作以及 Wesrka 等 [3] 的工作。使用共生矩阵进行图像分割的优点是考虑到了图像的二阶灰度统计量; 缺点是计算量大，需要较多的内存容量，对噪声图像性能较差。

本章重点介绍 "灰度–灰度共生矩阵"，分为对称共生矩阵和非对称共生矩阵。除此之外，还有 "灰度–梯度共生矩阵" 等其他表示形式。有兴趣的读者可参考文献 [4]~[11] 中的介绍了解更多共生矩阵方面的内容。

6.1　对称共生矩阵阈值法

6.1.1　对称共生矩阵

如第 1 章所述，对于一个大小为 $M \times N$，像素在 L 个灰度级 $G = [0, 1, 2, \cdots, L-1]$ 上取值的图像 X，可表示为 $X = [f(x, y)]_{M \times N}$，其中 $f(x, y) \in G$ 表示在坐标 (x, y) 处像素的灰度级，原图像的灰度统计信息用一个概率分布 $P = \{h(0), \cdots, h(g), \cdots, h(L-1)\}$ 来表示。

用 i 表示像元 (x, y) 处的灰度级，j 表示像元 $(x-d\sin\theta, y+d\cos\theta)$ 处的灰度级，考虑 (x, y) 处灰度级为 i，与 (x, y) 距离为 d，方向为 θ 的像元 $(x-d\sin\theta, y+d\cos\theta)$ 处灰度级为 j 共同出现的频率。一般取 $d = 1$，θ 为 $\dfrac{\pi}{2}$ 的整数倍，于是得到方向为

θ 的灰度共生矩阵 $C_{1,\theta} = (c_{ij}(\theta))_{L \times L}$。此处

$$C_{ij}(\theta) = \sum_{x=0}^{M-1} \sum_{y=0}^{N-1} \delta_\theta(x, y) \tag{6.1}$$

式中，

$$\delta_\theta(x, y) = \begin{cases} 1, & f(x, y) = i \text{ 且 } f(x - \sin\theta, y + \cos\theta) = j \\ 0, & \text{其他} \end{cases} \tag{6.2}$$

$c_{ij}(\theta)$ 给出了像元处灰度级为 i 且方向为 θ 的相邻元素灰度级为 j 出现的次数。考虑到所有方向的共生矩阵 C 定义为

$$C = (c_{ij})_{L \times L} = \frac{1}{4}[C_{1,0} + C_{1,\pi/2} + C_{1,\pi} + C_{1,3\pi/2}] \tag{6.3}$$

为了表达上的便利，对图像边界上的像元，规定 $f(x, N) = f(x, 0)$，$f(x, -1) = f(x, N-1)$，$f(M, y) = f(0, y)$，$f(-1, y) = f(M-1, y)$。那么 C 具有如下性质：

(1) C 是非负对称矩阵，即 $c_{ij} = c_{ji}$ 且 $c_{ij} > 0$；

(2) $\sum\limits_{i=0}^{L-1} c_{ij} = MNh(j)$，$\sum\limits_{j=0}^{L-1} c_{ij} = MNh(i)$。$h(i)$ 表示原图像中每一个灰度值 i 出现的概率。

性质 (1) 意味着 $c_{1,\pi}$ 的转置矩阵为 $c_{1,0}$；$c_{1,3\pi/2}$ 的转置矩阵为 $c_{1,\pi/2}$。

6.1.2 基于繁忙度的阈值法

假设用灰度 t 将原图像 X 分成不同的区域 R_1 和 R_2，那么 t 将灰度共生矩阵 C 分成不相交的四块 (图 6.1)：

(1) 块 B_1 表示 C 中灰度 $i \leqslant t$ 且 $j \leqslant t$ 的部分；

(2) 块 B_2 表示 C 中灰度 $i > t$ 且 $j > t$ 的部分；

(3) 块 B_3 和 B_4 分别表示 C 中 $i > t$ 且 $j \leqslant t$ 或 $i \leqslant t$ 且 $j > t$ 的部分。

块 B_1 和 B_2 表示区域 R_1 和 R_2 的内部部分，块 B_3 和 B_4 表示区域 R_1 和 R_2 的边界部分，记 $p_{ij} = \dfrac{c_{ij}}{MN}$。针对划分的区域，有两种选择阈值 t 的途径，一种是通过块 B_1 和 B_2 来确定要求设定的选择准则；另一种是通过块 B_3 和 B_4 来确定要求设定的选择准则。下面给出一些以边界信息为依据的阈值选择准则。

1) 繁忙度度量

$$\text{Busy}(t) = \sum_{i=0}^{t} \sum_{j=t+1}^{L-1} c_{ij} + \sum_{i=t+1}^{L-1} \sum_{j=0}^{t} c_{ij}$$

$$=MN - \left(\sum_{i=0}^{t} \sum_{j=0}^{t} c_{ij} + \sum_{i=t+1}^{L-1} \sum_{j=t+1}^{L-1} c_{ij} \right)$$

$$=2 \sum_{i=0}^{t} \sum_{j=t+1}^{L-1} c_{ij} \tag{6.4}$$

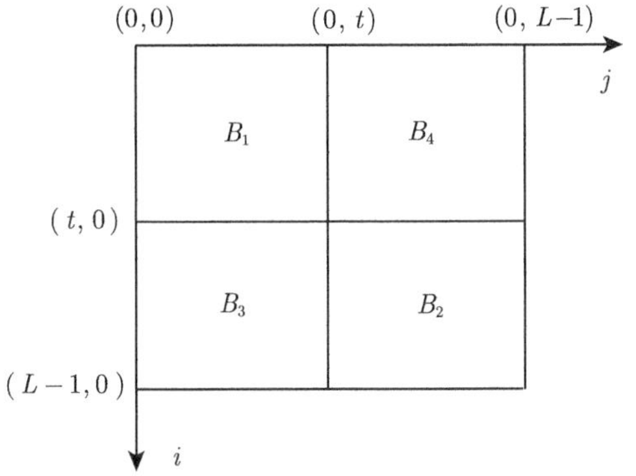

图 6.1　共生矩阵 C 在阈值 t 处划分的四个块

最佳阈值 t^* 取在 [3]

$$t^* = \arg \min_{0<t<L-1} \mathrm{Busy}(t) \tag{6.5}$$

在最佳阈值处, 该方法使得边界区域的像元尽可能少。对应的, 使目标和背景区域的像元尽可能多, 因此, 繁忙度度量能够使得分割图像具有最大的区域一致性。该方法对于具有较大的光滑区域的图像是有效的, 不足之处是仅仅考虑了像元点数, 没有充分考虑图像的其他内在信息。

繁忙度度量可采用递归公式进行计算:

$$\mathrm{Busy}(0) = 2 \sum_{j=1}^{L-1} c_{0,j} \tag{6.6}$$

$$\mathrm{Busy}(t) = \mathrm{Busy}(t-1) + 2 \left(\sum_{j=t+1}^{L-1} c_{tj} - \sum_{i=0}^{t-1} c_{it} \right), \quad t=1,2,\cdots,L-2 \tag{6.7}$$

2) 条件概率度量

$$\mathrm{Cp}(t) = P(f(x-\sin\theta, y+\cos\theta) > t \,|\, f(x,y) \leqslant t)$$
$$+ P(f(x-\sin\theta, y+\cos\theta) \leqslant t \,|\, f(x,y) > t)$$
$$= \frac{P(f(x-\sin\theta, y+\cos\theta) > t, f(x,y) \leqslant t)}{P(f(x,y) \leqslant t)}$$

$$+ \frac{P(f(x-\sin\theta, y+\cos\theta) \leqslant t, f(x,y) > t)}{P(f(x,y) > t)}$$

$$= \frac{\displaystyle\sum_{i=0}^{t}\sum_{j=t+1}^{L-1} p_{ij}}{\displaystyle\sum_{i=0}^{t}\sum_{j=0}^{L-1} p_{ij}} + \frac{\displaystyle\sum_{i=t+1}^{L-1}\sum_{j=0}^{t} p_{ij}}{\displaystyle\sum_{i=t+1}^{L-1}\sum_{j=0}^{L-1} p_{ij}}$$

$$= \frac{\displaystyle\sum_{i=0}^{t}\sum_{j=t+1}^{L-1} c_{ij}}{\displaystyle\sum_{i=0}^{t}\sum_{j=0}^{L-1} c_{ij}} + \frac{\displaystyle\sum_{i=t+1}^{L-1}\sum_{j=0}^{t} c_{ij}}{\displaystyle\sum_{i=t+1}^{L-1}\sum_{j=0}^{L-1} c_{ij}}$$

$$= \frac{\displaystyle\sum_{i=0}^{t}\sum_{j=t+1}^{L-1} c_{ij}\left(\displaystyle\sum_{i=0}^{t}\sum_{j=0}^{L-1} c_{ij} + \displaystyle\sum_{i=t+1}^{L-1}\sum_{j=0}^{L-1} c_{ij}\right)}{\displaystyle\sum_{i=0}^{t}\sum_{j=0}^{L-1} c_{ij}\cdot\displaystyle\sum_{i=t+1}^{L-1}\sum_{j=0}^{L-1} c_{ij}}$$

$$= \frac{MN\cdot\displaystyle\sum_{i=0}^{t}\sum_{j=t+1}^{L-1} c_{ij}}{\displaystyle\sum_{i=0}^{t}\sum_{j=0}^{L-1} c_{ij}\cdot\displaystyle\sum_{i=t+1}^{L-1}\sum_{j=0}^{L-1} c_{ij}}$$

$$= \frac{\mathrm{Busy}(t)}{2\displaystyle\sum_{g=0}^{t} h(g)\cdot\displaystyle\sum_{g=t+1}^{L-1} h(g)} \tag{6.8}$$

最佳阈值 t^* 取在 [12]

$$t^* = \arg\min_{0<t<L-1} \mathrm{Cp}(t) \tag{6.9}$$

条件概率度量刻画了边界部分对目标区域和背景区域的影响程度，这种影响是通过所含点数的多少进行衡量的，即 B_4 在 $B_1 \cup B_4$ 中的比例，B_3 在 $B_2 \cup B_3$ 中的比例。条件概率度量关注的是当前像元是背景 (目标) 而相邻像元是目标 (背景) 的情况。当图像由大的一致区域构成时，边界元的概率较小，这时采用上述方式进行阈值选取能获得满意的效果。

3) 熵度量

$$\text{Entropy}(t) = -\sum_{i=0}^{t}\sum_{j=t+1}^{L-1} p_{ij}\ln p_{ij} - \sum_{i=t+1}^{L-1}\sum_{j=0}^{t} p_{ij}\ln p_{ij} \tag{6.10}$$

最佳阈值 t^* 取在[13]

$$t^* = \arg\max_{0<t<L-1} \text{Entropy}(t) \tag{6.11}$$

与繁忙度度量相比, 熵度量的优点是考虑到了边界区域 B_3 和 B_4 中 p_{ij}(或 $\frac{c_{ij}}{MN}$) 的分布, 而繁忙度度量仅考虑到了区域 B_3 和 B_4 中 c_{ij} 的数量。

熵度量可采用如下的递归公式进行计算:

$$\text{Entropy}(0) = -2\sum_{j=1}^{L-1} p_{0j}\ln p_{0j} \tag{6.12}$$

$$\text{Entropy}(t) = \text{Entropy}(t-1) + 2\left(-\sum_{i=0}^{t-1} p_{it}\ln p_{it} - \sum_{j=t+1}^{L-1} p_{tj}\ln p_{tj}\right),$$
$$t = 1,2,\cdots,L-2 \tag{6.13}$$

不过这个表达式不能看成真正意义上的熵表述, 因为在 B_3 和 B_4 区域中的概率和均不等于 1。更好的表达式是后面介绍的连接熵。

4) 平均对比度度量

在一幅图像中, 不同区域相交部位的对比度最大, 基于这一事实, 平均对比度定义为

$$\begin{aligned}
\text{Ac}(t) &= \frac{1}{2}\left[\frac{\sum_{i=0}^{t}\sum_{j=t+1}^{L-1}(i-j)^2 c_{ij}}{\sum_{i=0}^{t}\sum_{j=t+1}^{L-1} c_{ij}} + \frac{\sum_{i=t+1}^{L-1}\sum_{j=0}^{t}(i-j)^2 c_{ij}}{\sum_{i=t+1}^{L-1}\sum_{j=0}^{t} c_{ij}}\right]\\
&= \frac{\sum_{i=0}^{t}\sum_{j=t+1}^{L-1}(i-j)^2 c_{ij}}{\sum_{i=0}^{t}\sum_{j=t+1}^{L-1} c_{ij}}\\
&= \frac{2\times\sum_{i=0}^{t}\sum_{j=t+1}^{L-1}(i-j)^2 c_{ij}}{\text{Busy}} \tag{6.14}
\end{aligned}$$

最佳阈值 t^* 取在 [14]

$$t^* = \arg \max_{0 < t < L-1} \mathrm{Ac}(t) \tag{6.15}$$

和繁忙度度量相比, 平均对比度度量使用了 c_{ij} 的加权数 $(i-j)^2$, 能够进一步强化区域之间的对比度信息。

5) 平均熵度量

考虑到边缘点在检测和揭示图像中目标物的作用, 要求在边界区域的每个像元的平均熵最大。定义平均熵为 (由 Renyi 定义的不完备概率熵)

$$\mathrm{Av}(t) = \frac{-\displaystyle\sum_{i=0}^{t}\sum_{j=t+1}^{L-1} p_{ij}\ln p_{ij}}{\displaystyle\sum_{i=0}^{t}\sum_{j=t+1}^{L-1} c_{ij}} + \frac{-\displaystyle\sum_{i=t+1}^{L-1}\sum_{j=0}^{t} p_{ij}\ln p_{ij}}{\displaystyle\sum_{i=t+1}^{L-1}\sum_{j=0}^{t} c_{ij}} = \frac{2 \times \mathrm{Entropy}(t)}{\mathrm{Busy}(t)} \tag{6.16}$$

最佳阈值 t^* 取在 [13]

$$t^* = \arg \max_{0 < t < L-1} \mathrm{Av}(t) \tag{6.17}$$

6) Weber 对比度度量

图像的平均对比度也可以通过人的视觉反应, 尤其是对明亮度的反应呈现的对数特性 (Weber 律) 来描述。如果对比度定义成邻域两个灰度的差与两者最小者的比值, 则有

$$\begin{aligned}
\mathrm{Wc}(t) &= \frac{\displaystyle\sum_{i=1}^{t}\sum_{j=t+1}^{L} \frac{|i-j|}{\min(i,j)} c_{ij}}{\displaystyle\sum_{i=1}^{t}\sum_{j=t+1}^{L} c_{ij}} + \frac{\displaystyle\sum_{i=t+1}^{L}\sum_{j=1}^{t} \frac{|i-j|}{\min(i,j)} c_{ij}}{\displaystyle\sum_{i=t+1}^{L}\sum_{j=1}^{t} c_{ij}} \\[2mm]
&= \frac{2 \times \displaystyle\sum_{i=1}^{t} \frac{1}{i} \sum_{j=t+1}^{L} (j-i) c_{ij}}{\mathrm{Busy}(t)}
\end{aligned} \tag{6.18}$$

最佳阈值 t^* 取在 [15]

$$t^* = \arg \max_{0 < t < L-1} \mathrm{Wc}(t) \tag{6.19}$$

对比度的定义方式不是唯一的。例如, 也可以用 $\dfrac{|i-j|}{\max(i,j)}$, $\dfrac{|i-j|}{i+j}$ 来替

换 $\dfrac{|i-j|}{\min(i,j)}$。应注意的是，为了使表达式有意义，灰度的取值范围要改成 $G = [1, 2, \cdots, L]$。

上面介绍了六种基于共生矩阵的阈值分割方法，它们的大部分表述都和繁忙度度量有关。有关这六种方法的实验分析在文献 [13] 中有比较详细的分析，相比较而言，平均对比度是一个较好的方法。

除了上述六种分割方法，还有以下方法。

7) 平均一致性

与对比度计算相反，平均一致性刻画了各区域内部的一致性，定义为

$$\mathrm{Ah}(t) = \frac{\sum\limits_{i=0}^{t}\sum\limits_{j=0}^{t}(i-j)^2 c_{ij}}{\sum\limits_{i=0}^{t}\sum\limits_{j=0}^{t} c_{ij}} + \frac{\sum\limits_{i=t+1}^{L-1}\sum\limits_{j=t+1}^{L-1}(i-j)^2 c_{ij}}{\sum\limits_{i=t+1}^{L-1}\sum\limits_{j=t+1}^{L-1} c_{ij}} \tag{6.20}$$

最佳阈值 t^* 取在 [15,16]

$$t^* = \arg \min_{0 < t < L-1} \mathrm{Ah}(t) \tag{6.21}$$

图 6.2 给出上述 7 种阈值选取方法的示例，更详细的比较可参考文献 [17]。

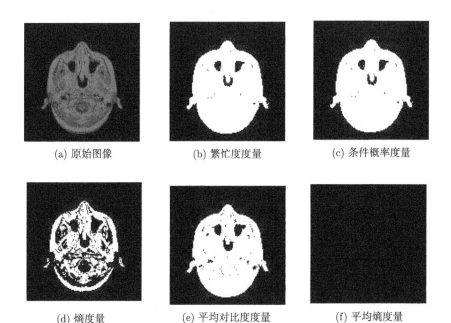

(a) 原始图像　　　　　　(b) 繁忙度度量　　　　　　(c) 条件概率度量

(d) 熵度量　　　　　　(e) 平均对比度度量　　　　　　(f) 平均熵度量

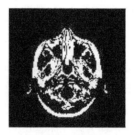

(g) Weber 对比度度量　　　　　　　　　(h) 平均一致性

图 6.2　七种方法的图像分割结果

6.1.3　基于均值的阈值法

1. 区域均值的定义

如图 6.1 所示，对于共生矩阵 $C = (c_{ij})$，在阈值 t 处将共生矩阵分成四个块 B_1、B_2、B_3、B_4。在每个块上可以获得块的均值 $\vec{\mu}^k(t) = (\mu_i^k(t), \mu_j^k(t))'$ 如下：

$$\mu_i^1(t) = \frac{\displaystyle\sum_{i=0}^{t}\sum_{j=0}^{t} i c_{ij}}{\displaystyle\sum_{i=0}^{t}\sum_{j=0}^{t} c_{ij}} \tag{6.22}$$

$$\mu_j^1(t) = \frac{\displaystyle\sum_{i=0}^{t}\sum_{j=0}^{t} j c_{ij}}{\displaystyle\sum_{i=0}^{t}\sum_{j=0}^{t} c_{ij}} = \mu_i^1(t) \tag{6.23}$$

$$\mu_i^2(t) = \frac{\displaystyle\sum_{i=t+1}^{L-1}\sum_{j=t+1}^{L-1} i c_{ij}}{\displaystyle\sum_{i=t+1}^{L-1}\sum_{j=t+1}^{L-1} c_{ij}} \tag{6.24}$$

$$\mu_j^2(t) = \frac{\displaystyle\sum_{i=t+1}^{L-1}\sum_{j=t+1}^{L-1} j c_{ij}}{\displaystyle\sum_{i=t+1}^{L-1}\sum_{j=t+1}^{L-1} c_{ij}} = \mu_i^2(t) \tag{6.25}$$

$$\mu_i^3(t) = \frac{\displaystyle\sum_{i=t+1}^{L-1}\sum_{j=0}^{t} ic_{ij}}{\displaystyle\sum_{i=t+1}^{L-1}\sum_{j=0}^{t} c_{ij}} \tag{6.26}$$

$$\mu_j^3(t) = \frac{\displaystyle\sum_{i=t+1}^{L-1}\sum_{j=0}^{t} jc_{ij}}{\displaystyle\sum_{i=t+1}^{L-1}\sum_{j=0}^{t} c_{ij}} \tag{6.27}$$

$$\mu_i^4(t) = \frac{\displaystyle\sum_{i=0}^{t}\sum_{j=t+1}^{L-1} ic_{ij}}{\displaystyle\sum_{i=0}^{t}\sum_{j=t+1}^{L-1} c_{ij}} = \mu_j^3(t) \tag{6.28}$$

$$\mu_j^4(t) = \frac{\displaystyle\sum_{i=0}^{t}\sum_{j=t+1}^{L-1} jc_{ij}}{\displaystyle\sum_{i=0}^{t}\sum_{j=t+1}^{L-1} c_{ij}} = \mu_i^3(t) \tag{6.29}$$

如果通过阈值 t 将图像二值化, 给灰度值小于等于 t 的像元赋灰度值 $\mu_0(t) \stackrel{\triangle}{=} \mu_i^1(t) = \mu_j^1(t)$; 给灰度值大于 t 的像元赋灰度值 $\mu_1(t) \stackrel{\triangle}{=} \mu_i^2(t) = \mu_j^2(t)$。这样获得的二值图像其共生矩阵 $\bar{C} = (\bar{c}_{ij})$ 也在阈值 t 处将共生矩阵分成四个块 $\bar{B}_1, \bar{B}_2, \bar{B}_3, \bar{B}_4$ (图 6.3)。

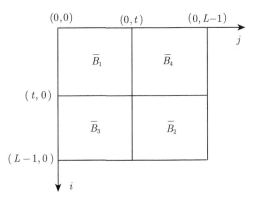

图 6.3 共生矩阵 $\bar{C}$ 在阈值 t 处的四个块

6.1.2 小节介绍的分割选取准则没有考虑到区域的均值信息，本小节介绍一些利用均值信息进行阈值选取的方法，应用这些方法可以使共生矩阵 C 与 $\bar{C}$ 对应块之间很好地匹配。鉴于主对角线上的两个块描述的是区域内部的一致性，副对角线上的两个块描述的是区域边界信息，可以产生如下三种阈值选择准则：第一种是仅考虑主对角线上的信息；第二种是仅考虑副对角线上的信息；第三种是考虑共生矩阵整体上的信息。下面分别介绍几种类型的分割方法。

2. 基于平方距离的阈值法

按照上述的思路，基于平方距离，可以产生如下三种阈值选择准则：仅考虑主对角线上信息的区域距离度量；仅考虑副对角线上信息的边界距离度量；考虑共生矩阵整体信息的整体距离度量。具体公式如下 [18]：

(1) 区域距离度量：

$$
\begin{aligned}
R(t) =& \sum_{i=0}^{t}\sum_{j=0}^{t}\left[\left(i-\mu_i^1(t)\right)^2+\left(j-\mu_j^1(t)\right)^2\right]c_{ij} \\
&+\sum_{i=t+1}^{L-1}\sum_{j=t+1}^{L-1}\left[\left(i-\mu_i^2(t)\right)^2+\left(j-\mu_j^2(t)\right)^2\right]c_{ij} \\
=&2\sum_{i=0}^{t}\left(\sum_{j=0}^{t}c_{ij}\right)\left(i-\mu_i^1(t)\right)^2+2\sum_{i=t+1}^{L-1}\left(\sum_{j=t+1}^{L-1}c_{ij}\right)\left(i-\mu_i^2(t)\right)^2 \quad (6.30)
\end{aligned}
$$

(2) 边界距离度量：

$$
\begin{aligned}
B(t) =& \sum_{i=0}^{t}\sum_{j=t+1}^{L-1}\left[\left(i-\mu_i^4(t)\right)^2+\left(j-\mu_j^4(t)\right)^2\right]c_{ij} \\
&+\sum_{i=t+1}^{L-1}\sum_{j=0}^{t}\left[\left(i-\mu_i^3(t)\right)^2+\left(j-\mu_j^3(t)\right)^2\right]c_{ij} \\
=&2\sum_{i=0}^{t}\sum_{j=t+1}^{L-1}\left[\left(i-\mu_i^4(t)\right)^2+\left(j-\mu_i^4(t)\right)^2\right]c_{ij} \quad (6.31)
\end{aligned}
$$

(3) 整体距离度量：

$$
I(t) = R(t) + B(t) \tag{6.32}
$$

最佳阈值选在上述三个函数的最小值处，即

$$
t^* = \arg\min_{0<t<L-1} R(t) \tag{6.33}
$$

或

$$t^* = \arg \min_{0 < t < L-1} B(t) \tag{6.34}$$

或

$$t^* = \arg \min_{0 < t < L-1} I(t) \tag{6.35}$$

应强调的是，给 $R(t)$ 除以 MN，则 c_{ij} 变成 p_{ij}。此时的表述在形式上非常类似于第 2 章介绍的最大类间方差法。

另外，上述三个公式没有考虑到每一块中的点数，因此还可对应下述一组公式。

(4) 改进的区域距离度量：

$$\bar{R}(t) = 2\frac{\sum\limits_{i=0}^{t}\left(\sum\limits_{j=0}^{t} c_{ij}\right)\left(i - \mu_i^1(t)\right)^2}{\sum\limits_{i=0}^{t}\sum\limits_{j=0}^{t} c_{ij}} + 2\frac{\sum\limits_{i=t+1}^{L-1}\left(\sum\limits_{j=t+1}^{L-1} c_{ij}\right)\left(i - \mu_i^2(t)\right)^2}{\sum\limits_{i=t+1}^{L-1}\sum\limits_{j=t+1}^{L-1} c_{ij}} \tag{6.36}$$

(5) 改进的边界距离度量：

$$\bar{B}(t) = 2\frac{\sum\limits_{i=0}^{t}\sum\limits_{j=t+1}^{L-1}\left[\left(i - \mu_i^4(t)\right)^2 + \left(j - \mu_j^4(t)\right)^2\right] c_{ij}}{\sum\limits_{i=0}^{t}\sum\limits_{j=t+1}^{L-1} c_{ij}} \tag{6.37}$$

(6) 改进的整体距离度量：

$$\bar{I}(t) = \bar{R}(t) + \bar{B}(t) \tag{6.38}$$

最佳阈值选在上述三个函数的最小值处，其中 $\bar{B}(t)$ 是 Corneloup 等 [19] 提出的准则，$\bar{R}(t)$ 在形式上非常类似于第 2 章介绍的一种阈值选取准则。图 6.4 和图 6.5 分别给出这两组阈值准则的分割结果。

(a) 区域距离度量　　　　　(b) 边界距离度量　　　　　(c) 整体距离度量

图 6.4　$R(t)$、$B(t)$ 和 $I(t)$ 的分割结果

 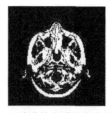 

　(a) 改进的区域距离度量　　　(b) 改进的边界距离度量　　　(c) 改进的整体距离度量

图 6.5　$\bar{R}(t)$、$\bar{B}(t)$ 和 $\bar{I}(t)$ 的分割结果

上述基于均值的平方距离法对灰度概率分布呈现偏斜和重尾的图像分割效果不佳，为此可以将 "均值" 替换为 "中值"，从而给出相应的阈值选取准则，有兴趣的读者可参考文献 [20]。

仿照本节的办法，还可产生很多相关阈值选取方法，如基于相对熵、χ^2 统计等的相应方法。下面以相对熵为例进行描述。

3. 基于相对熵的阈值法

对于 6.1.3 小节定义的给定阈值 t 后的分块矩阵对应的均值，也可给出整个共生矩阵对应的均值：

$$\vec{\mu} = \left(\sum_{i=0}^{L-1}\sum_{j=0}^{L-1} ic_{ij}, \sum_{i=0}^{L-1}\sum_{j=0}^{L-1} jc_{ij} \right)^{\mathrm{T}} \tag{6.39}$$

有

$$\sum_{i=0}^{t}\sum_{j=0}^{t} c_{ij}\vec{\mu}^{\,1}(t) + \sum_{i=t+1}^{L-1}\sum_{j=t+1}^{L-1} c_{ij}\vec{\mu}^{\,2}(t)$$

$$+ \sum_{i=t+1}^{L-1}\sum_{j=0}^{t} c_{ij}\vec{\mu}^{\,3}(t) + \sum_{i=0}^{t}\sum_{j=t+1}^{L-1} c_{ij}\vec{\mu}^{\,4}(t)$$

$$= \left(\sum_{i=0}^{t}\sum_{j=0}^{t} ic_{ij} + \sum_{i=t+1}^{L-1}\sum_{j=t+1}^{L-1} ic_{ij} + \sum_{i=0}^{t}\sum_{j=t+1}^{L-1} ic_{ij} + \sum_{i=t+1}^{L-1}\sum_{j=0}^{t} ic_{ij}, \sum_{i=0}^{t}\sum_{j=0}^{t} jc_{ij} \right.$$

$$\left. + \sum_{i=t+1}^{L-1}\sum_{j=t+1}^{L-1} jc_{ij} + \sum_{i=t+1}^{L-1}\sum_{j=0}^{t} jc_{ij} + \sum_{i=0}^{t}\sum_{j=t+1}^{L-1} jc_{ij} \right)^{\mathrm{T}}$$

$$= \left(\sum_{i=0}^{L-1}\sum_{j=0}^{L-1} ic_{ij}, \sum_{i=0}^{L-1}\sum_{j=0}^{L-1} jc_{ij} \right)^{\mathrm{T}}$$

$$= \vec{\mu}$$

因此，可以给出基于相对熵的阈值选取准则如下：

$$
\begin{aligned}
\mathrm{CR}(t) ={}& \sum_{i=0}^{t}\sum_{j=0}^{t} c_{ij}\left[i\ln\frac{i}{\mu_i^1(t)} + j\ln\frac{j}{\mu_j^1(t)}\right] \\
&+ \sum_{i=t+1}^{L-1}\sum_{j=t+1}^{L-1} c_{ij}\left[i\ln\frac{i}{\mu_i^2(t)} + j\ln\frac{j}{\mu_j^2(t)}\right] \\
&+ \sum_{i=t+1}^{L-1}\sum_{j=0}^{t} c_{ij}\left[i\ln\frac{i}{\mu_i^3(t)} + j\ln\frac{j}{\mu_j^3(t)}\right] \\
&+ \sum_{i=0}^{t}\sum_{j=t+1}^{L-1} c_{ij}\left[i\ln\frac{i}{\mu_i^4(t)} + j\ln\frac{j}{\mu_j^4(t)}\right] \\
={}& \left(\sum_{i=0}^{t}\sum_{j=0}^{t} c_{ij}i\ln i + \sum_{i=0}^{t}\sum_{j=0}^{t} c_{ij}j\ln j\right. \\
&\left.- \sum_{i=0}^{t}\sum_{j=0}^{t} c_{ij}i\ln\mu_i^1(t) - \sum_{i=0}^{t}\sum_{j=0}^{t} c_{ij}j\ln\mu_j^1(t)\right) \\
&+ \left(\sum_{i=t+1}^{L-1}\sum_{j=t+1}^{L-1} c_{ij}i\ln i + \sum_{i=t+1}^{L-1}\sum_{j=t+1}^{L-1} c_{ij}j\ln j\right. \\
&\left.- \sum_{i=t+1}^{L-1}\sum_{j=t+1}^{L-1} c_{ij}i\ln\mu_i^2(t) - \sum_{i=t+1}^{L-1}\sum_{j=t+1}^{L-1} c_{ij}j\ln\mu_j^2(t)\right) \\
&+ \left(\sum_{i=t+1}^{L-1}\sum_{j=0}^{t} c_{ij}i\ln i + \sum_{i=t+1}^{L-1}\sum_{j=0}^{t} c_{ij}j\ln j\right. \\
&\left.- \sum_{i=t+1}^{L-1}\sum_{j=0}^{t} c_{ij}i\ln\mu_i^3(t) - \sum_{i=t+1}^{L-1}\sum_{j=0}^{t} c_{ij}j\ln\mu_j^3(t)\right) \\
&+ \left(\sum_{i=t+1}^{L-1}\sum_{j=0}^{t} c_{ij}i\ln i + \sum_{i=t+1}^{L-1}\sum_{j=0}^{t} c_{ij}j\ln j\right. \\
&\left.- \sum_{i=t+1}^{L-1}\sum_{j=0}^{t} c_{ij}i\ln\mu_i^4(t) - \sum_{i=t+1}^{L-1}\sum_{j=0}^{t} c_{ij}j\ln\mu_j^4(t)\right) \\
={}& \left(\sum_{i=0}^{L-1}\sum_{j=0}^{L-1} c_{ij}i\ln i + \sum_{i=0}^{L-1}\sum_{j=0}^{L-1} c_{ij}j\ln j\right) \\
&- \sum_{i=0}^{t}\sum_{j=0}^{t} c_{ij}i\ln\mu_i^1(t) - \sum_{i=0}^{t}\sum_{j=0}^{t} c_{ij}j\ln\mu_j^1(t)
\end{aligned}
$$

$$
-\sum_{i=t+1}^{L-1}\sum_{j=t+1}^{L-1} c_{ij}i\ln\mu_i^2(t) - \sum_{i=t+1}^{L-1}\sum_{j=t+1}^{L-1} c_{ij}j\ln\mu_j^2(t)
$$

$$
-\sum_{i=t+1}^{L-1}\sum_{j=0}^{t} c_{ij}i\ln\mu_i^3(t) - \sum_{i=t+1}^{L-1}\sum_{j=0}^{t} c_{ij}j\ln\mu_j^3(t)
$$

$$
-\sum_{i=t+1}^{L-1}\sum_{j=0}^{t} c_{ij}i\ln\mu_i^4(t) - \sum_{i=t+1}^{L-1}\sum_{j=0}^{t} c_{ij}j\ln\mu_j^4(t)
$$

$$
=\left(\sum_{i=0}^{L-1}\sum_{j=0}^{L-1} c_{ij}i\ln i + \sum_{i=0}^{L-1}\sum_{j=0}^{L-1} c_{ij}j\ln j\right) - 2\sum_{i=0}^{t}\sum_{j=0}^{t} c_{ij}i\ln\mu_i^1(t)
$$

$$
- 2\sum_{i=t+1}^{L-1}\sum_{j=t+1}^{L-1} c_{ij}i\ln\mu_i^2(t) - 2\sum_{i=t+1}^{L-1}\sum_{j=0}^{t} c_{ij}i\ln\mu_i^3(t)
$$

$$
- 2\sum_{i=t+1}^{L-1}\sum_{j=0}^{t} c_{ij}j\ln\mu_j^3(t) \tag{6.40}
$$

既然 $\displaystyle\sum_{i=0}^{L-1}\sum_{j=0}^{L-1} c_{ij}i\ln i + \sum_{i=0}^{L-1}\sum_{j=0}^{L-1} c_{ij}j\ln j$ 是常数，因此最小化式 (6.40) 等价于最大化下式：

$$
\overline{\mathrm{CR}}(t) = \sum_{i=0}^{t}\sum_{j=0}^{t} c_{ij}i\ln\mu_i^1(t)
$$

$$
+ \sum_{i=t+1}^{L-1}\sum_{j=t+1}^{L-1} c_{ij}i\ln\mu_i^2(t) \sum_{i=t+1}^{L-1}\sum_{j=0}^{t} c_{ij}i\ln\mu_i^3(t) + \sum_{i=t+1}^{L-1}\sum_{j=0}^{t} c_{ij}j\ln\mu_j^3(t)
$$

$$
= \left(\sum_{i=0}^{t}\sum_{j=0}^{t} c_{ij}\right)\mu_i^1(t)\ln\mu_i^1(t) + \left(\sum_{i=t+1}^{L-1}\sum_{j=t+1}^{L-1} c_{ij}\right)\mu_i^2(t)\ln\mu_i^2(t)
$$

$$
+ \left(\sum_{i=t+1}^{L-1}\sum_{j=0}^{t} c_{ij}\right)\mu_i^3(t)\ln\mu_i^3(t) + \left(\sum_{i=t+1}^{L-1}\sum_{j=0}^{t} c_{ij}\right)\mu_j^3(t)\ln\mu_j^3(t) \tag{6.41}
$$

最佳阈值选为 [21]

$$
t^* = \arg\max_{0<t<L-1}\overline{\mathrm{CR}}(t) \tag{6.42}
$$

图 6.6 给出一个分割示例。

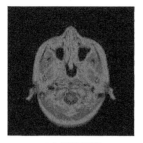

(a) 原始图像   (b) 基于均值的相对熵度量

图 6.6 $\overline{\mathrm{CR}}(t)$ 的分割结果

6.2 非对称共生矩阵阈值法

6.2.1 非对称共生矩阵

在 6.1 节介绍的共生矩阵中，如果只取 $\theta = 0°$(像素当前水平方向向右的像素) 和 $\theta = \dfrac{3}{2}\pi$(像素当前垂直方向向下的像素) 两个方向，则可构成一个不对称的共生矩阵 $T = (t_{ij})_{L \times L}$。具体如下：

$$t_{ij} = \sum_{x=0}^{M-1} \sum_{y=0}^{N-1} \delta(x, y) \tag{6.43}$$

式中，

$$\text{如果 } f(x, y) = i, f(x, y+1) = j \text{ 且/或 } f(x, y) = i, f(x+1, y) = j,$$
$$\text{则}\delta(x, y) = 1, \text{ 否则}\delta(x, y) = 0 \tag{6.44}$$

非对称共生矩阵的构造还有其他一些途径，如文献 [22] 采用 Hilbert 空间填充曲线构造一种特殊的共生矩阵。文献 [23] 也采用邻域平均的方式选定共生矩阵。各种不同方式定义出的共生矩阵是有差异的。在实际应用中，选用哪种形式的表述是与研究对象密切相关的。

使 $T = (t_{ij})_{L \times L}$ 成为对称矩阵的一种方法是考虑当前像素水平方向的左右像素和垂直方向的上下像素。Pal 等 [15,24-26] 指出，使用水平方向左边和垂直方向上面灰度的变化不会提供更多的信息或重要的改进，因此只考虑相邻像素就足够了，以便减少计算量。

将共生矩阵 $T = (t_{ij})_{L \times L}$ 的元素标准化，可以得到从灰度级 i 到 j 变化的概率：

$$p_{ij} = \frac{t_{ij}}{\displaystyle\sum_{i=0}^{L-1} \sum_{j=0}^{L-1} t_{ij}} \tag{6.45}$$

　　设阈值 $t \in G$ 将图像 X 分成目标和背景两个部分，则 t 将矩阵 T 分成四个象限，如图 6.7 所示。

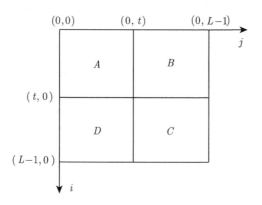

图 6.7　共生矩阵 T 的象限

　　假设灰度值大于 t 的像素属于目标，灰度值小于或等于 t 的像素属于背景，那么象限 A 和 C 分别对应目标和背景内的局部变化，而象限 B 和 D 则表示背景与目标边界内的变化。每一个象限设计的概率如下：

$$P_A(t) = \sum_{i=0}^{t} \sum_{j=0}^{t} p_{ij} \tag{6.46}$$

$$P_B(t) = \sum_{i=0}^{t} \sum_{j=t-1}^{L-1} p_{ij} \tag{6.47}$$

$$P_C(t) = \sum_{i=t+1}^{L-1} \sum_{j=t+1}^{L-1} p_{ij} \tag{6.48}$$

$$P_D(t) = \sum_{i=t+1}^{L-1} \sum_{j=0}^{t} p_{ij} \tag{6.49}$$

　　每一个象限的概率可进一步由"细胞概率"(cell probabilities) 来定义，并通过标准化后得到如下表达式：

$$p_{ij}^{A} = \frac{p_{ij}}{P_A} = \frac{p_{ij}}{\displaystyle\sum_{i=0}^{t} \sum_{j=0}^{t} p_{ij}}, \quad 0 \leqslant i \leqslant t, 0 \leqslant j \leqslant t \tag{6.50}$$

$$p_{ij}^{B} = \frac{p_{ij}}{P_B} = \frac{p_{ij}}{\displaystyle\sum_{i=0}^{t} \sum_{j=t+1}^{L-1} p_{ij}}, \quad 0 \leqslant i \leqslant t, t+1 \leqslant j \leqslant L-1 \tag{6.51}$$

$$p_{ij}^C = \frac{p_{ij}}{P_C} = \frac{p_{ij}}{\displaystyle\sum_{i=t+1}^{L-1}\sum_{j=t+1}^{L-1} p_{ij}}, \quad t+1 \leqslant i \leqslant L-1, t+1 \leqslant j \leqslant L-1 \tag{6.52}$$

$$p_{ij}^D = \frac{p_{ij}}{P_D} = \frac{p_{ij}}{\displaystyle\sum_{i=t+1}^{L-1}\sum_{j=0}^{t} p_{ij}}, \quad t+1 \leqslant i \leqslant L-1, 0 \leqslant j \leqslant t \tag{6.53}$$

6.2.2 最大熵阈值法

1. 最大熵阈值法

按照熵表达式的含义和共生矩阵 T 的定义，可以模仿第 4 章 Kapur 等提出的最大熵方式，要求 A 和 C 内部尽可能均匀或 B 和 D 内部尽可能均匀。由此可定义三个分割标准 [24−26]，分别称为局部熵、连接熵、整体熵。

$$
\begin{aligned}
H_{\mathrm{local}}(t) &= H_A(t) + H_C(t) \\
&= -\sum_{i=0}^{t}\sum_{j=0}^{t} p_{ij}^A \ln p_{ij}^A - \sum_{i=t+1}^{L-1}\sum_{j=t+1}^{L-1} p_{ij}^C \ln p_{ij}^C
\end{aligned} \tag{6.54}
$$

$$
\begin{aligned}
H_{\mathrm{joint}}(t) &= H_B(t) + H_D(t) \\
&= -\sum_{i=0}^{t}\sum_{j=t+1}^{L-1} p_{ij}^B \ln p_{ij}^B - \sum_{i=t+1}^{L-1}\sum_{j=0}^{t} p_{ij}^D \ln p_{ij}^D
\end{aligned} \tag{6.55}
$$

$$H_{\mathrm{whole}}(t) = H_{\mathrm{local}}(t) + H_{\mathrm{joint}}(t) \tag{6.56}$$

$H_A(t)$ 和 $H_C(t)$ 是背景和目标的局部熵，$H_B(t)$ 和 $H_D(t)$ 则是从背景到目标、目标到背景传递的边缘信息的熵。最佳阈值 t^* 选为

$$t^* = \arg \max_{0<t<L-1} H_{\mathrm{local}}(t) \tag{6.57}$$

或

$$t^* = \arg \max_{0<t<L-1} H_{\mathrm{joint}}(t) \tag{6.58}$$

或

$$t^* = \arg \max_{0<t<L-1} H_{\mathrm{whole}}(t) \tag{6.59}$$

图 6.8 给出一个分割示例。

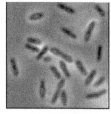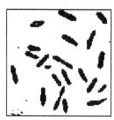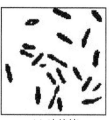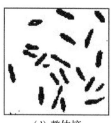

(a) 原始图像 (b) 局部熵 (c) 连接熵 (d) 整体熵

图 6.8 细菌图像的分割结果

2. 最大条件熵阈值法

对于共生矩阵 T 的四个象限 (图 6.7)，B 和 D 反映的是目标到背景、背景到目标的图像中的边缘信息的变化。由于

$$q_{ij} = \begin{cases} \dfrac{t_{ij}}{\displaystyle\sum_{i=0}^{t}\sum_{j=t+1}^{L-1} t_{ij}}, & 0 \leqslant i \leqslant t, t+1 \leqslant j \leqslant L-1 \\[4mm] \dfrac{t_{ij}}{\displaystyle\sum_{i=t+1}^{L-1}\sum_{j=0}^{t} t_{ij}}, & t+1 \leqslant i \leqslant L-1, 0 \leqslant j \leqslant t \end{cases} \tag{6.60}$$

背景中灰度为 $j(t+1 \leqslant j \leqslant L-1)$ 的条件下，目标灰度为 $i(0 \leqslant i \leqslant t)$ 的条件概率为

$$p_B(i|j) = \frac{q_{ij}}{\displaystyle\sum_{i=0}^{t} q_{ij}}, \quad 0 \leqslant i \leqslant t, t+1 \leqslant j \leqslant L-1 \tag{6.61}$$

目标中灰度为 $j(0 \leqslant j \leqslant t)$ 的前提下，背景灰度为 $i(t+1 \leqslant i \leqslant L-1)$ 的条件概率为

$$p_D(i|j) = \frac{q_{ij}}{\displaystyle\sum_{i=t+1}^{L-1} q_{ij}}, \quad t+1 \leqslant i \leqslant L-1, 0 \leqslant j \leqslant t \tag{6.62}$$

于是给定背景下目标的条件熵

$$H(\text{目标}/\text{背景}) = -\sum_{i=0}^{t}\sum_{j=t+1}^{L-1} P_B(i|j) \ln P_B(i|j) \tag{6.63}$$

给定目标下背景的条件熵

$$H(\text{背景}/\text{目标}) = -\sum_{i=t+1}^{L-1}\sum_{j=0}^{t} P_D(i|j) \ln P_D(i|j) \tag{6.64}$$

于是 "目标–背景" 之间的条件熵定义为 [25]

$$H_{\text{cont}}(t) = H(目标/背景) + H(背景/目标) \tag{6.65}$$

最优阈值选在

$$t^* = \arg \max_{0 < t < L-1} H_{\text{cont}}(t) \tag{6.66}$$

图 6.9 给出一个示例。

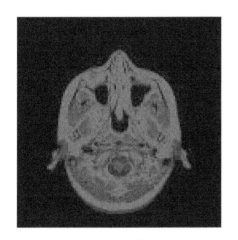 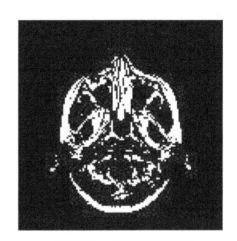

(a) 原始图像   (b) 基于最大条件熵的图像分割

图 6.9 医学图像的分割结果

6.3 均匀概率阈值法

6.1 节和 6.2 节分别基于对称共生矩阵和非对称共生矩阵介绍了相关阈值选取准则。本节从另一个角度叙述阈值选取准则。在这里，仅关注划分区域的概率均匀性。

6.3.1 基于相对熵的阈值法

对数字图像 X，设 t 是所选择的阈值，对所有灰度属于 $G_1 = \{0, 1, \cdots, t\}$ 的像素的灰度值赋为 0，所有灰度属于 $G_2 = \{t+1, \cdots, L-1\}$ 的像素的灰度值赋为 $L-1$，得到一个二值图像 $\overline{X}$。对于 G_1 内的灰度按等概率处理，G_2 内的灰度也按等概率处理，于是 $\overline{X}$ 中的变化概率 p'_{ij} 定义如下：

$$p'^{(A)}_{ij} = q_A(t) = \frac{P_A(t)}{(t+1) \times (t+1)}, \quad 0 \leqslant i \leqslant t, 0 \leqslant j \leqslant t \tag{6.67}$$

$$p'^{(B)}_{ij} = q_B(t) = \frac{P_B(t)}{(t+1)\times(L-t-1)}, \quad 0 \leqslant i \leqslant t, t+1 \leqslant j \leqslant L-1 \tag{6.68}$$

$$p'^{(C)}_{ij} = q_C(t) = \frac{P_C(t)}{(L-t-1)\times(L-t-1)}, \quad t+1 \leqslant i \leqslant L-1, t+1 \leqslant j \leqslant L-1 \tag{6.69}$$

$$p'^{(D)}_{ij} = q_D(t) = \frac{P_D(t)}{(L-t-1)\times(t+1)}, \quad t+1 \leqslant i \leqslant L-1, 0 \leqslant j \leqslant t \tag{6.70}$$

这里

$$P_A(t) = \sum_{i=0}^{t}\sum_{j=0}^{t} p_{ij}, \quad P_B(t) = \sum_{i=0}^{t}\sum_{j=t+1}^{L-1} p_{ij},$$

$$P_C(t) = \sum_{i=t+1}^{L-1}\sum_{j=t+1}^{L-1} p_{ij}, \quad P_D(t) = \sum_{i=t+1}^{L-1}\sum_{j=0}^{t} p_{ij}$$

如图 6.10 所示, 含有空间信息的共生矩阵定义的变化概率分布反映了组内的均匀性 (象限 A 和 C) 及跨越边界的变化 (象限 D 和 B)。要求原图像与二值化图像的最佳匹配可以通过相对熵来获得, 有

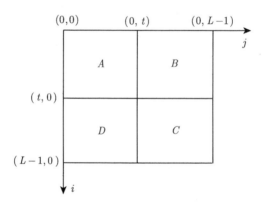

图 6.10　像元划分区域

$$L(p;p') = \sum_{i=0}^{L-1}\sum_{j=0}^{L-1} p_{ij}\ln\frac{p_{ij}}{p'_{ij}} = \sum_{i=0}^{L-1}\sum_{j=0}^{L-1} p_{ij}\ln p_{ij} - \sum_{i=0}^{L-1}\sum_{j=0}^{L-1} p_{ij}\ln p'_{ij} \tag{6.71}$$

式 (6.71) 中第一项为常数, 第二项经整理后为

$$L_{\text{total}}(p;p') = \sum_{i=0}^{L-1}\sum_{j=0}^{L-1} p_{ij}\ln p'_{ij}$$

$$=P_A(t)\ln q_A(t) + P_B(t)\ln q_B(t) + P_C(t)\ln q_C(t) + P_D(t)\ln q_D(t) \quad (6.72)$$

式 (6.72) 称为整体相对熵 [27]。此外，Lee 等 [22] 还给出了考虑局部信息的相对熵表达式，若只考虑区域内部的均匀性，得到局部相对熵 (这里注意，不是严格意义上的相对熵，因累加和不为常数)：

$$L_{\mathrm{local}}(t) = P_A(t)\ln q_A(t) + P_C(t)\ln q_C(t) \quad (6.73)$$

若只考虑跨越边界的变化，得到连接相对熵：

$$L_{\mathrm{joint}}(t) = P_B(t)\ln q_B(t) + P_D(t)\ln q_D(t) \quad (6.74)$$

在 Lee 等的实验中采用了使用 Hilbert 曲线构造的共生矩阵，他们指出如此构造的共生矩阵能够借助 Hilbert 曲线的局部性优点，忽略每个像元的细节，使得目标 (背景) 的信息能够被更有效地检出。

应该指出的是，在定义 p'_{ij} 时，对 $p_{ij}=0$ 的位置也赋予了非零值，这在很多场合是不合理的。一个更为合理的选择方式是 p'_{ij} 只考虑 $p_{ij}\neq 0$ 位置上的信息。具体过程为 [27]：规定

$$q_A(t) = \frac{P_A(t)}{\displaystyle\sum_{i=0}^{t}\sum_{j=0}^{t} s_{ij}} \quad (6.75)$$

$$q_B(t) = \frac{P_B(t)}{\displaystyle\sum_{i=0}^{t}\sum_{j=t+1}^{L-1} s_{ij}} \quad (6.76)$$

$$q_C(t) = \frac{P_C(t)}{\displaystyle\sum_{i=t+1}^{L-1}\sum_{j=t+1}^{L-1} s_{ij}} \quad (6.77)$$

$$q_D(t) = \frac{P_D(t)}{\displaystyle\sum_{i=t+1}^{L-1}\sum_{j=0}^{t} s_{ij}} \quad (6.78)$$

此处

$$s_{ij} = \begin{cases} 1, & p_{ij}\neq 0 \\ 0, & p_{ij}=0 \end{cases} \quad (6.79)$$

如果将上述的相对熵阈值改为广义相对熵，还可给出更一般的表述，有关细节可参考文献 [28]。图 6.11 给出了一个示例。

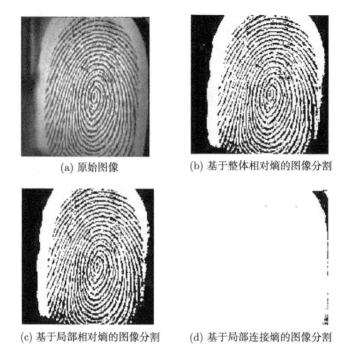

(a) 原始图像　　　　　　　(b) 基于整体相对熵的图像分割

(c) 基于局部相对熵的图像分割　　　(d) 基于局部连接熵的图像分割

图 6.11　指纹图像的分割结果

6.3.2　最小平方距离的阈值法

6.3.1 小节介绍了相对熵阈值方法，用相对熵描述原图像和二值化图像的偏差。本小节从欧几里得距离角度来描述原图像和二值化图像的偏差，所得公式比相对熵法更简洁。

定义

$$
\begin{aligned}
F^*(p;p') &= \sum_{i=0}^{L-1}\sum_{j=0}^{L-1}(p_{ij}-p'_{ij})^2 \\
&= \sum_{i=0}^{t}\sum_{j=0}^{t}(p_{ij}-q_A(t))^2 + \sum_{i=0}^{t}\sum_{j=t+1}^{L-1}(p_{ij}-q_B(t))^2 \\
&\quad + \sum_{i=t+1}^{L-1}\sum_{j=0}^{t}(p_{ij}-q_D(t))^2 + \sum_{i=t+1}^{L-1}\sum_{j=t+1}^{L-1}(p_{ij}-q_C(t))^2 \\
&= \sum_{i=0}^{L-1}\sum_{j=0}^{L-1}p_{ij}^2 - \frac{P_A^2}{(t+1)^2} - \frac{P_B^2}{(t+1)\times(L-t-1)} \\
&\quad - \frac{P_D^2}{(t+1)\times(L-t-1)} - \frac{P_C^2}{(L-t-1)^2}
\end{aligned}
$$

$$\tag{6.80}$$

上式第一项为常数，记

$$F_{\text{total}}(p; p') = \frac{P_A^2}{(t+1)^2} + \frac{P_B^2}{(t+1) \times (L-t-1)} + \frac{P_D^2}{(t+1) \times (L-t-1)} + \frac{P_C^2}{(L-t-1)^2} \tag{6.81}$$

上述公式的另一种解释是"向量相关系数"。原图像的共生矩阵 $(p_{ij})_{L \times L}$ 可构成一个维数为 L^2 的向量。阈值图像的共生矩阵 $(p'_{ij})_{L \times L}$ 也可构成一个维数为 L^2 的向量。计算这个向量的相关系数：

$$
\begin{aligned}
r(t) &= \frac{\displaystyle\sum_{i=0}^{L-1}\sum_{j=0}^{L-1} p_{ij} p'_{ij}}{\sqrt{\displaystyle\sum_{i=0}^{L-1}\sum_{j=0}^{L-1} p_{ij}^2} \cdot \sqrt{\displaystyle\sum_{i=0}^{L-1}\sum_{j=0}^{L-1} (p'_{ij})^2}} \\
&= \left[\sum_{i=0}^{t}\sum_{j=0}^{t} \frac{p_{ij} P_A(t)}{(t+1)(t+1)} + \sum_{i=t+1}^{L-1}\sum_{j=t+1}^{L-1} \frac{p_{ij} P_C(t)}{(L-t-1)(L-t-1)} \right. \\
&\quad \left. + \sum_{i=0}^{t}\sum_{j=t+1}^{L-1} \frac{p_{ij} P_B(t)}{(t+1)(L-t-1)} + \sum_{i=t+1}^{L-1}\sum_{j=0}^{t} \frac{p_{ij} P_D(t)}{(L-t-1)(t+1)} \right] \Big/ \\
&\quad \left[\sqrt{\sum_{i=0}^{L-1}\sum_{j=0}^{L-1} p_{ij}^2} \sqrt{\frac{P_A^2(t)}{(t+1)^2} + \frac{P_C^2(t)}{(L-t-1)^2} + \frac{P_B^2(t)}{(t+1)(L-t-1)} + \frac{P_D^2(t)}{(t+1)(L-t-1)}} \right] \\
&= \frac{\sqrt{\dfrac{P_A^2(t)}{(t+1)^2} + \dfrac{P_C^2(t)}{(L-t-1)^2} + \dfrac{P_B^2(t)}{(t+1)(L-t-1)} + \dfrac{P_D^2(t)}{(t+1)(L-t-1)}}}{\sqrt{\displaystyle\sum_{i=0}^{L-1}\sum_{j=0}^{L-1} p_{ij}^2}} \tag{6.82}
\end{aligned}
$$

由于 $\sqrt{\displaystyle\sum_{i=0}^{L-1}\sum_{j=0}^{L-1} p_{ij}^2}$ 也是常数，因此最大化 $r(t)$ 等价于最大化 $F^*(p; p')$。

类似于最小相对熵阈值法，可以给出以下三种分割方法。

局部距离度量：

$$F_{\text{local}}(p; p') = \frac{P_A^2}{(t+1)^2} + \frac{P_C^2}{(L-t-1)^2} \tag{6.83}$$

连接距离度量：

$$F_{\text{joint}}(p; p') = \frac{P_B^2}{(t+1) \times (L-t-1)} + \frac{P_D^2}{(t+1) \times (L-t-1)} \tag{6.84}$$

整体距离度量：

$$F_{\text{total}}(p;p') = \frac{P_A^2}{(t+1)^2} + \frac{P_B^2}{(t+1)\times(L-t-1)} + \frac{P_D^2}{(t+1)\times(L-t-1)} + \frac{P_C^2}{(L-t-1)^2} \tag{6.85}$$

图 6.12 给出了一个示例。

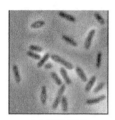

(a) 原始图像

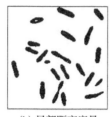
(b) 局部距离度量

(c) 连接距离度量

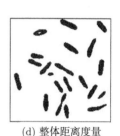
(d) 整体距离度量

图 6.12   细菌图像的分割结果

6.4   最小空间熵阈值法

第 4 章介绍的最大熵方法假定了图像内部的像元是相互独立的，忽略了图像中的空间成分。尽管这样做比较方便，但与直觉不符。对于数字图像，明显的具有合理性的认识是每一个像元或多或少地与其邻域像元有关，相关的程度是与图像本身密切联系的。

给出样本之间内在关系的先验信息 $m_i = (1, 2, \cdots, n)$，Jaynes[29] 和 Skilling[30] 指出熵是一个相对度量：$H = -\sum\limits_{i=1}^{n} p_i \ln \dfrac{p_i}{m_i}$。当缺乏这种先验信息时，Journal 等[31] 提出了一个考虑到像元之间内在相关的相对空间熵。

考虑一个随机变量 $x(\vec{k})$，$x(\vec{k})$ 有若干输出值，每一输出值的概率为 p_g，$g = 0, 1, \cdots, n-1$，使得 $\sum\limits_{g=0}^{n-1} p_g = 1$。$x(\vec{k})$ 可看成是图像 X 中每一个像元 $\vec{k} = (i, j)$ 的灰度，p_g 是灰度概率。这时熵表达式为

$$H = -\sum_{g=1}^{n} p_g \ln p_g \geqslant 0$$

上述表达式没有考虑到 $x(\vec{k})$ 的样本间的内在关系。Journal 等[31] 提出了一个二元变量熵，其值与 $x(\vec{k})$ 和 $x(\vec{k}+\lambda)$ 之间的空间距离或滞后 $\ln \lambda$ 有关。二元概率定义为

$$p_{gg'} = p_r\{x(\vec{k}) \in g, x(\vec{k}+\lambda) \in g'\}, \quad g, g' = 0, 1, \cdots, n-1 \tag{6.86}$$

由于随机变量可以看成是图像, $p_{gg'}$ 表示出现灰度 g 之后距离 λ 出现灰度 g' 的概率。因此二元熵为

$$H(\lambda) = -\sum_{g=0}^{n-1}\sum_{g'=0}^{n-1} p_{gg'}(\lambda)\ln p_{gg'}(\lambda) \geqslant 0 \tag{6.87}$$

当 $\lambda = 0$ 时，有 $\forall g \neq g'$，$p_{gg'}(0) = 0$，且 $p_{gg}(0) = p_g$，得到灰度直方图的香农熵，即 $H(0) = -\sum_{g=0}^{n-1} p_g \ln p_g$。

当 $\lambda = \infty$ 时，认为 $x(\vec{k})$ 和 $x(\vec{k}+\infty)$ 是相互独立的，于是 $p_{gg'}(\infty) = p_g p'_g$。如果假设概率分布 p_g 是平稳的，即与位置 $\vec{k}$ 无关，使得若 $g \neq g'$，则对任一 $\ln\lambda$，$p_g = p'_g$。二元熵有一个上界 $H(\infty)$：$H(\infty) = -\sum_{g=0}^{n-1}\sum_{g'=0}^{n-1} p_g p'_g(\ln p_g + \ln p'_g) = 2H(0)$。

假定概率密度函数 $p_{gg'}$ 是非周期的，$p_{gg'}(\lambda)$ 随 $|\lambda|$ 增加而连续递减，那么 $H(\lambda)$ 是 $[H(0), 2H(0)]$ 上的递增函数。于是二元熵的相对度量为

$$H_R(\lambda) = \frac{H(\lambda) - H(0)}{H(0)} \in [0,1] \tag{6.88}$$

图像熵被定义成 $H_R(\lambda)$ 的平均值。一般地，坐标 $\vec{k}$ 和滞后 $\ln\lambda$ 是向量，组成了多维空间坐标。

对于数字图像，$p_{gg'}$ 是像元和由 $\ln\lambda$ 定义的邻域中灰度共生概率。计算图像空间熵需要对每一个可能的滞后计算 $n \times n$ 的共生矩阵，因此运算量很大。

对于具有 L 个灰度级的数字图像，如果考虑到负的滞后，则共有 $2L$ 个共生矩阵需要给出，这是一个任务量很大的工作。对于数字图像的分割，还需 $L-1$ 次阈值计算，因此实际应用是有困难的。

为了简化问题，一个明显合理的处理方式是将图像看成是 Markov 随机场 [32]，每一个像元仅与其邻域内像元 (如 3×3，5×5) 有关，这样 λ 的取值限定在这个邻域。注意到 $\lambda = (\lambda_i, \lambda_j)$，对于 3×3 邻域，$-1 \leqslant \lambda_i \leqslant 1$ 且 $-1 \leqslant \lambda_j \leqslant 1$。为了方便，下面仅考虑 3×3 邻域 N_3。

注意到概率分布函数 p_g 被认为是平稳的，这意味着图像是"环绕"(wrap-around) 的：图像被假定为周期的，在每一维上无限重复。如果没有这个假设，空间熵没有必要限定在区间 [0,1] 上。

对于每一个阈值 t，二元共生矩阵由下式获得：

$$p_{gg'}(\lambda) = \{p_{00}(\lambda), p_{01}(\lambda), p_{10}(\lambda), p_{11}(\lambda)\}, \quad \lambda = (\lambda_i, \lambda_j), \quad \lambda_i, \lambda_j = -1, 0, 1 \tag{6.89}$$

由此可计算：

$$H(t,\lambda) = -\sum_{g=0}^{1}\sum_{g'=0}^{1} p_{gg'}(\lambda)\ln p_{gg'}(\lambda) \tag{6.90}$$

$$H_R(t,\lambda) = \frac{H(t,\lambda) - H(t,0)}{H(t,0)} \tag{6.91}$$

以及平均值：

$$\bar{H}_R(t) = \frac{1}{9}\sum_{\lambda \in N_3} H_R(t,\lambda) \tag{6.92}$$

$\bar{H}_R(t)$ 的计算使用了负、正滞后进行加权，为了减少计算量。注意到 $H(\lambda) = H(-\lambda)$（即 $p_{gg'}(\lambda) = p_{gg'}(-\lambda)$），可以采用有偏差的加权，即仅使用由 (i,j)、$(i+1,j)$、$(i-1,j+1)$、$(i,j+1)$、$(i+1,j+1)$ 组成的 N_3'，这时

$$\bar{H}_R(t) = \frac{1}{5}\sum_{\lambda \in N_3'} H_R(t,\lambda) \tag{6.93}$$

最佳阈值 t^* 取为

$$t^* = \arg\min_{0<t<L-1} \bar{H}_R(t) \tag{6.94}$$

上述处理方式的特点是直接在分割图像上进行，不像已有的阈值分割方法考虑原图像的灰度排列。取空间熵最小是基于属于同一类像元的混乱程度最小。文献 [33] 给出了比较实验，说明本节方法是有效的。

参 考 文 献

[1] HARALINK R M, SHANMUGAM K, DINSTEIN I. Texture feature for image classification[J]. IEEE Transactions on Systems, Man, and Cybernetics, 1973, 3(6): 610-621.

[2] AHUJA N, ROSENFELD A. A note on the use of second-order graylevel statistics for threshold selection[J]. IEEE Transactions on Systems, Man, and Cybernetics, 1978, 8(12): 859-898.

[3] WESRKA J S, ROSENFELD A. Threshold evaluation technique[J]. IEEE Transactions on Systems, Man, and Cybernetics, 1978, 8(8): 622- 629.

[4] 洪继光. 灰度–梯度共生矩阵纹理分析方法 [J]. 自动化学报, 1984, 10(1): 22-25.

[5] 张弘, 范九伦. 基于灰度–梯度共生矩阵模型的加权条件熵阈值法 [J]. 计算机工程与应用, 2010, 46(6): 10-13.

[6] 周德龙, 申石磊, 蒲小勃, 等. 基于灰度–梯度共生矩阵模型的最大熵阈值处理算法 [J]. 小型微型计算机系统, 2002, 23(2): 136-138.

[7] 刘洋, 李玉山. 基于 2D 时空熵门限的运动目标检测 [J]. 电子与信息学报, 2005, 27(1): 39-42.

[8] HADDON J F, BOYCE J F. Image segmentation by unifying region and boundary information[J]. IEEE Transactions on Pattern Analysis and Machine Intelligence, 1990, 12(10): 929-948.

[9] MOKJI M M, ABU BAKAR S A R. Adaptive thresholding based on co-occurrence matrix edge information[J]. Journal of Computers, 2007, 2(8): 44-52.

[10] TSENG D C, SHIEH W S. Plume extraction using entropy thresholding and region growing[J]. Pattern Recognition, 1993, 26(5): 805-817.

[11] PARE S, BHANDARI A K, KUMAR A, et al. An optimal color image multilevel thresholding technique using grey-level co-occurrence matrix[J]. Expert Systems with Applications, 2017, 87: 335-362.

[12] DERAVI F, PAL S K. Graylevel thresholding using second-order statistics[J]. Pattern Recognition Letters, 1983, 1(5/6): 417-422.

[13] CHANDA B, MAJUMDER D D. A note on the use of the graylevel co-occurrence matrix in threshold selection[J]. Signal Processing, 1988, 15(2): 149-167.

[14] CHANDA B, CHAUDHURI B B, MAJUMDER D D. On image enhancement and threshold selection using the graylevel co-occurrence matrix[J]. Pattern Recognition Letters, 1985, 3(4): 243-251.

[15] PAL S K, PAL N R. Segmentation using contrast and homogeneity measure[J]. Pattern Recognition Letters, 1987, 5(4): 293-304.

[16] PAL S K, PAL N R. Segmentation based on measures of contrast, homogeneity and region size[J]. IEEE Transactions on Systems, Man, and Cybernetics, 1987,17(5): 857-867.

[17] 任静, 范九伦. 对称共生矩阵阈值法的比较研究 [J]. 西安邮电学院学报, 2011, 16(1): 1-5.

[18] 范九伦, 任静. 基于平方距离的对称共生矩阵阈值法 [J]. 电子学报, 2011, 10(39): 2277-2281.

[19] CORNELOUP G, MOYSAN J, MAGNIN I E. BSCAN image segmentation by thresholding using co-occurrence matrix analysis[J]. Pattern Recognition, 1996, 29(2): 281-296.

[20] 张弘, 范九伦. 基于中值的平方距离对称共生矩阵阈值化方法 [J]. 光子学报, 2014, 6(43): 610001-610009.

[21] FAN J L, ZHANG H. A unique relative entropy-based symmetrical co-occurrence matrix thresholding with statistical spatial information[J]. Chinese Journal of Electronics, 2015, 24(3): 622-626.

[22] LEE S H, HONG S J, TSAI H R. Entropy thresholding and its parallel algorithm on the reconfigurable array of processors with wider bus networks[J]. IEEE Transactions on Image Processing, 1999, 8(9): 1299-1242.

[23] KIRBY R L, ROSENFELD A. A note on use of (gray level, local average gray level) space as an aid in threshold selection[J]. IEEE Transactions on Systems, Man, and Cybernetics, 1979, 12(9): 860-868.

[24] PAL N R, PAL S K. Entropy thresholding[J]. Signal Process,1989, 16(2): 97-108.

[25] PAL N R, PAL S K. Object-background segmentation using new definitions of entropy[J]. IEEE Proceedings Part E Computers and Digital Techniques, 1989, 136(4): 284-295.

[26] PAL N R, PAL S K. Entropy: a new definition and its applications[J]. IEEE Transactions on Systems, Man, and Cybernetics, 1991, 21(5): 1260-1270.

[27] CHANG C I, CHEN K, Wang J, et al. A relative entropy-based approach to image thresholding[J]. Pattern Recognition, 1994, 27(9): 1275-1289.

[28] RAMAC L C, VARSHNEY P K. Image thresholding based on ali-silvey distance measures[J]. Pattern Recognition, 1997, 30(7): 1161-1174.

[29] JAYNES E T. Prior probabilities[J]. IEEE Transactions on Systems Science and Cybernetics, 1968, 4(3): 227-241.

[30] SKILLING J. Theory of Maximum Entropy Image Reconstraction[M]. Cambridge: Cambridge University Press, 1986.

[31] JOURNAL A G, DEUTSCH C V. Entropy and spatial disorder[J]. Mathematical Geology, 1993, 25(3): 329-355.

[32] GEMAN S, GEMAN D. Stochastic relaxation, Gibbs distributions, and the Bayesian restoration of image[J]. IEEE Transactions on Pattern Analysis and Machine Intelligence, 1984, 6(6): 721-741.

[33] BRINK A D. Minimum spatial entropy threshold selection[J]. IEEE Proc-Vis. Image Signal Process, 1995, 142(3): 128-132.

第7章　其他阈值法

前面几章介绍的基于灰度直方图的阈值分割法，均有坚实的理论背景。除此之外，还有很多的阈值分割方法不能被已介绍的方式所包含。作为前几章的一个补充，本章叙述一些与之相关的阈值分割方法。

给定阈值 t，用 $E_1(t)$ 表示阈值化一个目标的错误率 (即将目标分成背景的概率)，在目标检测中，这属于漏检，称为型 I 错误；用 $E_2(t)$ 表示阈值化一个背景的错误率 (即将背景分成目标的概率)，在目标检测中，这属于虚警，称为型 II 错误。假设目标在整个图像的比值 $\alpha(t)$，那么阈值化一个图像的整个错误率 $E(t)$ 为 [1]：$E(t) = \alpha(t)E_1(t) + (1 - \alpha(t))E_2(t)$。于是，由整个错误率 $E(t)$ 获得的最小错误率准则为 [2]：$t_{\min} = \arg \min\limits_{0 < t < L-1} E(t)$。根据型 I 错误率 $E_1(t)$ 和型 II 错误率 $E_2(t)$ 获得的一致错误率准则为 [3]：$t_{\text{unfe}} = \arg \min\limits_{0 < t < L-1} |E_1(t) - E_2(t)|$。基于这两个准则，7.1 节和 7.2 节分别介绍两个阈值选取方法。

7.1　P–分位数法

P–分位数法 (也称为 P-tile 法) 是由 Doyle[4] 提出的阈值分割方法，其基本思想是通过使目标和背景误判的概率最小作为阈值选取准则。它假设在亮 (灰度级高) 背景中存在一个暗 (灰度级低) 的目标，且已知目标在整幅图像中所占面积的比值。

假设目标服从均值为 μ_0、方差为 σ_0^2 的正态分布 $q_0(x)$，即

$$q_0(x) = \frac{1}{\sqrt{2\pi\sigma_0^2}} e^{-\frac{(x-\mu_0)^2}{2\sigma_0^2}} \tag{7.1}$$

背景服从均值为 μ_1，方差为 σ_1^2 的正态分布 $q_1(x)$，即

$$q_1(x) = \frac{1}{\sqrt{2\pi\sigma_1^2}} e^{-\frac{(x-\mu_1)^2}{2\sigma_1^2}} \tag{7.2}$$

设目标占整幅图像的面积比为 α，则整幅图像的灰度分布由下式决定：

$$q(x) = \alpha q_0(x) + (1-\alpha)q_1(x) \tag{7.3}$$

用阈值 t 分割图像时, 将背景误判为目标的概率为 $\int_{-\infty}^{t} q_1(x)\mathrm{d}x$, 将目标误判为背景的概率为 $\int_{t}^{+\infty} q_0(x)\mathrm{d}x$。于是整体误判概率 (即整个错误率) 为

$$p_{\mathrm{eer}}(t) = \alpha \int_{t}^{+\infty} q_0(x)\mathrm{d}x + (1-\alpha) \int_{-\infty}^{t} q_1(x)\mathrm{d}x \tag{7.4}$$

式 (7.4) 的求解需要知道统计参数值 $\mu_0, \mu_1, \sigma_0^2, \sigma_1^2$ 以及 α。P-tile 法给出了求解该问题的一个简单而有效的方法, 即只需事先知道 α 即可求得阈值 t。由式 (7.3) 可得

$$\alpha = \int_{-\infty}^{t} [\alpha q_0(x) + (1-\alpha)q_1(x)]\mathrm{d}x \tag{7.5}$$

因此可通过下面的过程求出 t。

对于灰度直方图 $\{h(g)\}_{g=0}^{L-1}$, 计算相应的累积直方图, 直到该累积值和目标所占面积相等, 此时的灰度值即所求的阈值 t。

P-tile 法计算简单, 能有效分割的目标范围 (大小) 宽, 抗噪声性能也较好, P-tile 法除了利用图像的统计特性外, 还利用了目标在图像中的比例信息, 其明显的不足之处是要预先给定目标与整幅图像的面积比, 限制了该方法的实际应用。

如何自适应地确定 α 值是一个值得研究的问题。文献 [5] 给出了一种确定 α 的优化搜寻过程, 其中采用了遗传算法, 适应度函数 $f(t)$ 的设计基于最大类间方差法, 通过对 $\sigma_B^2(t) = P_0(t)P_1(t)(\mu_0(t) - \mu_1(t))^2$ 进行修改来定义适应度函数 $f(t)$。

以对比度取代 $\sigma_B^2(t)$ 中的绝对亮度差 $\mu_1(t) - \mu_0(t)$, 并考虑到人的视觉非线性原理, 适应度函数定义为

$$f(t) = P_0(t)P_1(t) \left[\frac{\mu_1(t) - \mu_0(t)}{B[\mu_1(t)]} \right]^2 \tag{7.6}$$

式中, $B[\mu_1(t)] = \begin{cases} \alpha_1 \sqrt{\mu_1(t)}, & \mu_1(t) < \mu \\ \alpha_2 \sqrt{\mu_1(t)}, & \mu_1(t) \geqslant \mu \end{cases}$, μ 为 Deveries-Rose 区和 Web 区的分界值, α_1, α_2 为适当的常数, 在文献 [5] 的实验中取 $\alpha_1=1$, $\alpha_2=0.1$, $\mu=100$。

7.2　一致误差阈值法

与式 (7.4) 选择阈值的思路不同, 一致误差阈值法提出的出发点是基于一致错误率准则, 阈值选在使两类的误分概率 (即型 I 错误率和型 II 错误率) 相等的灰度值处。由于一致误差阈值法没有假设灰度直方图的分布, 使得该方法在很多时候更加有效。

对于给定的图像, 假设在暗 (灰度级低) 的背景中存在一个亮 (灰度级高) 的目标, 用 $o(g)$ 表示目标像元的灰度概率分布, $b(g)$ 表示背景像元的灰度概率分布, β 表示背景在整个图像所占区域的比值, 那么目标在整个图像所占区域的比值为 $1 - \beta$。

用阈值 t 分割图像时, 背景被误分为目标的概率为 $1 - B(t) = \displaystyle\int_{t}^{+\infty} b(g)\mathrm{d}g$, 同样的, 目标被误分为背景的概率为 $O(t) = \displaystyle\int_{-\infty}^{t} o(g)\mathrm{d}g$。基于一致错误率准则选择阈值 t 的方程式为

$$O(t) = 1 - B(t) \tag{7.7}$$

上述方程的解通过对图像的局部分析来估计整个误分概率。为此, 需要定义一些符号。对于给定的阈值 t, 背景区域的估计值为 $\beta(t)$, 目标区域的估计值为 $1 - \beta(t)$。用 $p(t)$ 表示背景部分中像元是 "白色" 的比值, $q(t)$ 表示目标部分中像元是 "白色" 的比值, 那么 $1 - p(t)$ 表示背景部分中像元是 "黑色" 的比值, $1 - q(t)$ 表示目标部分中像元是 "黑色" 的比值。于是, $p(t)$ 是像元在背景部分的误分率, $1 - q(t)$ 是像元在目标部分的误分率。一致误差阈值法确定的阈值 t 满足

$$p(t) = 1 - q(t) \tag{7.8}$$

可见有三个和 t 有关的参数 β、p、q 需要确定。为了处理上的方便, 假定图像的边界影响可以忽略不计。

对于给定的阈值 t, 单个像元是 "白色" 的概率 a 定义为

$$a = \mathrm{Prob}\,\{\text{像元灰度值} > t\}$$

两个邻接的像元是 "白色" 的概率 b 定义为

$$b = \mathrm{Prob}\,\{\text{两个邻接像元是 "白色"}\}$$

2×2 邻域像元是 "白色" 的概率 c 定义为

$$c = \mathrm{Prob}\,\{2 \times 2 \text{邻域像元是 "白色"}\}$$

a、b、c 用 β、p、q 表示出的方程为

$$a = \beta p + (1 - \beta)q \tag{7.9}$$

$$b = \beta p^2 + (1 - \beta)q^2 \tag{7.10}$$

$$c = \beta p^4 + (1 - \beta)q^4 \tag{7.11}$$

下面来解 β、p、q。记 $\phi = p+q$，则一致误差准则 $p = 1-q$ 可改写为 $\phi - 1 = 0$。于是有关 a 的方程可改写为

$$
\begin{aligned}
a &= \beta p + (1-\beta)q \\
&= \beta p + (1-\beta)(\phi - p) \\
&= \beta p + \phi - p - \beta\phi + \beta p \\
&= 2\beta p + \phi - p - \beta\phi
\end{aligned}
$$

类似的，有关 b 的方程可改写为

$$
b = \beta p^2 + (1-\beta)q^2 = \phi^2 - 2\phi p + p^2 - \beta\phi^2 + 2\beta\phi p
$$

于是，

$$
\begin{aligned}
a\phi - b &= 2\beta\phi p + \phi^2 - \phi p - \beta\phi^2 - \phi^2 + 2\phi p - p^2 + \beta\phi^2 - 2\beta\phi p \\
&= -\phi p + 2\phi p - p^2 \\
&= \phi p - p^2
\end{aligned}
$$

因此，

$$
p^2 - \phi p + (\beta\phi - b) = 0 \tag{7.12}
$$

为了解出 ϕ，注意到

$$
\begin{cases}
a^2 - b = (\beta^2 - \beta)p^2 + 2\beta(1-\beta)pq + [(1-\beta)^2 - (1-\beta)]q^2 \\
b^2 - c = (\beta^2 - \beta)p^4 + 2\beta(1-\beta)p^2q^2 + [(1-\beta)^2 - (1-\beta)]q^4
\end{cases}
$$

由此可得

$$
\phi^2 = \frac{b^2 - c}{a^2 - b} \tag{7.13}
$$

对于给定的阈值 t 和估计出的 a、b、c，可通过式 (7.13) 求得 ϕ，进而由 $p^2 - \phi p + (\alpha\phi - b) = 0$ 解出 p 和 $q = \phi - p$。进一步由 $a = \beta p + (1-\beta)q$ 解出 $\beta = \dfrac{a-q}{p-q}$。综上所述，最佳阈值 t^* 选择为 [2]

$$
t^* = \arg\min_{0 < t < L-1} |\phi(t) - 1| \tag{7.14}
$$

7.3   矩量保持阈值法

矩量保持阈值法是 Tsai 提出的一种阈值分割方法 [6,7]，其基本思想是使阈值分割前后图像的矩保持不变。

图像的 k 阶矩定义为

$$
\begin{cases}
m_0 = 1 \\
m_k = \dfrac{1}{MN} \sum_x \sum_y f^k(x,y) = \displaystyle\sum_{g=0}^{L-1} h(g) q^k, k = 1, 2, \cdots
\end{cases}
\tag{7.15}
$$

对于二值化, 意味着保持前三阶矩不变, 亦即存在如下矩量保持方程:

$$
\begin{cases}
p_0 Z_0^0 + p_1 Z_1^0 = m_0 \\
p_0 Z_0^1 + p_1 Z_1^1 = m_1 \\
p_0 Z_0^2 + p_1 Z_1^2 = m_2 \\
p_0 Z_0^3 + p_1 Z_1^3 = m_3
\end{cases}
\tag{7.16}
$$

式中, Z_0 和 Z_1 表示二值化后每个类的代表元。求解上述方程组可以得到 p_0, 即

$$
c_{\mathrm{d}} = \begin{vmatrix} m_0 & m_1 \\ m_1 & m_2 \end{vmatrix} \quad
c_0 = \frac{1}{c_{\mathrm{d}}} \begin{vmatrix} -m_2 & m_1 \\ -m_3 & m_2 \end{vmatrix} \quad
c_1 = \frac{1}{c_{\mathrm{d}}} \begin{vmatrix} m_0 & -m_2 \\ m_1 & -m_3 \end{vmatrix}
$$

$$
Z_0 = \frac{1}{2} \left[-c_1 - (c_1^2 - 4c_0)^{1/2} \right]
$$

$$
Z_1 = \frac{1}{2} \left[-c_1 + (c_1^2 - 4c_0)^{1/2} \right]
$$

$$
p_{\mathrm{d}} = \begin{vmatrix} 1 & 1 \\ Z_0 & Z_1 \end{vmatrix}, p_0 = \frac{1}{p_{\mathrm{d}}} \begin{vmatrix} 1 & 1 \\ m_1 & Z_1 \end{vmatrix}
$$

化简得

$$
p_0 = \frac{Z_1 - m_1}{(c_1^2 - 4c_0)^{1/2}}
\tag{7.17}
$$

式中, $c_0 = \dfrac{m_1 m_3 - m_2^2}{m_2 - m_1^2}$; $c_1 = \dfrac{m_1 m_2 - m_3}{m_2 - m_1^2}$; $Z_1 = \dfrac{1}{2}\left[(c_1^2 - 4c_0)^{1/2} - c_1\right]$。

阈值 t^* 选为最接近 p_0-分位数的灰度。该方法不需任何迭代或搜索, 分割效果较好。原则上讲, 矩量保持法可推广到多阈值选取, 但阈值数大于 4 后没有显式解。

参 考 文 献

[1] LEWNG C K, LAM F K. Maximum segmental image information thresholding[J]. CVGIP: Graphical Models and Image Processing, 1998, 60(1): 57-76.

[2] KITTLE J, ILLINGWORTH J. Minimum cross error thresholding[J]. Pattern Recognition, 1986, 19(1): 41-47.

[3] DUNN S M, HARWOOD D, DAVIS L S. Local estimation of the uniform error threshold[J].
      IEEE Transactions on Pattern Analysis and Machine Intelligence, 1984, 6(6): 742-747.

[4] DOYLE W. Operation useful for similarity-invariant pattern recognition[J]. Journal of Associ-
      ation of Computer Mechanics, 1962, 9(2): 259-267.

[5] 侯格贤, 吴成柯. 一种结合遗传算法的自适应目标分割方法 [J]. 西安电子科技大学学报, 1998, 25(2):
      227-230.

[6] TSAI W. Moment-preserving thresholding: a new approach[J]. CVGIP: Graphical Models and
      Image Processing, 1985, 29(3): 377-393.

[7] CHENG S, TSAI W. A neural network implementation of the moment-preserving technique
      and its application to thresholding [J]. IEEE Transactions on Computers, 1993, 42(4): 501-507.